概率论

主　编　赵海清　周效良　黄　娟
副主编　张兴发　梁　鑫　黄福员

江苏大学出版社
JIANGSU UNIVERSITY PRESS

镇　江

图书在版编目(CIP)数据

概率论 / 赵海清,周效良,黄娟主编. — 镇江：
江苏大学出版社,2020.12
ISBN 978-7-5684-1520-0

Ⅰ. ①概… Ⅱ. ①赵… ②周… ③黄… Ⅲ. ①概率论
Ⅳ. ①O21

中国版本图书馆 CIP 数据核字(2020)第 272827 号

内容简介

自从 2011 年教育部将统计学提升为一级学科以来,国内许多高等院校的统计学及相近专业都将概率论与数理统计拆分为两个学期的课程。为适应新形势下概率论课程教学的需要,编者集多年教学经验和教学实践编写成本书。全书分五章介绍了概率论的基础知识,内容包括：事件与概率、随机变量、随机向量、数字特征和概率极限理论。本书既是一本完整系统的初等概率论教材,内容丰富、重点突出;又是一本近代概率论的入门读物,深入浅出、富有启发性,便于教学与自学。

本书可作为高等院校统计学及相近专业本科生的概率论教材,也可作为师范学校数学专业教材。对于希望了解概率论这门学科的其他理工科学生,它也可以作为一本入门教材或参考书。

概率论

Gailü Lun

主　　编/赵海清　周效良　黄　娟
责任编辑/张小琴
出版发行/江苏大学出版社
地　　址/江苏省镇江市梦溪园巷 30 号(邮编：212003)
电　　话/0511-84446464(传真)
网　　址/http://press.ujs.edu.cn
排　　版/镇江市江东印刷有限责任公司
印　　刷/广东虎彩云印刷有限公司
开　　本/787 mm×1 092 mm　1/16
印　　张/15.75
字　　数/348 千字
版　　次/2020 年 12 月第 1 版
印　　次/2020 年 12 月第 1 次印刷
书　　号/ISBN 978-7-5684-1520-0
定　　价/45.00 元

如有印装质量问题请与本社营销部联系(电话：0511-84440882)

前　言

　　概率论是研究随机现象数量规律的一门学科,在自然科学、社会科学、工程技术、军事科学及工农业生产等诸多领域中都起着不可或缺的作用.概率论是数理统计的基础,概率论与数理统计既是统计学及相近专业的基础课程,也是数学及相关专业的核心课程.自从 2011 年教育部将统计学提升为一级学科以来,国内许多高等院校的统计学及相近专业都将概率论与数理统计拆分为两个学期的课程.此外,近年来中学数学中涉及越来越多的统计和概率知识,部分师范学校的数学及相关专业也因此适当增加了概率统计的教学课时.为适应新形势下概率论课程教学的需要,编者在近年来的教学实践和经验的基础上编写成本书.本书作为大学本科学生完整系统地学习初等概率论知识的教材,力求引导他们走进以测度为基础的近代概率论.本书可供统计学及相近专业、数学及相关专业或理工科学生使用.

　　本书力求深入浅出、注重知识的衔接和应用、加强例题的示范效应、强化学生随机思维的形成和应用能力.其特色之处在于以下几个方面:

　　(1)通过对初等概率论知识的系统梳理,对部分内容进行了整合、分类和升华,既保持了知识的完整性和系统性,又具有较强的可读性.例如将事件列的极限调整到事件的关系与运算,既完整又为概率的连续性打下基础.详细介绍概率的统计定义、古典定义和几何定义后,在可测空间的基础上介绍概率的公理化体系及其性质.常用分布的章节中,对分布之间的关系着墨较多.在数字特征一章中,对特征函数做了比较完整的介绍,并对多维正态分布的知识进行了系统呈现.在概率极限理论之前详细介绍了随机序列的各种收敛性及其关系.

　　(2)考虑到部分学生在本科阶段没有学习测度论,或者学习概率论时还没有来得及学习测度论,书中涉及的测度论知识,只是在需要的章节进行最低限度的补充或罗列.这样处理既可减轻教学负担,又不妨碍对近代概率的准确理解.

　　(3)本书的例题和应用非常丰富,并尽量博采众长.在古典概型、几何概型和条件概率等章节中,介绍了各种著名的概率模型.在函数的分布中,对数理统计学中常用的分布进行了详细推导.在大数定律的应用中,通过例题介绍了 Mente Carlo 模拟.此外,本书对知识间的联系进行了深入分析,并给出大部分计算过程.这样做的目的是便于教学,更是为了使读者尽可能地自学自通.

　　考虑到使用的方便性,本书附录对常用概率分布进行汇总,给出泊松分布和正态分布的分布函数表.此外,对排列组合的基础知识进行了简单的罗列.

　　全书由赵海清、周效良和黄娟主持编写和统稿.其中,第 1、2 章和第 4 章部分内容由赵海清编写,第 3 章由梁鑫编写,第 4 章部分内容由黄福员编写,第 5 章由张兴发编写;刘惠和麦继芳搜集了书中大部分例题和习题,并提供模拟程序和图片制作.本书虽然内容较多,但重点突出、详略得当.按照一周 4 学时来安排,能够讲授全部内容.如果安排一周 3 学时,则可适当删减一些内容或要求学生自学.

在编写过程中,本书参考了国内外的许多同类教材,吸收了其中许多精华和优点,并在题材的选取上做了一些变动和调整,精选一些例题以作示范和部分习题以供练习.在此一并向本书参考文献的作者表示衷心的感谢.

此外,凯里学院李光辉副教授、广东海洋大学李乃医教授、广州大学李元教授认真地审读了本书,提出了许多宝贵的修改意见,这里一并向他们表示衷心的感谢.

囿于编者的水平,书中难免存在不妥之处.希望读者批评指正,编者将虚心接受.

赵海清

2020 年 07 月

常用符号表

符号	意义	符号	意义
E	随机试验	$F(x)$	概率分布函数
Ω	样本空间或必然事件	$\varphi(x)$	标准正态密度函数
A 与 $\varnothing$	随机事件与不可能事件	$\Phi(x)$	标准正态分布函数
$A_1,A_2,\cdots$ 或 $\{A_i\}$	随机事件序列	$U(a,b)$	均匀分布
$\in$ 与 $\notin$	属于与不属于	$N(\mu,\sigma^2)$	正态分布
$\subset$ 或 $\subseteq$	事件的包含关系	$\exp(\lambda)$	指数分布
$\cup$ 或 $\bigcup$	事件的并运算	x_p	分位数
$\cap$ 或 $\bigcap$	事件的交运算	$I_A(x)$	示性函数
$\backslash$ 或 $-$	事件的差运算	$\boldsymbol{I}_n$	n 阶单位矩阵
$\overline{A}$	对立事件	$\boldsymbol{X}$	随机向量
A_n^m	排列数	p_{ij}	联合分布律
C_n^m	组合数	$p_{i\cdot}$	边缘分布律
$P(A\mid B)$	条件概率	$p_{i\mid j}$	条件分布律
$\lim\limits_{n\to\infty}A_n$	事件列的极限	$f(x,y)$	联合密度函数
$\limsup\limits_{n\to\infty}A_n$	事件列的上极限	$f_X(x)$	边缘密度函数
$\liminf\limits_{n\to\infty}A_n$	事件列的下极限	$f_{X\mid Y}(x\mid y)$	条件密度函数
$\mathscr{F}$ 与 $\mathscr{G}$	事件域或 σ 域与集类	$F(x\mid B)$ 或 $F(x\mid y)$	条件分布函数
P	概率	J	雅可比行列式
$\Omega_1\times\Omega_2$	乘积空间	$B(n,p)*B(m,p)$	可加性或卷积
X 或 X_i	随机变量	$E(X)$ 或 EX	数学期望
$X^{-1}(B)$	原象集	DX 或 $\mathrm{Var}(X)$	方差
$\mathscr{B}$ 与 $\mathscr{B}_n$	Borel 域与 n 维 Borel 域	$\mathrm{Cov}(X,Y)$	协方差
$B(n,p)$	二项分布	$\rho_{X,Y}$	相关系数
$Pos(\lambda)$	泊松分布	$\varphi(t)$	特征函数
$NB(r,p)$	负二项分布或帕斯卡分布	$\xrightarrow{\text{a. s.}}$ 或 $\xrightarrow{\text{a. e.}}$	几乎处处或以概率 1 收敛
$Ge(p)$	几何分布	$\xrightarrow{P}$	以概率收敛
$f(x)$	概率密度函数	$\xrightarrow{D}$	以分布收敛

目 录

第1章 事件与概率

本章用通俗的语言和大量的实例介绍概率论的公理体系,并以此为载体引导学生建立随机性的思维方式.首先由随机试验的样本空间引出随机事件的概念,并介绍事件的关系和运算,这是建立随机性思维的基础;其次介绍概率的各种定义及其计算方法:统计定义、古典定义和几何定义,并在此基础上介绍概率的公理化定义及其性质和概率空间;最后介绍条件概率和独立性、伯努利概型,同时介绍一些重要的公式及概率的计算方法.

1.1 随机事件及其运算

1.1.1 随机现象

随着人类认识水平的不断提高,目前对自然界和人类社会中存在的各种现象从数学方法论的角度可划分为如下三类:

第一类是在一定的条件下必然会发生某种确定的结果的现象.例如,在标准大气压下,水在 0 ℃时会结冰;同种电荷相互排斥,异种电荷相互吸引;太阳的东升西落等.这类现象称为**确定性现象**或**必然现象**.

第二类是在相同的条件下多次观察时,会出现不同的结果;并且不能够事先预料究竟会出现哪一个结果的现象.例如,抛掷一枚硬币或投掷一颗骰子,事先不能断定哪个面或哪个点数朝上.这类现象称为**随机现象**.

第三类是由于事物本身的含义不清晰或事物类属划分的不分明而引起判断上的不确定性的现象.例如,"情绪稳定"与"情绪不稳定","健康"与"亚健康","年轻"与"年老".这类现象称为**模糊现象**.

确定性现象与随机现象的共同特点是事物本身的含义确定,前者的独特之处是条件确定结果,而后者的独特之处是条件不能确定结果(见图 1.1.1)。随机现象与模糊现象的共同特点是不确定性,随机现象中是指试验的结果不确定,而模糊现象中是指事物本身的含义不确定.随机性是由于条件不充分而导致结果的不确定性,它反映了因果律的破缺;模糊性是由于事物本身的概念在质上不分明,在量上没有确定界限的一种客观属性,它所反映的是排中律的破缺.概率论将数学的应用从必然现象扩展到随机现象的领域,模糊数学则将数学的应用范围从清晰确定扩展到模糊现象的领域.

(a) 确定性现象

(b) 随机现象

图 1.1.1　确定性现象与随机现象

随机现象是广泛存在的. 例如, 种植同一品种的农作物, 即使耕作条件完全相同, 其亩产量也会有高有低; 一台车床按照同一设计生产出的元件, 其尺寸也会有差别; 一家超市的同一货物, 每天的销售量却不相同. 又如, 一种股票每天的价格、一个地区的年降雨量, 都是事先不能确定的. 这些都是随机现象.

例 1.1.1　随机现象举例:

(1) 抛掷一枚硬币, 可能正面朝上, 也可能反面朝上;

(2) 一天内进入某超市的顾客人数;

(3) 在产品抽样检查中, 如果抽查到次品则停止抽查, 检查结束时抽取到的正品数量是随机的;

(4) 某品牌液晶电视机显示屏的使用寿命.

对随机现象的判断要注意两点: 一是要区分结果的不确定性与未知性, 前者是指在确定的条件下可能出现的结果不确定, 但可以明确所有可能的结果; 而后者是指限于人类认识水平的局限, 在现有的条件下(这个条件当然是确定的)对其结果是一无所知的. 二是条件的确定性, 随着观察的持续, 有些现象可能的结果会发生变化, 这有可能是因为条件已经在不知不觉中改变了. 例如, 在研究制导导弹的落点时, 由于导弹在飞行过程中会受到温度、湿度、风向、风力等因素的影响, 其精准落点是随机的, 即落点分布在一定的范围内, 但随着科技的发展对导弹性能和制导模式等的改进, 其落点范围会逐渐缩小, 也即打击会越来越精确(见图 1.1.2). 这虽然没有失去随机性, 但因为条件的变化导致可能会出现的结果已经发生了改变.

随机现象在一次观察中的结果是不确定的, 具有随机性, 但在大量重复的观察中却

呈现出某种规律. 例如, 一名篮球运动员在一次罚球中可能命中也可能未命中, 但在一段时间内, 其命中率却是稳定的. 这种从随机现象的大量观察中呈现出的规律性称为**统计规律性**. 概率论与数理统计就是研究随机现象统计规律性的一门数学分支学科, 前者研究随机现象呈现出的规律是什么, 后者研究随机现象为什么会呈现出这种规律.

图 1.1.2　中国首次试射东风–5 导弹落入半径 70 海里目标区

1.1.2　样本空间

对随机现象的观察称为**随机试验**, 简称**试验**, 通常用英文大写字母 E 表示. 概率论研究的随机试验具有如下特点:

（1）**可重复性**: 能够在相同的条件下大量重复地进行这种试验;

（2）**不确定性**: 试验的可能结果不止一个, 试验前不能预知将出现哪个结果, 但实验后有且仅有一个结果出现;

（3）**可观察性**: 通过大量观察, 可以明确试验的所有可能结果.

由于随机现象在一次试验中出现什么样的结果事先不能确定, 或关注的某个结果是否出现是具有偶然性的. 因此, 那种不能再现的或不能重复观察到的随机现象是难以寻求其规律的. 这种随机现象并不是概率论所研究的主要对象. 但不能重复或再现的随机现象在人类社会和自然界中也是大量存在的, 例如某场足球赛的输赢、某些经济现象（如失业率、经济增长速度等）都是不可重复的, 因此, 现代概率论也十分注意研究这类不可重复的随机现象.

> **定义 1.1.1　样本空间**
>
> 随机试验中所有可能出现的结果构成的集合称为样本空间, 常用希腊字母 Ω 表示; 试验中每个可能出现的结果称为样本点, 一般用希腊字母 ω 表示.

样本点是随机试验的结果中最基本的单元, 是不能再进行细分的结果. 样本空间就是所有样本点的集合, 根据随机试验的可观察性, 这些样本点是明确的. 认识随机现象首先就要列出它的样本空间, **样本空间是研究随机现象的出发点**.

例 1.1.2　下面给出例 1.1.1 中随机现象的样本空间.

（1）将正面记为 H, 反面记为 T, 则抛掷一枚硬币的样本空间为 $\Omega_1 = \{H, T\}$;

(2) 一天内进入超市的顾客人数可能为 $\Omega_2 = \{0, 1, 2, \cdots\}$;

(3) 产品抽样检查中抽查结束时抽取到正品数量的样本空间为 $\Omega_3 = \{0, 1, 2, \cdots\}$;

(4) 某型号电视机寿命的样本空间为 $\Omega_4 = \{x \mid x \in [0, +\infty)\}$.

例 1.1.3 试验是将一个硬币无限次地掷下去. 若用"0"表示反面,"1"表示正面, 记录每次投掷的结果, 则这个试验的每一次可能结果都是由 0 与 1 组成的无穷序列. 这种序列有不可数无穷多个, 因而样本空间 Ω 具有不可数无穷多个样本点. 又由 0 与 1 组成的无穷序列与二进制小数对应, 因此样本空间 Ω 可用闭区间 $[0, 1]$ 表示, 即

$$\Omega = \{x \mid x \in [0, 1]\}.$$

例 1.1.4 观察一个粒子在直线 L 上的运动, 在时刻 $t = 0$ 时, 粒子位于直线上某个点 x 处, 然后粒子开始向左或向右做随机运动. 如果用 $\omega(t)$ 表示粒子于时刻 t 在直线 L 上的位置, 则观察结果就是一条定义在时间轴 $[0, +\infty)$ 上而取值于 L 上的连续曲线, 这类曲线的全体就构成样本空间

$$\Omega = \{\omega(t) \mid \omega(t) \text{为} [0, +\infty) \text{到} L \text{的连续函数}\}.$$

说明:(1) 样本空间不一定是数的集合; 其元素可以是数, 也可以不是数.

(2) 样本空间至少含有两个样本点, 因此仅含有两个样本点的样本空间是最简单的样本空间.

(3) 同一个试验, 研究目的不一样, 样本空间可以不一样; 同一个样本空间, 因为其数学抽象, 也可以描述不同的随机现象.

例 1.1.5 抛掷三枚硬币, 根据正反面出现的情况, 其样本空间为

$$\Omega_1 = \{HHH, HHT, HTH, THH, HTT, THT, TTH, TTT\}.$$

但如果试验只关心正面出现的次数, 则其样本空间可取为

$$\Omega_2 = \{0, 1, 2, 3\}.$$

类似地, 新生婴儿的性别、种子是否发芽等均可用样本空间 $\Omega = \{0, 1\}$ 来表示.

根据样本空间所含样本点的个数, 可以将样本空间划分为有限样本空间与无穷样本空间两类; 无穷样本空间中根据样本点个数是否可数又可分为可列样本空间和不可列样本空间. 例 1.1.2 中的 Ω_1 是有限样本空间, Ω_2 和 Ω_3 是可列样本空间, Ω_4 和例 1.1.3 与例 1.1.4 中的 Ω 都是不可列的样本空间.

为了今后研究的方便, 我们将样本点个数为有限个或可数无穷多个(至多可数)的样本空间归为一类, 称为**离散样本空间**; 将样本点个数为不可数无穷多个的样本空间归为一类, 称为**连续样本空间**.

1.1.3 随机事件

定义 1.1.2 随机事件

随机试验中具有某种共同特征的样本点构成的集合称为随机事件, 简称事件, 常用英文大写字母 $A, B, C, \cdots$ 或 $A_1, A_2, A_3, \cdots$ 表示. 事件 A 发生当且仅当 A 所包含的某个样本点在试验中出现.

显然,**随机事件是样本空间的子集**.由于试验前不知哪个样本点会出现,因此也不能确定试验后出现的样本点是否属于事件 A,所以事件 A 是否发生具有偶然性,这也是称其为"随机"事件的原因.如果属于事件 A 的某个样本点在试验中出现,就说明 **A 发生了**;如果事件 A 的所有样本点在试验中都未出现,则说明 A 没有发生.但如果不能确认试验中出现的样本点是否属于事件 A,则 A 是否发生也是不能确定的.

例 1.1.6 将一段木棒随意折成三段,写出此试验的样本空间,并表示出事件 $A=$ "三段恰能构成一个三角形".

解:设木棒长度为 1,用 x,y 表示其中两段的长度,则剩余一段的长度为 $1-x-y$.显然,$0<x<1,0<y<1,0<1-x-y<1$,因此样本空间为

$$\Omega=\{(x,y)\mid x>0,y>0,x+y<1\}.$$

折成的三段木棒要想构成三角形,则其任两段的长度之和要大于第三段的长度,所以

$$A=\left\{(x,y)\ \middle|\ 0<x,y<\frac{1}{2},\frac{1}{2}<x+y<1\right\}.$$

为了研究的方便,下面对事件进行一个简单的分类.

- **基本事件**:由单个样本点构成的事件;
- **不可能事件**:不含任何样本点,用 $\varnothing$ 表示;
- **必然事件**:包含所有样本点构成的事件,就用 Ω 表示;
- **复合事件**:由两个或两个以上的样本点构成的事件.

在随机试验中,不可能事件和必然事件都不再具有随机性.但为了研究的方便,仍将其看成"随机"事件.此外,需要指出的是,随机事件是样本空间的子集,但样本空间的子集却不一定是随机事件.

1.1.4 事件的关系与运算

一个事件就是一个集合,因此事件间的关系和运算就是集合间的关系和运算,但必须使用概率论的语言来描述这些关系和运算.这是建立随机性思维的基础.

> **定义 1.1.3 事件的包含关系**
>
> 若事件 A 的发生必然导致事件 B 的发生,则称 A 包含于 B,记为 $A\subset B$;或称 B 包含 A,记为 $B\supset A$.

由事件之间的包含关系可以定义事件的相等:A 的发生导致 B 的发生,同时,B 的发生也导致 A 的发生,即 A 与 B 相互包含,则称 A 与 B 相等,记为 $A=B$.此时事件 A 和 B 必然同时发生或同时不发生.

> **定义 1.1.4 事件的并与交运算**
>
> 若事件 A 与事件 B 中至少有一个发生,则称 A 与 B 的并发生,记为 $A\cup B$ 或 $A+B$.若事件 A 与事件 B 同时发生,则称 A 与 B 的交发生,记为 $A\cap B$ 或 AB.

并运算和交运算可以进行推广:设 $A_1,A_2,\cdots,A_n$ 是任意 n 个事件,则其中至少有

一个发生为 $\bigcup\limits_{i=1}^{n} A_i$，$A_i$ 同时发生为 $\bigcap\limits_{i=1}^{n} A_i$．若 $A_1,A_2,\cdots$ 是可列个事件，则其中至少有一个发生为 $\bigcup\limits_{i=1}^{\infty} A_i$，同时发生为 $\bigcap\limits_{i=1}^{\infty} A_i$．

事件的包含关系与并、交运算可用图形表示，如图 1.1.3 所示．

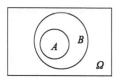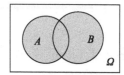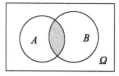

图 1.1.3 包含关系与并、交运算

定义 1.1.5 事件的差运算

若事件 A 发生但事件 B 不发生，则称 A 差 B 发生，记为 $A-B$ 或 $A\backslash B$．

例如在掷一颗骰子的试验中，样本空间 $\Omega=\{1,2,\cdots,6\}$，事件 $A=\{1,3,5\}$，事件 $B=\{1,2,3\}$，事件 $C=\{2,4\}$，则有 $A-B=\{5\}$，而 $A-C=A$．从中可以看出：$A-B$ 是由属于 A 但不属于 B 的那些样本点构成的集合，或者说是从事件 A 中去掉 A 与 B 共同的样本点．因此，有 $A-B=A-AB$．

事件的差运算有三种可能的情况，如图 1.1.4 所示．

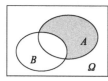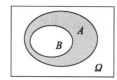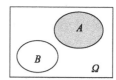

图 1.1.4 差运算的三种可能情况

定义 1.1.6 事件的互不相容

若事件 A 与事件 B 不可能同时发生，则称 A 与 B 互不相容，简称互斥，记为 $AB=\varnothing$．

A 与 B 互不相容，就是事件 A 和事件 B 不含有相同的样本点．如在上述掷骰子的试验中，A 与 C 是互不相容的．也是因为如此，才有 $A-C=A$．此外，任意两个基本事件之间都是互不相容的．

同样，互不相容也可以推广到多个事件的情形：对于任意 n 个事件 $A_1,A_2,\cdots,A_n$，如果其中任意两个事件都互不相容，即

$$A_i A_j=\varnothing,\ \forall\, i\neq j,\ i,j=1,2,\cdots,n.$$

则称这 n 个事件**两两互不相容**．同理，若 $A_i A_j=\varnothing,\ \forall\, i\neq j,\ i,j=1,2,\cdots$，则称这可数无穷多个事件两两互不相容．

> **定义 1.1.7　对立事件**
>
> 　若事件 A 与事件 B 同时满足 $A \cup B = \Omega$ 与 $A \cap B = \varnothing$，则称 A 与 B 互为对立事件或逆事件，记为 $B = \bar{A}$.

　　显然，互为对立的两个事件是互不相容的，但互不相容的两个事件却不一定是对立事件(见图 1.1.5).即在每次试验中，A 与 $\bar{A}$ 中有且仅有一个发生.而若 A 与 B 互不相容，虽然 A 与 B 不可能同时发生，但有可能同时不发生.

　　注意到互为对立的两个事件 A 与 $\bar{A}$ 实际上是将样本空间不遗漏、不重复地**分割**成两部分.分割的思想可推广到有限个或可列个事件的情形，此时这些事件称为完备事件组.我们甚至可以对某个事件运用分割的思想进行处理.

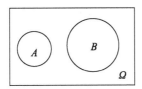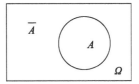

图 1.1.5　互不相容与互为对立

> **定义 1.1.8　完备事件组**
>
> 　若事件 $A_1, A_2, \cdots, A_n$ 满足 $\bigcup\limits_{i=1}^{n} A_i = \Omega$，且两两互不相容，则称这 n 个事件构成一个完备事件组.同理，若事件 $A_1, A_2, \cdots$ 满足 $\bigcup\limits_{i=1}^{\infty} A_i = \Omega$，且两两互不相容，则称这可列个事件构成一个完备事件组.

　　完备事件组就是对样本空间的分割.显然，所有的基本事件就构成一个完备事件组.根据事件之间的关系，任何事件都可由一些基本事件复合而成，且这些基本事件也是该事件的一个分割.

　　例 1.1.7　用事件 A, B, C 表示下列事件.

　　(1) A 发生，但 B 不发生：$A\bar{B}$ 或 $A - B$；A 发生，且只有 A 发生：$A\bar{B} \cdot \bar{C}$.

　　(2) 至少有两个发生：$AB \cup BC \cup AC$；恰好有两个发生：$AB\bar{C} \cup A\bar{B}C \cup \bar{A}BC$.

　　(3) 三个事件都不发生：$\bar{A} \cdot \bar{B} \cdot \bar{C}$ 或 $\overline{A \cup B \cup C}$；三个事件不都发生：$\overline{ABC}$ 或 $\bar{A} \cup \bar{B} \cup \bar{C}$.

　　例 1.1.8　在数学与统计学院任挑一名学生参加校团委组织的志愿者活动，事件 A——该学生为男生，B——该学生来自统计专业，C——该学生为学生会干部.试分析下列关系式成立的条件.

　　(1) $AB\bar{C}$——抽到的这名学生是统计专业的男生，且不是学生干部.

　　(2) $C \subset \bar{A}$——学院所有学生会干部都是女生.

　　(3) $\bar{A} = B$——学院所有女生都是统计专业的学生，同时统计专业的所有学生都是女生.

由于事件的运算就是集合的运算,因此二者具有相同的运算律和运算顺序(逆、交、并、差,括号优先).下面是部分常用的运算律.

(1) **交换律**:$A \cup B = B \cup A, AB = BA.$

(2) **结合律**:$A \cup (B \cup C) = (A \cup B) \cup C, (AB)C = A(BC).$

(3) **分配律**:$A \cup (B \cap C) = (A \cup B) \cap (A \cup C), A \cap (B \cup C) = AB \cup AC.$

(4) **对偶律**:$\overline{A \cup B} = \overline{A} \cap \overline{B}, \overline{AB} = \overline{A} \cup \overline{B}.$

(5) **差化积**:$A - B = A - AB = A\overline{B}.$

对偶律可以推广到任意 n 个事件或可列个事件的情形,如:

$$\overline{\bigcup_{i=1}^{n} A_i} = \bigcap_{i=1}^{n} \overline{A_i}, \quad \overline{\bigcup_{n=1}^{\infty} A_i} = \bigcap_{i=1}^{\infty} \overline{A_i}; \tag{1.1.1}$$

$$\overline{\bigcap_{i=1}^{n} A_i} = \bigcup_{i=1}^{n} \overline{A_i}, \quad \overline{\bigcap_{i=1}^{\infty} A_i} = \bigcup_{i=1}^{\infty} \overline{A_i}. \tag{1.1.2}$$

例 1.1.9 对事件 $\overline{(\overline{A} \cdot \overline{B} \cup C)\overline{AC}}$ 进行化简.

解:反复利用对偶律,再利用分配律和交换律可得

$$\overline{(\overline{A} \cdot \overline{B} \cup C)\overline{AC}} = \overline{\overline{A} \cdot \overline{B} \cup C} \cup \overline{\overline{AC}} = \overline{\overline{A} \cdot \overline{B}} \cdot \overline{C} \cup AC$$
$$= (A \cup B)\overline{C} \cup AC = A\overline{C} \cup B\overline{C} \cup AC = AC \cup A\overline{C} \cup B\overline{C}$$
$$= A(C \cup \overline{C}) \cup B\overline{C} = A \cup B\overline{C}.$$

1.1.5 事件列的极限

设 $\{A_n\}(n=1,2,\cdots)$ 是随机事件序列,简称为事件列,简记为 $\{A_n\}$.下面研究事件列的极限,它是概率论极限理论中的主要研究对象.

> **定义 1.1.9 单增事件列的极限**
>
> 若 $A_1 \subset A_2 \subset \cdots$,则称 $\{A_n\}$ 为单增列或单调不减列,并称 $\bigcup_{n=1}^{\infty} A_n$ 为 $\{A_n\}$ 的极限,
>
> 记为
> $$\lim_{n \to \infty} A_n = \bigcup_{n=1}^{\infty} A_n.$$

> **定义 1.1.10 单减事件列的极限**
>
> 若 $A_1 \supset A_2 \supset \cdots$,则称 $\{A_n\}$ 为单减列或单调不增列,并称 $\bigcap_{n=1}^{\infty} A_n$ 为 $\{A_n\}$ 的极限,
>
> 记为
> $$\lim_{n \to \infty} A_n = \bigcap_{n=1}^{\infty} A_n.$$

对于任意的事件列,一般不存在一致的包含关系,因此极限可能不存在,但可以研究其上极限或下极限.

定义 1.1.11　事件列的上极限

设 $\{A_n\}$ 是任意一个事件列, 令 $B_k = \bigcup\limits_{n=k}^{\infty} A_n$, $k = 1, 2, \cdots$, 则 $\{B_k\}$ 是一个单减列, 所以 $\{B_k\}$ 的极限存在. 该极限称为事件列 $\{A_n\}$ 的上极限, 记为

$$\limsup_{n\to\infty} A_n = \bigcap_{k=1}^{\infty} \bigcup_{n=k}^{\infty} A_n. \tag{1.1.3}$$

由式 (1.1.3) 的右端可知, 在序列 $A_1, A_2, \cdots, A_n, \cdots$ 中, 对于每一个下标 k, 在 k 后的那些 A_n 中, 必至少有 1 个发生. 此 k 没有上界, 所以事件列 $\{A_n\}$ 的上极限是由 "无穷多个 A_n 发生" 所构成的事件. 使用集合论的语言可描述为: $\{A_n\}$ 的上极限是由 "属于无穷多个 A_n 的样本点" 所构成的事件. 因而事件列 $\{A_n\}$ 的上极限又称为 "事件 A_n 无穷多次 (infinitely often) 发生", 记为 $\{A_n, \text{i. o.}\}$, 即

$$\{A_n, \text{i. o.}\} = \limsup_{n\to\infty} A_n = \bigcap_{k=1}^{\infty} \bigcup_{n=k}^{\infty} A_n. \tag{1.1.4}$$

定义 1.1.12　事件列的下极限

设 $\{A_n\}$ 是任意一个事件列, 令 $B_k = \bigcap\limits_{n=k}^{\infty} A_n$, $k = 1, 2, \cdots$, 则 $\{B_k\}$ 是一个单增列, 所以 $\{B_k\}$ 的极限存在. 该极限称为事件列 $\{A_n\}$ 的下极限, 记为

$$\liminf_{n\to\infty} A_n = \bigcup_{k=1}^{\infty} \bigcap_{n=k}^{\infty} A_n. \tag{1.1.5}$$

式 (1.1.5) 的右端表明, 在序列 $A_1, A_2, \cdots, A_n, \cdots$ 中, 至少存在一个下标 k, 使得 k 后的每一个 A_n 都发生. 因此, 不发生的仅可能是前面的有限个事件中的一部分, 所以事件列 $\{A_n\}$ 的下极限是由 "至多有有限个 A_n 不发生" 所构成的事件. 使用集合论的语言可描述为: $\{A_n\}$ 的下极限是由 "只有有限个 A_n 不包含的样本点" 所构成的事件.

由于除 "有无穷多个事件 A_n 共同包含的样本点" 之外, 可能还存在 "有无穷多个事件 A_n 均没有包含的样本点", 所以有关系式:

$$\liminf_{n\to\infty} A_n \subset \limsup_{n\to\infty} A_n. \tag{1.1.6}$$

如果二者相等, 就称事件列 $\{A_n\}$ 的**极限存在**, 并且

$$\lim_{n\to\infty} A_n = \liminf_{n\to\infty} A_n = \limsup_{n\to\infty} A_n. \tag{1.1.7}$$

例 1.1.10　求下列事件列的上下极限:

(1) $\left\{A_n : A_n = \left[0, 1+\dfrac{1}{n}\right]\right\}$, $\left\{B_n : B_n = \left[0, 1-\dfrac{1}{n}\right]\right\}$;

(2) $\left\{A_n : A_n = \left[\dfrac{1}{n}, 3+(-1)^n\right]\right\}$;

(3) $\{A_n\}$, 其中 $A_n = \begin{cases} \left[0, 2-\dfrac{1}{n}\right], & n \text{ 为奇数}; \\[2mm] \left[0, 1+\dfrac{1}{n}\right], & n \text{ 为偶数}. \end{cases}$

解：(1) 易知 $\{A_n\}$ 为单减列，因此 $\lim\limits_{n\to\infty}A_n=\bigcap\limits_{n=1}^{\infty}A_n=\bigcap\limits_{n=1}^{\infty}\Big[0,1+\dfrac{1}{n}\Big]=[0,1]$. 同理，$\{B_n\}$ 为单增列，所以

$$\lim_{n\to\infty}B_n=\bigcup_{n=1}^{\infty}B_n=\bigcup_{n=1}^{\infty}\Big[0,1-\dfrac{1}{n}\Big]=[0,1).$$

(2) 由于 $B_k=\bigcup\limits_{n=k}^{\infty}A_n=\bigcup\limits_{n=k}^{\infty}\Big[\dfrac{1}{n},3+(-1)^n\Big]=(0,4]$，于是 $\lim\limits_{n\to\infty}\sup A_n=\bigcap\limits_{k=1}^{\infty}B_k=(0,4]$.

又因为 $B_k=\bigcap\limits_{n=k}^{\infty}A_n=\bigcap\limits_{n=k}^{\infty}\Big[\dfrac{1}{n},3+(-1)^n\Big]=\Big[\dfrac{1}{k},2\Big]$，所以 $\lim\limits_{n\to\infty}\inf A_n=\bigcup\limits_{k=1}^{\infty}B_k=\bigcup\limits_{k=1}^{\infty}\Big[\dfrac{1}{k},2\Big]=(0,2]$.

(3) 由于 $B_k=\bigcup\limits_{n=k}^{\infty}A_n=\Big(\bigcup\limits_{n\geqslant k}^{n:2m+1}\Big[0,2-\dfrac{1}{n}\Big]\Big)\cup\Big(\bigcup\limits_{n\geqslant k}^{n:2m}\Big[0,1+\dfrac{1}{n}\Big]\Big)=[0,2)$，所以 $\lim\limits_{n\to\infty}\sup A_n=\bigcap\limits_{k=1}^{\infty}B_k=[0,2)$. 又因为 $B_k=\bigcap\limits_{n=k}^{\infty}A_n=\Big\{\bigcap\limits_{n\geqslant k}^{n:2m+1}\Big[0,2-\dfrac{1}{n}\Big]\Big\}\bigcap\Big\{\bigcap\limits_{n\geqslant k}^{n:2m}\Big[0,1+\dfrac{1}{n}\Big]\Big\}=[0,1]$，所以

$$\lim_{n\to\infty}\inf A_n=\bigcup_{k=1}^{\infty}B_k=[0,1].$$

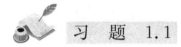 习 题 1.1

1.1.1 写出下列随机试验的样本空间：

(1) 连续抛掷一枚硬币，直至出现正面为止，记录其抛掷次数；

(2) 生产产品直到有 10 件正品为止，记录生产产品的总件数；

(3) 在某十字路口，24 小时内通过的机动车数量；

(4) 某城市一天的用电量；

(5) 对某工厂出厂的产品进行检查，合格的记上"1"，不合格的记上"0"，如连续查出 2 个次品就停止检查，或检查出 4 个产品就停职检查，记录检查的结果；

(6) 在单位圆内任意取一点，记录它的坐标；

(7) 某城市一年内的最低气温与最高气温的记录.

1.1.2 写出下列试验的样本空间，并表示出事件 A 与 B：

(1) 一次投掷三枚硬币，$A=$ "恰好出现两个正面"，$B=$ "至少出现两个正面"；

(2) 在区间 $[0,1]$ 中任取两个数，$A=$ "两数之和小于 1.2"，$B=$ "两数之乘积小于 $1/4$"；

(3) 将一米长的木棒随意折成三段，$A=$ "三段能构成一个三角形".

1.1.3 指出下列事件中 A 与 B 的关系：

(1) 检查两件产品，$A=$ "至少有一件不合格品"，$B=$ "两次检查结果不同"；

(2) 设 X 表示某动物的寿命, $A=$"该动物能够活到 20 岁以上", $B=$"该动物能够活到 25 岁以上".

1.1.4　请描述下列事件的对立事件:

(1) $A=$"抛掷两枚硬币, 皆为正面";

(2) $B=$"射击三次, 皆命中目标";

(3) $C=$"投篮两次, 第一次命中但第二次未命中";

(4) $D=$"加工四个零件, 至少有一个合格品".

1.1.5　在某班任选一个学生, 事件 A 表示选到的是男生, 事件 B 表示选到的同学不喜欢唱歌, 事件 C 表示选到的同学是运动员.

(1) 描述 $AB\overline{C}$ 与 $\overline{A}\,\overline{B}C$;

(2) $ABC=A$ 在什么条件下成立?

(3) 什么情况下 $\overline{C}\subset B$ 成立?

(4) 什么情况下 $A=B$ 成立?

1.1.6　设 A,B,C 为三个事件, 试表示下列事件:

(1) A 发生, B 与 C 不发生;

(2) A 与 B 都发生, 而 C 不发生;

(3) A,B,C 都发生;

(4) A,B,C 都不发生;

(5) A,B,C 中至少有一个发生;

(6) A,B,C 中最多一个发生;

(7) A,B,C 中恰好有两个发生;

(8) A,B,C 中至少有两个发生.

1.1.7　请问下列命题是否成立, 并说明原因.

(1) $A-(B-C)=(A-B)\bigcup C$;

(2) 若 $AB=\varnothing$ 且 $C\subset A$, 则 $BC=\varnothing$;

(3) $(A\bigcup B)-B=A$;

(4) $(A-B)\bigcup B=A$.

1.1.8　设 A 与 B 是任意两个事件, $\{A_n, n=1,2,\cdots\}$ 是事件列. 若 $A_{2k}=A$, $A_{2k+1}=B$, 试求: $\underset{n\to\infty}{\lim\sup}A_n$, $\underset{n\to\infty}{\lim\inf}A_n$.

1.2　概率

随机事件的发生是具有偶然性的, 在一次试验中可能发生, 也可能不发生. 概率论的基本问题就是希望知道随机事件发生的可能性大小.

定义 1.2.1　直观描述

概率就是事件 A 在一次试验中发生的可能性大小的度量, 记为 $P(A)$.

首先,事件发生的可能性是有大小之分的.在体育彩票中,中特等奖的可能性非常小,而中一等奖的可能性就要大一些 …….其次,事件发生的可能性是可以设法度量的.比如质地均匀的硬币,正反面出现的可能性相同,取为 1/2 以示各占一半机会.最后,由于总是关心各个事件发生的可能性的相对大小,因此用 0 到 1 之间的一个实数(如百分比)进行度量就可以达到目的.

至于如何度量可能性的大小,或者如何计算随机事件发生的概率,通常需要结合具体的随机现象才能进行.在概率论发展的历史上,主要出现过古典方法、几何方法和频率方法(也称为统计方法).这些方法各适合某一类随机现象,并且给出了确定概率的相应方法.本节内容主要讨论这三种方法是如何确定概率的.

1.2.1 概率的统计定义

利用频率方法确定的概率就是概率的统计定义.由于获取频率需要对随机现象进行大量观察,因此频率方法主要适用于**可大量重复**的随机现象或试验.

设在 n 次重复进行的随机试验中,若事件 A 共发生了 n_A 次,则比值 $\frac{n_A}{n}$ 称为事件 A 在这 n 次试验中发生的**频率**,记为 $f_n(A) = \frac{n_A}{n}$.

显然,频率具有下列**基本性质**:

(1) 对任一事件 A,有 $0 \leqslant f_n(A) \leqslant 1$;

(2) $f_n(\Omega) = 1$;

(3) 若 $A_1, A_2, \cdots, A_n$ 两两互不相容,则 $f_n\left(\bigcup_{i=1}^{n} A_i\right) = \sum_{i=1}^{n} f_n(A_i)$.

例 1.2.1 将一枚硬币抛掷 5 次、50 次、500 次,各做 7 遍,观察正面(记为 H)出现的次数(记为 n_H)及频率.

表 1.2.1 为某次试验所收集到的数据,表 1.2.2 是历史上的一些学者所做的试验的数据记录.

从表 1.2.1 和表 1.2.2 中可以看出:

(1) 频率是随机波动的,对于不同的 n,$f_n(H)$ 是不同的;即使对于相同的 n,不同的试验,$f_n(H)$ 一般也不相同.

(2) 频率越大,说明事件在 n 次试验中发生越频繁,这表明事件在一次试验中发生的可能性就越大.反之亦然.

(3) 随着 n 的增大,频率呈现出稳定性:$f_n(H)$ 总在某个常数附近摆动,且逐渐"稳定"于这个数.该常数称为频率的**稳定值**.

表 1.2.1 某次硬币投掷试验的结果

试验序号	n＝5		n＝50		n＝500	
	n_H	$f_n(H)$	n_H	$f_n(H)$	n_H	$f_n(H)$
1	2	0.4	22	0.44	251	0.502
2	3	0.6	25	0.50	249	0.498
3	1	0.2	21	0.42	256	0.512
4	5	1.0	25	0.50	247	0.494
5	1	0.2	24	0.48	251	0.502
6	2	0.4	18	0.36	262	0.524
7	4	0.8	27	0.54	258	0.516

表 1.2.2 历史上投掷硬币试验的记录

试验者	n	n_H	f
De Morgan	2048	1061	0.5181
Buffon	4040	2048	0.5069
Feller	10000	4979	0.4979
K. Pearson	12000	6019	0.5016
E. Pearson	24000	12012	0.5005

这个例子具有一般性,说明频率是事件发生的可能性大小的一种反映.作为衡量事件在一次试验中发生的可能性大小的量度,概率是事件的客观属性,是一个确定的量,不应因具体的试验而发生变化.由于频率随机波动,因此不能作为概率.但频率具有稳定性,其稳定值能够反映出事件本身固有的属性,因此天然地成为事件的概率.

定义 1.2.2 概率的统计定义

　　频率的稳定值从客观上反映了随机事件在一次试验中出现的可能性大小,因此把频率的稳定值定义为该事件的概率.

通常,频率的稳定值很难得知,概率的精确值也就难以知晓,因此选择一个频率作为其近似值.

例 1.2.2 频率稳定性的实例.

(1) 英语字母的使用频率

人们在生活实践中已经认识到:英语中某些字母出现的频率要高于另外一些字母,但 26 个英文字母各自出现的频率到底是多少呢? 在对各类典型的英语书刊中字母出现的频率进行统计后,发现各个字母的使用频率相当稳定(见表 1.2.3).这项研究对计算机键盘的设计(在方便的地方安排使用频率最高的字母键)、信息的编码(用较短的编码表示频率最高的字母)等方面都是十分有用的.

表 1.2.3　英文字母的使用频率

字母	使用频率	字母	使用频率	字母	使用频率	字母	使用频率
E	0.1268	R	0.0594	M	0.0244	K	0.0060
T	0.0978	H	0.0573	W	0.0214	X	0.0016
A	0.0788	I	0.0394	Y	0.0202	J	0.0010
O	0.0776	D	0.0389	G	0.0187	Q	0.0009
I	0.0707	U	0.0280	P	0.0186	Z	0.0006
N	0.0706	C	0.0268	B	0.0156		
S	0.0634	F	0.0256	V	0.0102		

（2）女婴出生频率

研究女婴出生频率,对人口统计是很重要的.历史上较早研究这个问题的有拉普拉斯（1794—1827）,他对伦敦、彼得堡、柏林和全法国的大量人口资料进行研究,发现女婴出生频率总是在 21/43 左右波动.统计学家克拉梅（1893—1985）用瑞典 1935 年的官方统计资料（见表 1.2.4）,发现女婴出生频率总是在 0.482 左右波动.

表 1.2.4　瑞典 1935 年各月出生女婴的频率

月份	婴儿数	女婴数	频率
1	7280	3537	0.486
2	6957	3407	0.489
3	7883	3866	0.490
4	7884	3711	0.471
5	7892	3775	0.478
6	7609	3665	0.482
7	7585	3621	0.462
8	7393	3596	0.484
9	7203	3491	0.485
10	6903	3391	0.491
11	6552	3160	0.482
12	7132	3371	0.473
总计/均值	88273	42591	0.4825

概率的统计定义直观易懂,但在使用中需要注意以下几点:

（1）无论试验次数 n 多大,都得不到频率的稳定值.事实上,通常是不知道稳定值究竟是多少的,也不知道取多大的 n 可以得到更精确的近似值.况且没有理由认为,试验次数为 $n+1$ 比试验次数为 n 时得到的频率更接近其稳定值,也即概率.

（2）实际获取频率的稳定值时，出于现实的考虑，试验次数一般不会太大，所以常选取某个频率作为概率的近似值.

（3）虽然频率可以作为概率的近似值，但二者是有本质区别的.频率是试验值，具有随机性;可取多个值，但都是概率的近似值.概率是确定值，是由事件的本质所决定的;能反映事件发生的可能性大小，但通常未知.频率与概率的关系就像市场经济中商品价格与其价值之间的关系.

例 1.2.3　下列情景中，医生的说法对吗？

医生在检查完病人的时候摇摇头:"你的病很重，在十个得这种病的人中只有一个能救活."当病人被这个消息吓得够呛时，医生继续说:"但你是幸运的.因为你找到了我，我已经看过九个病人了，他们都死于此病."

最后指出，概率的统计定义来源于频率，因而具有与频率类似的基本性质:

（1）**非负性**:对任一事件 A，有 $0 \leqslant P(A) \leqslant 1$;

（2）**规范性**:$P(\Omega)=1$;

（3）**有限可加性**:若 $A_1, A_2, \cdots, A_n$ 两两互不相容，则 $P\left(\bigcup_{i=1}^{n} A_i \right) = \sum_{i=1}^{n} P(A_i)$.

1.2.2　概率的古典定义

确定概率的古典方法是概率论历史上最先开始研究的情形.它不需要做大量重复试验，而是在经验事实的基础上，对被考察事件的可能性进行逻辑分析后得出该事件的概率.

> **定义 1.2.3　古典概型**
>
> 如果一个随机试验满足以下条件:
> （1）样本空间只含有限个样本点;
> （2）每个样本点出现的可能性相等;
> 则称此试验模型为古典概率模型，简称古典概型，也叫作等可能概型.

假设古典概型的样本空间含有 n 个样本点，记为 n_Ω.由于每个样本点在试验中出现的机会均等，因此，如果事件 A 所包含的样本点越多，则其发生的可能性就越大.即由等可能性，事件发生的概率与其包含的样本点个数成正比.记事件 A 包含的样本点为 n_A，则有

$$P(A) = \frac{n_A}{n_\Omega}. \tag{1.2.1}$$

这就是概率的古典定义.根据定义，立即可知:古典概型中每个基本事件的概率始终为 $\frac{1}{n}$.

此外，由于古典概率与频率类似，都是定义在有限样本空间上;只不过前者是样本点个数之比，而后者是试验次数之比.因此，**古典概率与根据频率方法定义的统计概率具有相同的基本性质**.

例 1.2.4 袋中装有 4 个红球和 6 个白球,(1) 从中不放回地任取 2 个,(2) 从中有放回地任取 2 个.问两种方式下,取到的 2 个都是白球的概率分别是多少?

解: 设事件 A 表示抽到的 2 个均为白球.

(1) 不放回抽样方式下,由组合数知识知

$$P(A) = \frac{n_A}{n_\Omega} = \frac{C_6^2}{C_{10}^2} = \frac{1}{3}.$$

(2) 放回抽样方式下,由乘法原理可得

$$P(A) = \frac{n_A}{n_\Omega} = \frac{6 \times 6}{10 \times 10} = \frac{9}{25}.$$

在计算古典概率时,一般不用把样本空间详细写出,但一定要保证样本点有限和等可能性.此外,在计数样本空间 Ω 和事件 A 所含的样本点个数时,一定要保持计数规则的一致性.如在第(1)问中,也可以使用排列数计数,所得结果是一样的.但切忌混合使用,**因为不同的计数方式对应的是不同的样本空间.**

例 1.2.5 某信访室在某一周曾接待过 12 次来访,已知这 12 次接待都是在周二和周六进行的,问是否可以推断接待时间是有规定的?

解: 假设信访接待的时间没有规定,即信访者可在一周中的任一天去信访室,被接待是等可能的.设事件 A 表示 12 次接待都发生在周二和周六,则有

$$P(A) = \frac{2^{12}}{7^{12}} \approx 0.3 \times 10^{-7}.$$

这是一个很小的概率.由于概率表征的是事件在一次试验中发生的可能性大小,因此通常认为:**概率很小的事件在一次试验中实际上是"几乎"不会发生的.**这称为**小概率事件原理.**至于概率小到什么程度算小概率,没有一个统一的标准,事实上也很难制定一个通用的标准.在实践中,**常把概率小于 0.05 的事件看成是小概率事件.**在本例中,一个概率很小的事件在一次试验中就发生了,因此有理由怀疑假设的正确性,即信访室不是每天都接待来访者,从而推断接待时间实际是有规定的.

小概率事件原理在数理统计学的假设检验中有非常重要的应用.

古典概率的计算通常会用到许多排列与组合的知识和公式,其中加法原理和乘法原理是基础.对这部分内容不熟悉的同学可以参阅书后的附录Ⅱ.

例 1.2.6 将 15 名新生随机地平均分配到三个班级中,其中有 3 名女生.问:

(1) 每个班级各分配到 1 名女生的概率是多少?

(2) 3 名女生分配在同一个班级的概率是多少?

解: 由分组组合数知识可知,将 15 名新生平分到三个班的分法总数为

$$n_\Omega = C_{15}^5 C_{10}^5 C_5^5 = \frac{15!}{5! \ 5! \ 5!}.$$

(1) 设 A 表示每班各分到 1 名女生.第一步,3 名女生各分到一个班(3!);第二步,每班各分得男生 4 人 $\left(\frac{12!}{4! \ 4! \ 4!}\right)$.由乘法原理有 $n_A = \frac{3! \cdot 12!}{4! \ 4! \ 4!}$.于是

$$P(A) = \frac{3! \ 12! \ /4! \ 4! \ 4!}{15! \ /5! \ 5! \ 5!} = \frac{25}{91}.$$

(2) 设 B 表示 3 名女生分到同一个班.与(1)同理,可得

$$P(B) = \frac{3 \cdot 12!\ /2!\ 5!\ 5!}{15!\ /5!\ 5!\ 5!} = \frac{6}{91}.$$

例 1.2.7 箱子中有 N 个球,分别标上号码 $1, 2, \cdots, N$.现从中有放回地取出 n 个球,依次记下其号码.试求:

(1) 这 n 个号码按严格上升次序排列的概率;

(2) 这 n 个号码按非减次序排列的概率.

解: 从 N 个球中有放回地取了 n 个,共有 $n_\Omega = N^n$.

(1) 设 $A = $"$n$ 个号码按严格上升次序排列",只有取出的 n 个球不相同才能满足要求.这相当于从 N 个球中不放回地取出 n 个球,不计次序(C_N^n);再将这 n 个球对应的号码按上升顺序排列(只有 1 种排列),故 $n_A = C_N^n$.所以有

$$P(A) = \frac{C_N^n}{N^n}.$$

(2) 设 $B = $"$n$ 个号码按非减次序排列",这样允许号码重复.即从 N 个球中有放回地取出 n 个球,即重复组合数,所以取法总数为 C_{N+n-1}^n.当然,如果取出后对应的号码按非减次序排列,那么还是只有 1 种排法.故有

$$P(B) = \frac{C_{N+n-1}^n}{N^n}.$$

例 1.2.8 两位作家的文集各有 n 卷,散乱地堆放在 起.现在将这 $2n$ 卷书随机地排成一列.这样,不仅每部文集的次序会打乱,而且两部文集也会发生交叉.试求甲作家的文集恰好被隔成 k 段的概率.

解: $2n$ 卷书的全排列为 $n_\Omega = (2n)!$.设 $A = $"甲作家的文集被隔成 k 段",现在分步来达成目标 A.

(1) 对乙作家的书进行全排列:$n!$;

(2) 从 $n+1$ 个空隙处取出 k 个空隙:C_{n+1}^k;

(3) 把甲的书看成 n 个相同球对 k 个空隙进行非空占位:C_{n-1}^{k-1};

(4) 对甲的书在所占位置上进行全排列:$n!$.

于是有 $n_A = n!\ C_{n+1}^k C_{n-1}^{k-1} n!$.所以,甲作家的文集恰好被隔成 k 段的概率为

$$P(A) = \frac{n!\ C_{n+1}^k C_{n-1}^{k-1} n!}{(2n)!}.$$

古典概型是概率论历史上最早研究的概率模型,也是持续研究时间最长的概率模型,因此有着许多著名和重要的应用.下面先介绍两个常用的概率模型,再介绍一些经典的应用.

从例 1.2.4 可以看出:不同的抽样方式,会产生不同的结果.

例 1.2.9(超几何分布模型) 一批产品共有 N 个,其中 M 个是不合格品,则有 $N-M$ 个合格品.现从中随机取出 n 个(不放回抽样方式),令 $A_m = $"取出的 n 个产品中恰有 m 个不合格品",试求其概率.

解: 先看样本空间:由于可以不用讲次序,所以 $n_\Omega = C_N^n$;又因为是随机抽样,所以各

样本点是等可能出现的.再看事件 A_m:第一步从 M 个不合格品中任意抽出 m 个,第二步从 $N-M$ 个合格品中任意抽出 $n-m$ 个.于是,根据乘法原理可知,事件 A_m 所包含的样本点个数为 $C_M^m \cdot C_{N-M}^{n-m}$.于是可得

$$P(A_m) = \frac{C_M^m \cdot C_{N-M}^{n-m}}{C_N^n}, \quad m=0,1,2,\cdots,\min\{n,M\}. \tag{1.2.2}$$

例如,取 $N=9,M=3,n=4$,则 m 的可能取值为 $0,1,2,3$,且取各个值的概率可根据式(1.2.2)计算得出.其结果列于表 1.2.5 中.

表 1.2.5　事件 A_m 的概率

m	0	1	2	3
$P(A_m)$	$\frac{5}{42}$	$\frac{20}{42}$	$\frac{15}{42}$	$\frac{2}{42}$

从表中可以看出:第一行是 m 的所有可能的取值,第二行是对应的概率,且概率之和为 1.在 2.2 节中将把 m 看成随机变量,此表称为 m 的分布律.式(1.2.2)所描述的概率分布规律称为超几何分布,对应的是不放回抽样方式.

例 1.2.10(二项分布模型)　一批产品共有 N 个,其中 M 个是不合格品,$N-M$ 个是合格品.现采取放回抽样方式从中任取 n 个:即先抽取一个后放回,再抽取第二个,以此类推直到取出 n 个为止.求 A_m 的概率.

解:由于每一次抽取都是从 N 个中任选一个,所以样本空间包含的样本点为 $n_\Omega = N^n$,等可能性显然是保持的.对于事件 A_m:先从 n 次抽取机会中任意挑出 m 次(C_n^m),这 m 次机会每次都是从 M 个是不合格品中任取 1 个(M^m),再利用剩下的 $n-m$ 次机会每次从 $N-M$ 个合格品中任取 1 个[$(N-M)^{n-m}$].于是,由乘法原理可得

$$P(A_m) = \frac{C_n^m M^m (N-M)^{n-m}}{N^n}$$

$$\xlongequal{\text{记 } p=\frac{M}{N}} C_n^m p^m (1-p)^{n-m}, \quad m=0,1,\cdots,n. \tag{1.2.3}$$

同样地,取 $N=9,M=3,n=4$,则 m 的可能取值及其概率如表 1.2.6 所示.

表 1.2.6　放回抽样方式下事件 A_m 的概率

m	0	1	2	3	4
$P(A_m)$	$\frac{16}{81}$	$\frac{32}{81}$	$\frac{24}{81}$	$\frac{8}{81}$	$\frac{1}{81}$

结论完全类似,因此称式(1.2.3)所描述的概率分布规律为二项分布,对应的是放回抽样方式.关于二项分布模型,在 1.5.2 节和 2.2 节中还会进一步进行研究.

需要指出的是,在实践中常用不放回抽样方式进行抽样.读者可自行验证,当产品总数 N 远大于抽样数 n 时,式(1.2.2)给出的概率是近似等于式(1.2.3)给出的概率的.因此,常在不放回抽样方式下,采用二项分布模型来近似计算各种概率问题.这相当于在 $N \gg n$ 时,把不放回抽样方式看成是放回抽样方式.

例 1.2.11(抽签原理)　袋中共有 a 个黑球和 b 个白球,它们除颜色不同外,在其他

方面没有区别. 现在随机地把球一个个取出来, 求第 k 次取出的是黑球的概率.

解: 设 A_k 表示第 k 次取出的是黑球, 且把取出的球依次放在排列成一条直线的 $a+b$ 个位置上.

(解法一) 考虑顺序: 把球看成是有区别的, 比如上面有编号. 这样, 样本空间就是 $a+b$ 个元素的全排列. 事件 A_k 是先从 a 个黑球中挑出一个放在第 k 个位置, 剩余的 $a+b-1$ 个元素进行全排列. 所以

$$P(A_k)=\frac{C_a^1 \cdot (a+b-1)!}{(a+b)!}=\frac{a}{a+b}.$$

(解法二) 不考虑顺序: a 个黑球是无区别的 (b 个白球也无区别). 样本空间是从 $a+b$ 个位置中选出 a 个位置放黑球, 而事件 A_k: 先在第 k 个位置放一只黑球, 再从剩余的 $a+b-1$ 个位置中选出 $a-1$ 个位置放剩余的黑球即可. 于是有

$$P(A_k)=\frac{C_{a+b-1}^{a-1}}{C_{a+b}^a}=\frac{a}{a+b}.$$

(解法三) 只考虑第 k 个位置, 其余位置是什么颜色的球无关紧要. 这时, 样本空间只需要从 $a+b$ 个球中任选一只放在第 k 个位置, 而事件 A_k 只能从 a 个黑球中任选一只放在第 k 个位置. 所以

$$P(A_k)=\frac{C_a^1}{C_{a+b}^1}=\frac{a}{a+b}.$$

首先, 第 k 次取出黑球的概率与 k 无关. 谁先谁后没关系, 这就是抽签原理.

其次, 多种不同的解法其结论相同. 当然, 结论必须相同. 解法的不同实际上源于选取了不同的样本空间, 不同的样本空间又对应不同的计数规则. 这种情况在古典概型中比较常见, 但只要方法正确, 结论总是一致的. 前面说过, 必须保证在同一个样本空间进行各个事件的计数, 否则就会出错. 初学者在遇到较复杂的问题时往往难以做到, 这时最好把样本空间明确地写出来, 以减少失误. 此外, 在计算古典概率时, 最好是像例题中那样写出中间的式子, 方便看出解题思路或方法, 且容易检查.

"一题多解" 在数学中很常见, 在概率论中当然也不例外. 熟悉同一问题的不同解法是重要的, 可通过逐步训练采用最简便的方法解决问题. 例 1.2.11 中, 就有几种不同的解法. 比如第二种解法中不考虑黑球, 转而只考虑白球是等效的; 又如, 可以考虑前 k 个位置; 等等. 第三种解法是最简单的解法, 但对于初学者而言并不那么容易理解.

例 1.2.12 (波尔茨曼模型) 有 n 个不同的球和 N 个不同的盒子 ($n \leqslant N$), 每个球都等可能地放入这些盒子中. 假设每个盒子的容球数不限, 试求下列事件的概率.

(1) $A=$ "指定的 n 个盒子中各有一球";

(2) $B=$ "恰好有 n 个盒子中各有一球".

解: 因为每个球都等可能地放入 N 个盒子中的任一个, 所以 $n_\Omega=N^n$.

(1) 由于盒子已指定, 因此只需将 n 个球放入指定的这 n 个盒子即可. 由于球是不同的, 所以这是全排列, 即 $n_A=n!$. 于是有

$$P(A)=\frac{n!}{N^n}.$$

（2）由于盒子没有指定，那么就需要先从 N 个盒子中挑出 n 个盒子来，其不同的取法总数为 C_N^n. 接下来，与（1）相同，可得 $n_A = C_N^n \cdot n!$. 于是

$$P(B) = \frac{C_N^n n!}{N^n}.$$

如果把球解释为粒子，把盒子解释为相空间中的小区域，则上述问题便是统计物理学中的 **Maxwell-Boltzmann 统计**. 因此，该模型常称为"波尔茨曼模型".

如果粒子是不可分辨的，则上述问题便是统计物理学中的 **Bose-Einstein 统计**. 这相当于将 n 个相同球等可能地放入到 N 个盒子中，即相同球占位. 因此，样本点总数为 C_{n+N-1}^n. 由于球是相同的（粒子不可分辨），因此哪个球放在哪个盒子中就无所谓了. 上述两个事件的概率分别为

$$P(A) = \frac{1}{C_{n+N-1}^n}, \quad P(A) = \frac{C_N^n}{C_{n+N-1}^n}.$$

实验中发现有些粒子遵循此规律，称这些粒子为玻色子.

如果粒子不可分辨，且盒子里最多只能放一个粒子，则上述问题便是统计物理学中的 **Fermi-Dirac 统计**. 由于每个盒子最多只能放一个粒子，因此只需从 N 个盒子中挑出 n 个盒子即可. 此时，样本点总数为 C_N^n. 因此，这两个事件的概率分别为

$$P(A) = \frac{1}{C_N^n}, \quad P(A) = \frac{C_N^n}{C_N^n} = 1.$$

实验中发现另一些粒子遵循此规律，称这些粒子为费米子.

下面的例题需要用到概率的一个性质：对任意一个事件 A，我们知道，$A \cup \overline{A} = \Omega$，且 A 与 $\overline{A}$ 互不相容. 前面说过，古典概率也具有可加性和规范性，所以有 $P(A) + P(\overline{A}) = P(A \cup \overline{A}) = P(\Omega) = 1$，从而可得

$$P(A) = 1 - P(\overline{A}). \tag{1.2.4}$$

例 1.2.13（生日问题） 某次聚会共有 n 个人参加，问其中至少有两个人的生日相同的概率是多少？

解：不考虑闰年和双胞胎等特殊情况，设事件 A_n 表示 n 个人中至少有两个人的生日相同. 显然，A_n 的对立事件 $\overline{A_n}$ 就是"没有任何两个人的生日相同". 易知

$$P(\overline{A_n}) = \frac{C_{365}^n \cdot n!}{365^n} = \frac{365!}{365^n (365-n)!}.$$

此即波尔茨曼模型的问题（2）. 于是，由式（1.2.4）可知，至少有两人生日相同的概率为

$$P(A_n) = 1 - \frac{365!}{365^n (365-n)!}.$$

上式看似简单，但具体的计算需要借助计算器或电脑. 表 1.2.7 列出了不同的 n 及其对应的概率 $P(A_n)$，其中 $P(A_n)$ 是利用 MATLAB 软件计算的.

表 1.2.7　生日问题中 A_n 的概率

n	10	20	23	30	40	50	60	70
$P(A_n)$	0.117	0.411	0.507	0.706	0.891	0.970	0.994	0.999

假设你所在的班级共有 23 人,则至少有两个人生日相同的概率就超过了 50%;当班级人数达到 40 人时,这个概率就接近 90% 了;当 $n=60$ 时,几乎可以肯定必有两人生日相同.

这个结果是不是非常令你惊讶? 生活中,如果发现两个人生日相同,你可能会感叹:"这两个人的生日在同一天呀!"在大多数人的直觉中,两人生日相同的可能性应该是非常小的,"生日在同一天"这种情况似乎并不常见.但上述数值计算结果告诉我们,这种直觉是错误的.

我们直觉上认为同一天生日是很少见的事情,但实际上发生的概率却是非常高的.正是因为理性计算的结果与日常经验产生了如此明显的矛盾,所以生日问题又被称为"生日悖论".这是生日问题引起人们兴趣的重要原因.

那么,为什么会出现实际情况与直觉差异如此之大的现象呢? 要解答这个问题,我们需要计算另外一个概率.那就是在包括你自己在内的 n 个人中,至少有 1 人与你生日相同的概率.将该事件记为 B_n,则其对立事件是没有任何人与你的生日相同.与前面的推理类似,容易得到

$$P(B_n)=1-\frac{365\times364^{n-1}}{365^n}=1-\left(\frac{364}{365}\right)^{n-1}.$$

根据该公式的计算结果,如果你身处 23 人的小团队中,至少有 1 人与你同生日的概率不足 6%.只有当团队人数扩大到 254 人时,这个概率才上升到 50%.这个结果应该不会令你讶异吧,是不是和你自己心里估算的也差不多呢?

表 1.2.8　生日问题中 B_n 的概率

n	23	50	100	254	365	1000	1600	1700
$P(B_n)$	5.86%	12.58%	23.78%	50.05%	63.16%	93.55%	98.76%	99.05%

其实,当我们看到"有人生日相同"时,下意识地会用"与我生日相同"去推测,而实际上"与我生日相同"的概率确实非常小.于是,直觉告诉我们,"有人生日相同"的概率也很小.但是,生日问题中问的是 n 人中至少有两人生日相同的概率,而不论究竟是谁的生日.这与我们直觉中预设的前提条件有着根本的不同.

可以说,直觉没有错,错的是我们没有正确地去理解问题.因此,当我们剥开直觉的谎言,看清事实的那一刻,才会觉得如此不可思议.如今,在指纹或人脸等生物信息识别和 DNA 鉴定中,"生日悖论"中揭示的事实已经发展成为深刻的问题了.

最后给出一个特殊的例子,该例中如果直接计数样本空间和事件 A 是很难求解的,解答中利用硬币的对称性,巧妙地构造了只含两个样本点的样本空间 $\Omega=\{A,\bar{A}\}$,且满足等可能性.于是,问题迎刃而解.

例 1.2.14　甲有 $n+1$ 个硬币,乙有 n 个硬币.双方投掷之后进行比较,求甲掷出的正面数比乙掷出的正面数多的概率.

解:设 $A=$"甲的正面数>乙的正面数",则

$\bar{A}=$"甲的正面数≤乙的正面数"="$n+1-$甲的反面数≤$n-$乙的反面数"

　　　$=$"甲的反面数≥乙的反面数$+1$"="甲的反面数>乙的反面数".

但由硬币的对称性可知,"甲的反面数＞乙的反面数"和"甲的正面数＞乙的正面数"是等同的,所以有 $A=\bar{A}$. 于是 $P(A)=P(\bar{A})$,再根据式(1.2.4)可得知: $P(A)=\dfrac{1}{2}$.

1.2.3　概率的几何定义

引例　一根长度为 30 cm 的绳子,拉直后在任意位置剪断. 事件 A 表示得到的两段绳子其长度都不小于 10 cm,请问 $P(A)$ 是多少?

用 x 表示剪切的位置,容易得知 $\Omega=\{x;0\leqslant x\leqslant 30\}$, $A=\{x;10\leqslant x\leqslant 20\}$. 由于在哪个位置剪切是等可能的,因此此问题仍然具有等可能性,但样本点个数不再可数. 此时,古典概型中的计数法则不再适用,转而利用几何方式来测度其大小.

> **定义 1.2.4　几何概型**
>
> 具有下列特征的随机试验称为几何概型:
>
> (1) 样本空间 Ω 是几何空间中的某有限区域,其度量(如长度、面积或体积等)大小可用 $\mu(\Omega)$ 表示;
>
> (2) 每个样本点出现的机会均等,即样本点落在某个子区域内的概率只与该区域的度量大小成正比,而与形状和位置无关.

在几何概型中,假设事件 A 的度量大小为 $\mu(A)$,则事件 A 发生的概率为

$$P(A)=\frac{\mu(A)}{\mu(\Omega)}. \tag{1.2.5}$$

这就是概率的**几何定义**. 与古典概率类似,几何概率仍然是比值. 但它不是样本点个数之比,而是其度量大小之比. 由于最初是用几何方法度量样本空间和事件的大小,所以将其称为几何概型.

根据上述定义,容易得知引例中事件 A 发生的概率为 $P(A)=\dfrac{1}{3}$.

例 1.2.15(会面问题)　甲、乙两人约定在下午六点到七点之间在某处会面,并约定先到者应等候另一人 15 分钟,过时即可离去. 求两人能会面的概率.

解:以 x 和 y 分别表示甲、乙两人到达约会地点的时间(单位:分钟),则 $0\leqslant x\leqslant 60,0\leqslant y\leqslant 60$. 于是点 (x,y) 就是一个样本点,而样本空间为

$$\Omega=\{(x,y);0\leqslant x\leqslant 60,0\leqslant y\leqslant 60\}.$$

由于甲、乙都是在 0～60 分钟内等可能地达到,所以这属于几何概型问题. 设事件 $A=$ "两人能会面",则他们达到的时间必须满足条件: $|x-y|\leqslant 15$,即

$$A=\{(x,y)\in\Omega;-15\leqslant x-y\leqslant 15\}.$$

如图 1.2.1 所示,这是平面几何图形,计算其面积可得

$$P(A)=\frac{S_A}{S_\Omega}=\frac{60^2-45^2}{60^2}=\frac{7}{16}.$$

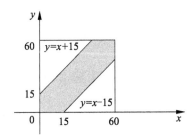

图 1.2.1　会面问题

会面问题是许多实际问题的一个模型. 例如, 载人航天器与空间站的交会对接、火星探测器的发射时间窗口等, 都属于此类问题.

例 1.2.16　一军舰通过一道水雷线（如图 1.2.2 所示的直线 l）, 其航向（军舰的中心线）与水雷线的夹角为 $\alpha(0<\alpha<\pi/2)$. 已知两个相邻水雷的中心距离为 t, 军舰的宽度为 b, 水雷的直径为 d. 求军舰碰上水雷的概率.

解：设军舰沿如图 1.2.2 所示方向前行, 其航迹线到最近一个水雷中心点的距离为 x, 则 $0\leqslant x\leqslant \dfrac{t}{2}$. x 的每一个取值都对应军舰的一条航线, 所以样本空间为

$$\Omega=\left\{x:x\in\left[0,\frac{t}{2}\right]\right\}.$$

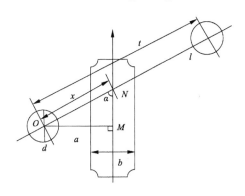

图 1.2.2　水雷问题

从水雷中心点向航迹线作垂线, 垂线段 OM 的长度设为 a. 则当 $a\leqslant(b+d)/2$ 时, 军舰与水雷必相碰. 设事件 $A=$ "军舰与水雷相碰", 注意到 $a=x\sin\alpha$, 所以有

$$A=\left\{x\in\Omega:0\leqslant x\leqslant\frac{b+d}{2\sin\alpha}\right\}.$$

于是可得

$$P(A)=\frac{L_a}{L_x}=\frac{(b+d)/2\sin\alpha}{t/2}=\frac{b+d}{t\sin\alpha}.$$

说明：欲使军舰安全通过水雷线, 必须满足 $P(A)<1$, 即 $\sin\alpha>\dfrac{b+d}{t}$. 当 α 过小时, $\sin\alpha\leqslant\dfrac{b+d}{t}$, 这时军舰必定碰上水雷.

例 1.2.17(投针实验 Buffon) 1777 年法国科学家 Buffon(1707—1788)提出下列问题,这是几何概率的一个早期例子.其著名之处还在于其提供了近似计算 π 的一种方法,并发展出 Mente Carlo 随机模拟方法.

平面上画有等距离为 $a(a>0)$ 的一些平行直线,现向此平面任意投掷一根长为 $b(b<a)$ 的针,试求针与某一平行直线相交的概率.

解: 以 x 表示针的中点到最近一条平行线的距离,φ 表示针与平行线相交的夹角,其位置关系如图 1.2.3 所示.显然有

$$\Omega=\left\{(x,\varphi):0\leqslant x\leqslant\frac{a}{2},0\leqslant\varphi\leqslant\pi\right\}.$$

设事件 A 表示针与平行线相交,则 A 发生必须满足 $x\leqslant\frac{b}{2}\sin\varphi$.所以,

$$A=\left\{(x,\varphi):0\leqslant x\leqslant\frac{b}{2}\sin\varphi,0\leqslant\varphi\leqslant\pi\right\}.$$

于是,可得

$$P(A)=\frac{S_A}{S_\Omega}=\frac{\dfrac{1}{2}\displaystyle\int_0^\pi b\sin\varphi\mathrm{d}\varphi}{\dfrac{1}{2}a\pi}=\frac{2b}{a\pi}.$$

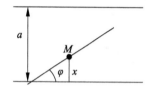 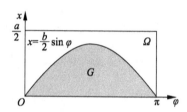

图 1.2.3 Buffon 投针实验

该结果与 π 相关,这提供了一种计算 π 的近似方法:给出 a 和 b 的值,投针 n 次,假设针与平行线相交 m 次.于是可得知 $P(A)\approx\dfrac{m}{n}$,再根据上式可得

$$\pi\approx\frac{2bn}{am}.$$

据说 Buffon 亲自做过试验,可惜结果没有留存下来[①].历代欣赏 Buffon 提议的大有人在,有些还真的做了试验.表 1.2.9 给出了这些试验的有关资料.

现在利用计算机进行投针的模拟试验就方便多了,有兴趣的读者不妨编程模拟一下.模拟次数设置大一些,可以得到更精确的 π 值.

---

① 网上流传,Buffon 在 1777 年邀请朋友一起做的试验,投针 2212 次,相交 704 次.其中 $b/a=1$,所得的 π 值为 3.142.

表 1.2.9　投针试验与 π 的近似值

试验者	时间/年	b/a	投掷次数	相交次数	π 的近似值
Wolf	1850	0.8	5000	2532	3.1596
Smith	1855	0.6	3204	1218.5	3.1534
De Morgan	1860	1.0	600	382.5	3.1373
Fox	1884	0.75	1030	489	3.1595
Lazzerini[①]	1901	0.83333333	3408	1808	3.1415929
Reina	1925	0.5419	2520	859	3.1795

　　上述方法可以总结如下:建立一个概率模型,使其与我们感兴趣的某个(些)量有关;然后设计适当的随机试验,并通过试验结果来确定这些量.第二次世界大战后,随着计算机的出现和普及,这种方法得到了迅速的发展和广泛的应用.如今称这种方法为**随机模拟法**,或 **Mente Carlo 法**.同时,Mente Carlo 法的发展也大大推动了随机数的研究.关于 Mente Carlo 模拟,在 5.2 节中还有进一步的讨论.

　　现在,我们来考察几何概率应该具有的基本性质.

　　与古典概型和频率方法不同的是,几何概型是定义在无限样本空间上的.那么,这就可能涉及可列并或可列交运算.例如在本小节的引例中,$\Omega = \{x : x \in [0,30]\}$.设事件 A 表示剪切点落入区间 $\left(0, \frac{1}{2}\right)$,而事件 A_n 表示剪切点落入区间 $\left[\frac{1}{2^{n+1}}, \frac{1}{2^n}\right)$,$n=1$,$2,\cdots$.可以看出,事件列 $\{A_n\}$ 是两两互不相容的,且有

$$A = \bigcup_{n=1}^{\infty} A_n.$$

根据几何概率的定义,易知 $P(A) = \frac{1}{30} \cdot \frac{1}{2}$,而

$$P(A_n) = \frac{1}{30} \cdot \left(\frac{1}{2^n} - \frac{1}{2^{n+1}}\right) = \frac{1}{30} \cdot \frac{1}{2^{n+1}},$$

且有

$$\sum_{n=1}^{\infty} P(A_n) = \frac{1}{30} \cdot \sum_{n=1}^{\infty} \frac{1}{2^{n+1}} = \frac{1}{30} \cdot \frac{1/4}{1-1/2} = \frac{1}{30} \cdot \frac{1}{2}.$$

于是有

$$P(A_n) = \sum_{n=1}^{\infty} P(A_n).$$

这就是事件和概率的可列运算,上述运算称为概率的可列可加性.

　　综上所述,几何概率应该具有下列基本性质:

　　(1) **非负性**:对任一事件 A,有 $0 \leqslant P(A) \leqslant 1$;

　　(2) **规范性**:$P(\Omega) = 1$;

---

　　① 意大利数学家 Lazzerini 的结果由于精度太高,因此备受质疑.但多数人鉴于 Lazzerini 一生勤勉谨慎,只是认为他确实"碰上了好运气".究竟事实如何,现在已无从考究.

（3）**可列可加性**：若 $A_1, A_2, \cdots$ 两两互不相容，则 $P\left(\bigcup_{n=1}^{\infty} A_n\right) = \sum_{n=1}^{\infty} P(A_n)$.

最后，再给出一个著名的悖论——Bertrand 悖论. 就像数学中的大多数悖论一样，该悖论在概率论的发展历史上也起到过重要作用. 它指出了几何概型在描述等可能性时存在的缺陷，从而推动了概率论公理化体系的建立.

例 1. 2. 18（Bertrand 悖论）　在半径为 1 的单位圆内随机地取一条弦，问弦长超过该圆内接等边三角形边长 $\sqrt{3}$ 的概率是多少？

解：题中"随机地"取一条弦只是对等可能性提出的要求，而并没有告诉我们以何种方式来随机地取弦. 恰好在此题中，能够做到"随机"取弦的方式不唯一.

（1）弦长只与它到圆心的距离有关，而与方向无关，因此可以假定所取的弦垂直于某一直径. 此时，该直径上所有的点构成样本空间. 当且仅当样本点与圆心的距离小于 $\frac{1}{2}$ 时（如图 1.2.4a 所示），其弦长才大于 $\sqrt{3}$. 因此，所求概率为 $\frac{1}{2}$.

（2）任何弦交圆周于两点，不失一般性，先固定其中一点，而另一点在圆周上任取. 此时，圆周上除固定点外所有的点构成样本空间. 以固定点为顶点作圆的内接等边三角形，则只有落入此三角形内的弦，其长才大于 $\sqrt{3}$（如图 1.2.4b 所示）. 由于这种弦的另一个端点跑过的弧长为整个圆周的 $\frac{1}{3}$，故所求概率为 $\frac{1}{3}$.

（3）弦被其中点唯一确定. 由于圆内任意一点都有可能成为某条弦的中点，因此样本空间就是单位圆内的所有点. 当且仅当弦的中点落入半径为 $\frac{1}{2}$ 的圆内时（如图 1.2.4c 所示），其弦长才大于 $\sqrt{3}$. 因此，所求概率为 $\frac{1}{4}$.

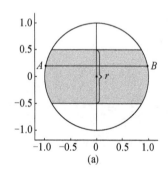 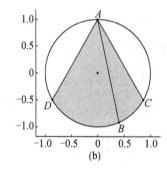 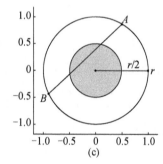

图 1. 2. 4　Bertrand 悖论

同一问题有三种不同的答案，错了吗？没有！细究其原因，可以发现是在"随机地"取弦时采用了不同的方式，而各自方式下对应着不同的样本空间. 在 1.1.2 节我们就说过：样本空间是研究随机现象的出发点，也是解决随机问题的归宿. 三种不同的答案对于各自的样本空间（或相对应的随机试验）而言，等可能性的假定都是满足的，那么根据几何概率得到的结果就都是正确的.

问题出在哪里呢？关键在于题中没有明确告诉我们以何种方式来随机地取弦，而

在此题中能够做到"随机"取弦的方式不唯一. 当然, 一般很少出现这种情况. 但无论如何, 这都告诉我们: 在使用术语"随机地""等可能地""均匀分布"等来描述等可能性时, 应尽量明确指明其含义, 避免产生歧义.

此外, 几何概率还给我们提出了一些新的问题:

(1) 根据概率的几何定义, 在几何概型中只有样本空间 Ω 的可求"度量"的子集才能够计算概率. 我们知道, 并不是所有的曲线都可求长. 同样的道理, 无论采用哪种度量方式, 都可能存在无法"度量"的子集. 无法度量的子集, 谈论概率也就没有意义了. 因此, 只有可度量的子集才能够成为"事件"; 不可度量的子集不能作为事件, 它不是概率论研究的对象.

(2) 在几何概型中, 概率为 0 的事件未必是不可能事件, 概率为 1 的事件也未必是必然事件. 例如, 在会面问题中, 如果事件 B 表示两人同时到达约定地点, 则 $B=\{(x, y)\in\Omega: x=y\}$. 由于 B 所确定的图形是一条线, 此题中线的面积为 0, 所以 $P(B)=0$. 但事件 B 显然是可能发生的. 又如, 在本小节的引例中, 如果事件 B 表示不能从绳子的中点处剪断, 那么 B 包含除中点以外的所有点, 因此 $P(B)=1$. 但事件 B 有可能不发生, 因为我们的确可以从绳子的中点处把绳子剪断.

习　题　1.2

1.2.1　已知在 10 只产品中有 2 只次品, 在其中取两次, 每次任取一只, 作不放回抽样. 求下列事件的概率:

(1) 两只都是正品;

(2) 两只都是次品;

(3) 一只是正品, 一只是次品;

(4) 第二次取出的是次品.

1.2.2　房间里有 10 个人, 分别佩戴从 1 号到 10 号的纪念章, 任选 3 人记录其纪念章的号码. 试求:

(1) 最小号码为 5 的概率;

(2) 最大号码为 5 的概率.

1.2.3　把 12 名同学 (3 名女生和 9 名男生) 平分成三组. 求下列事件的概率:

(1) 3 名女生在同一组;

(2) 3 名女生各在一组.

1.2.4　某油漆公司发出 17 桶油漆, 其中白漆 10 桶、黑漆 4 桶、红漆 3 桶. 在搬运中所有标签脱落, 交货人随意将这些油漆发给顾客. 问一个订货为 4 桶白漆、3 桶黑漆和 2 桶红漆的顾客, 能按所订颜色如数得到订货的概率是多少?

1.2.5　将 3 个球随机地放入 4 个杯子中, 求杯子中球的最大个数分别为 1, 2, 3 的概率.

1.2.6　从一副 52 张的扑克牌中任取 5 张,求下列事件的概率:

(1) 五张牌同一花色;

(2) 恰好有两张牌点数相同,另外三张牌点数不同;

(3) 五张牌中有两对;

(4) 有四张牌同点数;

(5) 五张牌恰好构成同花顺.

1.2.7　从五双型号不同的鞋中随意取出 4 只,求下列事件的概率:

(1) A="恰有一双配对";

(2) B="至少有一双配对".

1.2.8　从 n 双不同的鞋子中任取 $2r(r<n)$ 只,求下列事件的概率:

(1) 没有成对的鞋子;

(2) 只有一对鞋子;

(3) 恰有两对鞋子;

(4) 恰有 r 对鞋子.

1.2.9　10 个人中恰有一对夫妻,现随机地围一圆桌而坐,求这对夫妻相邻而坐的概率.

1.2.10　共有 m 个男孩和 n 个女孩 ($n<m$),试在下列两种情况下求任意两个女孩都不相邻的概率:

(1) 随机地沿圆桌而坐;

(2) 随机地排成一排.

1.2.11　把 n 个 0 与 n 个 1 随机排列,求数字 1 皆不相邻的概率.

1.2.12　袋中有 n 个白球和 n 个黑球,从中不放回地取一个球,直至取完为止.求黑白球恰好相间被取出的概率.

1.2.13　某种产品的商标为"ＭＡＸＡＭ",其中有 2 个字母脱落,有人将其捡起随意放回,求放回后仍为"ＭＡＸＡＭ"的概率.

1.2.14　在单位圆的圆周上随意取三个点,求此三点能构成锐角三角形的概率.

1.2.15　两船欲停靠同一码头.设两船各自到达的时间在一昼夜的每个时刻都是等可能的,若此两船在码头停留的时间分别为 4 小时与 6 小时,求一船要等待空出码头的概率.

1.2.16　在区间 $[0,1]$ 上任取两个数,求下列事件的概率:

(1) A="两数之和小于 1.2";

(2) B="两数之积小于 1/4".

1.2.17　在区间 $[0,a]$ 上任意取 n 个点,求任意两点之间的距离皆大于 1 的概率 ($a/(n-1)>1$).

1.2.18　在区间 $(0,1)$ 中任意取三个数 x,y,z.试求:

(1) 长度分别为 x,y,z 的三条线段能构成三角形的概率;

(2) 不等式 $x+y+z<\dfrac{3}{2}$ 成立的概率;

（3）不等式 $\max\{x,y,z\}<t$ 成立的概率（$0<t<1$）.

1.3　概率空间

概率的统计定义、古典定义和几何定义各适合一类随机现象,但也只适用于符合其类型特征的随机现象.那么,适合一切随机现象的概率又是如何定义的呢?

通过对概率论两个最基本概念——**事件与概率的长期研究,发现事件的运算与集合的运算完全相似,而概率与测度有相同的性质**.在公理化潮流的推动下,1933 年,苏联数学家柯尔莫哥洛夫（Kolmogorov, 1903—1987）提出了概率的公理化定义.该定义既概括了历史上几种概率定义中的共同特性,又避免了各自的局限性和含混之处.公理化体系明确定义了概率论的基本概念,使其成为严谨的学科,是概率论发展史上一个重要的里程碑,促进了概率论的迅速发展和广泛应用.

1.3.1　事件域

随机事件 A 是样本空间 Ω 的子集,与之对应的概率 $P(A)$ 是一个实数.一个集合对应一个数,称为**集函数**.那么,概率这个集函数的定义域是什么呢?

首先,这个定义域不一定包括 Ω 的一切子集.譬如在几何概型中,如果把"不可度量"的子集包含进来,则会给定概率造成困难.其次,这个定义域又应该把感兴趣的事件都包含进来.譬如,若 A 与 B 是事件,则希望 $\bar{A},A\cup B,AB$ 等也是事件,即对这些运算封闭.在几何概型中,还希望对可列并或交运算封闭. σ 域的概念恰好满足这两个要求.

> **定义 1.3.1　σ 域**
>
> 设 $\mathscr{F}$ 是由集合 Ω 的一些子集构成的集类.如果 $\mathscr{F}$ 满足下列条件,则称 $\mathscr{F}$ 为 σ 域,亦称 σ 代数.
> （1）$\Omega\in\mathscr{F}$;
> （2）若 $A\in\mathscr{F}$,则 $\bar{A}\in\mathscr{F}$;
> （3）若 $A_n\in\mathscr{F},n=1,2,\cdots$,则 $\displaystyle\bigcup_{n=1}^{\infty}A_n\in\mathscr{F}$.

从上述定义出发,立即可得下列结论:

> **命题 1.3.1　σ 域的性质**
>
> 设 $\mathscr{F}$ 是由 Ω 的子集构成的 σ 域,则有
> （1）$\varnothing\in\mathscr{F}$;
> （2）若 $A_n\in\mathscr{F},n=1,2,\cdots$,则 $\displaystyle\bigcap_{n=1}^{\infty}A_n\in\mathscr{F}$;
> （3）若 $A_n\in\mathscr{F},n=1,2,\cdots,m$,则 $\displaystyle\bigcup_{n=1}^{m}A_n\in\mathscr{F},\bigcap_{n=1}^{m}A_n\in\mathscr{F}$;
> （4）若 $A,B\in\mathscr{F}$,则 $A-B\in\mathscr{F}$.

注意:$\mathscr{F}$ 的元素是集合,定义 1.3.1 和命题 1.3.1 表明 σ 域对集合的一切运算封闭.

如果 $\mathscr{F}$ 是一个 σ 域,$\mathscr{G}$ 又是由 $\mathscr{F}$ 的部分元素构成的子集类.如果 $\mathscr{G}$ 也是 σ 域,则称 $\mathscr{G}$ 为 $\mathscr{F}$ 的**子 σ 域**.设 $\mathscr{H}$ 是 Ω 的任意一个子集类,那么 $\mathscr{H}$ 不一定恰好是一个 σ 域.我们把包含 $\mathscr{H}$ 的最小 σ 域称为**由 $\mathscr{H}$ 生成的 σ 域**,记为 $\sigma(\mathscr{H})$.

例 1.3.1 设 A 是集合 Ω 的一个子集,则可验证:

(1) $\mathscr{F}=\{\Omega,\varnothing\}$ 是一个 σ 域.由于任何一个 σ 域都至少包含 Ω 和 $\varnothing$ 这两个元素,因此称 $\mathscr{F}$ 为平凡子 σ 域.

(2) $\mathscr{F}=\{\Omega,\varnothing,A,\overline{A}\}$ 是一个 σ 域.它是由 A 生成的 σ 域,是包含 A 的最小 σ 域.

(3) 若 $\mathscr{F}$ 由 Ω 的一切子集构成,则 $\mathscr{F}$ 是 σ 域.

(4) 若 $\mathscr{F}_1$ 与 $\mathscr{F}_2$ 均为 $\mathscr{F}$ 的子 σ 域,则 $\mathscr{F}_1\bigcap\mathscr{F}_2$ 也是 $\mathscr{F}$ 的子 σ 域.进一步有:$\mathscr{F}$ 的任意多个子 σ 域的交仍是 $\mathscr{F}$ 的子 σ 域.

(5) 若 $\mathscr{H}$ 是 $\mathscr{F}$ 的子类,则 $\sigma(\mathscr{H})$ 是包含 $\mathscr{H}$ 的所有子 σ 域的交.

(6) **设 $\mathscr{F}$ 是 Ω 上的 σ 域,则 $\mathscr{F}\bigcap A=\{B\bigcap A:B\in\mathscr{F}\}$ 是 A 上的 σ 域.**

以上这些的结论的证明比较容易,在一般的实变函数或测度论上都可以找到.此处罗列于此,方便后面的应用.

下面来讨论全体实数集 $\mathbf{R}$ 上最常用的 σ 域——博雷尔(Borel)域.

定义 1.3.2 Borel 域

$\mathbf{R}$ 上一切形如 $(-\infty,x]$ 的子集构成的集类记为 $\mathscr{H}$,即 $\mathscr{H}=\{(-\infty,x]:x\in\mathbf{R}\}$.显然,$\mathscr{H}$ 不是 σ 域.但可从 $\mathscr{H}$ 出发,生成一个 σ 域.由 $\mathscr{H}$ 生成的 σ 域称为 $\mathbf{R}$ 上的 Borel 域,记为 $\mathscr{B}(\mathbf{R})$,简记为 $\mathscr{B}$ 或 $\mathscr{B}_1$.即

$$\mathscr{B}=\sigma(\mathscr{H})=\sigma(\{(-\infty,x]:x\in\mathbf{R}\}).$$

Borel 域 $\mathscr{B}$ 中的元素称为博雷尔(Borel)集,Borel 集是 $\mathbf{R}$ 的子集.Borel 域 $\mathscr{B}$ 包含下列集合:

$$\mathbf{R}=\bigcup_{n=1}^{\infty}(-\infty,n]\in\mathscr{B}, \qquad\qquad (a,+\infty)=\mathbf{R}\backslash(-\infty,a]\in\mathscr{B},$$

$$(a,b]=(-\infty,b]\bigcap(a,+\infty)\in\mathscr{B}, \qquad \{a\}=\bigcap_{n=1}^{\infty}\left(a-\frac{1}{n},a\right]\in\mathscr{B},$$

$$[a,b]=\{a\}\bigcup(a,b]\in\mathscr{B}, \qquad\qquad (a,b)=(a,b]\backslash\{b\}\in\mathscr{B}.$$

由于 σ 域对集合运算是封闭的,因此一切上述集合经过有限交、并、差和可列交、并,以及取逆等运算而得到的集合仍然属于 Borel 域 $\mathscr{B}$.这是一个相当大的集类,足以把我们感兴趣的点集都包括在内.

此外,Borel 域 $\mathscr{B}$ 的生成方式并不唯一.事实上,一切形如 $(-\infty,x)$,$[x,+\infty)$,(a,b),$(a,b]$,…的子集类生成的 σ 域都与 Borel 域 $\mathscr{B}$ 等同,即都是同一个 σ 域.

Borel 域的概念可推广到多维情形:设 $\mathbf{R}^n$ 是 n 维欧氏空间,由一切 n 维矩形构成的集类所生成的 σ 域称为 $\boldsymbol{n}$ **维 Borel 域**,记为 $\mathscr{B}(\mathbf{R}^n)$,简记为 $\mathscr{B}_n$.n 维 Borel 域 $\mathscr{B}_n$ 的元素称为 n 维 Borel 点集.与一维类似,n 维 Borel 域的生成方式也不唯一.比如:

$$\mathcal{B}_2 = \sigma(\{(-\infty, x] \times (-\infty, y]: (x, y) \in \mathbf{R}^2\})$$
$$= \sigma(\{(a, b] \times (c, d]: a, b, c, d \in \mathbf{R}\}).$$

现在给出集函数概率 $P(A)$ 的定义域.

> **定义 1.3.3　事件域**
>
> 　　若 $\mathcal{F}$ 是由样本空间 Ω 的一些子集构成的 σ 域, 则称 $\mathcal{F}$ 为事件域, $\mathcal{F}$ 中的元素称为随机事件, 简称事件. 其中 Ω 称为必然事件, $\varnothing$ 称为不可能事件.

　　事件域 $\mathcal{F}$ 是由样本空间 Ω 的子集构成的 σ 域, 那么它就可以把不可测的子集排除在外, 而把我们感兴趣的子集全部包含进来. 因此, **事件域 $\mathcal{F}$ 就是概率 $P(A)$ 的定义域.** 这就是我们需要了解 σ 域相关知识的原因.

　　根据定义, 只有事件域 $\mathcal{F}$ 的元素才能够称为"事件", 这就是随机事件的确切含义. 因此, 随机事件是样本空间的子集, 反之则不一定. 譬如, 有时会使用这样的事件域: 设 $A_1, A_2, \cdots$ 是样本空间 Ω 的一个完备事件组, 由该完备事件组生成的 σ 域作为样本空间 Ω 上的事件域, 其中约定 $\bigcup_{i \in \varnothing} A_i = \varnothing$. 如果 $\{A_i\}$ 不是基本事件组, 那么单个样本点形成的子集就不是事件.

　　有了样本空间 Ω 和事件域 $\mathcal{F}$, 就可以定义概率了. 由于概率是一种测度, 因而称 $(\Omega, \mathcal{F})$ 为**可测空间**, 意即可以在其上定义测度从而对 $\mathcal{F}$ 的元素进行度量. 这里要定义的测度就是概率, 它度量的是事件发生的可能性大小, 而事件就是 $\mathcal{F}$ 的元素.

　　从样本空间 Ω 出发, 可构造多个不同的 σ 域, 当然可以根据实际问题的需要来选择适当的 σ 域作为事件域. 但如果每次定义和计算概率都先交代事件域的选择, 将是一件非常麻烦的事情. 为了方便概率的计算和应用, 并结合研究的需要, 一般默认以下两点:

　　(1) 对于有限或可列样本空间, 其一切子集构成的 σ 域作为事件域.

　　(2) 对于不可列样本空间, 选取 Borel 域 $\mathcal{B}_n$ 或其子 σ 域 $\mathcal{B}_n \cap \Omega$ 作为其事件域; 一维和多维均如此.

　　除非特别声明, 总是按照上述原则来确定事件域, 这样就不需要每次事先声明.

1.3.2　概率的公理化定义

　　公理化体系就是选择最基本的性质作为公理, 并以此为基础导出一切结果. 那么, 概率最基本的性质有哪些呢?

　　概率是一个集函数, 与集合的元素个数、区域的面积、物体的体积和质量等一样, 是一种测度, 所以又称为**概率测度**. 测度最基本的性质是**非负性**和**可加性**. 此外, 概率只是用来表征随机事件发生的可能性大小, 因此只需知道不同随机事件发生的可能性的相对大小即可. 所以规定 $P(\Omega) = 1$, 这称为概率的**规范性**. 规范性是概率测度区别于一般测度的主要特征. 可以看出, 这三条性质也是概率的统计定义、古典定义和几何定义所具备的. 唯一不同在于可加性是有限可加性, 还是可列可加性, 由于后者可以推出前者, 考虑到作为公理, 应选择后者.

　　综上所述, 可定义概率如下.

定义 1.3.4 概率的公理化定义

设 Ω 是样本空间,事件域 $\mathscr{F}$ 为 Ω 上的 σ 域.定义在 $\mathscr{F}$ 上的集函数 $P(\cdot)$ 称为概率,如果满足下列条件:

(1) **非负性**:$\forall A \in \mathscr{F}$,有 $P(A) \geqslant 0$;

(2) **规范性**:$P(\Omega) = 1$;

(3) **可列可加性**:设 $A_n \in \mathscr{F}$,$n = 1, 2, \cdots$,且两两互不相容,则有

$$P\left(\bigcup_{n=1}^{\infty} A_n\right) = \sum_{n=1}^{\infty} P(A_n).$$

概率的公理化定义中,只是规定了概率应该满足的基本性质,而没有给出概率的计算方法.实际上,概率 P 采取什么法则来进行计算,依赖于具体的样本空间.如古典概型中概率 P 是样本点个数之比,而几何概型中概率 P 是度量之比.

三元总体 $(\Omega, \mathscr{F}, P)$ 称为**概率空间**,其中 Ω 是样本空间,$\mathscr{F}$ 是事件域,P 是概率.对于给定的可测空间 $(\Omega, \mathscr{F})$,只要满足概率的三条公理,当然可以给出不同的概率 P,从而得到不同的概率空间.就像我们既可以对某物体量其体积,又可以称其质量一样.事实上,确定概率 P 就是确定采用什么法则来计算概率的问题.前面说过,这依赖于具体的样本空间.如果是统计概型、古典概型和几何概型,那么我们还是采用相应的法则来确定概率.因此,通常都认为概率空间是预先给定的,并以此作为出发点来讨论各种问题.在不引起混乱的情况下,并不需要每次都花费精力明确地指出概率空间.

从概率的公理出发,可以推导出概率的常用性质.

性质 1.3.1 不可能事件的概率为 0,即 $P(\varnothing) = 0$.

证明:因为 $\Omega = \Omega \cup \varnothing \cup \varnothing \cup \cdots$,其中右端的各个事件两两互不相容,于是由可列可加性可得

$$P(\Omega) = P(\Omega) + P(\varnothing) + P(\varnothing) + \cdots.$$

根据规范性可得 $\sum_{n=2}^{\infty} P(\varnothing) = 0$,再由非负性知 $P(\varnothing) = 0$.

性质 1.3.2(概率的有限可加性) 若事件 $A_1, A_2, \cdots, A_n$ 两两互不相容,则有

$$P\left(\bigcup_{i=1}^{n} A_i\right) = \sum_{i=1}^{n} P(A_i).$$

证明:因为

$$\bigcup_{i=1}^{n} A_i = A_1 \cup A_2 \cup \cdots \cup A_n \cup \varnothing \cup \varnothing \cup \cdots.$$

其中右端的各个事件两两互不相容,于是由可列可加性和性质 1.3.1 可得

$$P\left(\bigcup_{i=1}^{n} A_i\right) = \sum_{i=1}^{n} P(A_i) + \sum_{i=n+1}^{\infty} P(\varnothing) = \sum_{i=1}^{n} P(A_i).$$

性质 1.3.3 对任意事件 $A \in \mathscr{F}$,有 $P(\overline{A}) = 1 - P(A)$.

证明:因为 $A \cup \overline{A} = \Omega$,而 A 与 $\overline{A}$ 互不相容,所以由规范性和有限可加性可得

$$P(A) + P(\overline{A}) = 1 \Rightarrow P(\overline{A}) = 1 - P(A).$$

式(1.2.4)就是上述性质,在那里我们已经看到了该性质发挥的作用.

性质 1.3.4(概率的单调性)　若 $A \subset B$,则有

(1) $P(B-A) = P(B) - P(A)$;(2) $P(A) \leqslant P(B)$;(3) $P(A) \leqslant 1$.

证明: 将事件 B 不重复、不遗漏地分成两部分 A 与 $B\overline{A}$,即 $A \cup B\overline{A} = B$,$A \cdot B\overline{A} = \varnothing$. 于是,由概率的有限可加性可得

$$P(B) = P(A) + P(B\overline{A}).$$

根据事件的差化积公式和概率的非负性,由上式可得

$$P(B-A) = P(B\overline{A}) = P(B) - P(A) \geqslant 0.$$

令 $B = \Omega$,则可由 $P(A) \leqslant P(B)$ 和规范性得到 $P(A) \leqslant 1$.

性质 1.3.5(减法公式)　对任意两个事件 $A \in \mathscr{F}$ 和 $B \in \mathscr{F}$,有

$$P(B-A) = P(B) - P(AB).$$

证明: $B = (B-AB) \cup AB$,$(B-AB) \cdot AB = \varnothing$,由有限可加性可得

$$P(B) = P(B-AB) + P(AB) \Rightarrow P(B-AB) = P(B) - P(AB).$$

由事件的差化积公式知

$$B - A = B - AB,$$

于是有

$$P(B-A) = P(B) - P(AB).$$

注意: 性质 1.3.5 与性质 1.3.4 中的式(1)的区别.

性质 1.3.6(加法公式)　对任意两个事件 $A \in \mathscr{F}$ 和 $B \in \mathscr{F}$,有

$$P(A \cup B) = P(A) + P(B) - P(AB).$$

证明: 因为 $A \cup B = A \cup (B-A)$,且有 $A \cdot (B-A) = \varnothing$,所以由有限可加性和性质 1.3.5 可得

$$P(A \cup B) = P(A) + P(B-A) = P(A) + P(B) - P(AB).$$

对于加法公式,我们可以使用**多退少补**的思想（也称为容斥原理）来理解. 如图 1.3.1a 所示,在计算 $P(A \cup B)$ 时,$A \cup B$ 中的样本点只会计算 1 次. 同理,在计算 $P(A)$ 和 $P(B)$ 时,A 和 B 中的样本点也会各计算一次. 如此一来,属于 AB 的样本点就会多计算 1 次,需要减去 $P(AB)$. 这样左右相等,加法公式成立.

三个事件的加法公式: 对任意三个事件 $A,B,C \in \mathscr{F}$,有:

$$P(A \cup B \cup C) = P(A) + P(B) + P(C) - P(AB) - P(AC) - P(BC) + P(ABC).$$

$$(1.3.1)$$

同样用容斥原理进行解释:如图 1.3.1b 所示,等式的左端 $A \cup B \cup C$ 中的样本点只会计算 1 次. 而等式的右端在计算 $P(A) + P(B) + P(C)$ 时,图中第 Ⅰ 和 Ⅳ,Ⅱ 和 Ⅳ,Ⅲ 和 Ⅳ 部分的样本点会多计算 1 次,所以需要减去 $P(AB) + P(AC) + P(BC)$. 但这样一来,第 Ⅳ 部分的样本点又多减了 1 次,所以再加上 $P(ABC)$.

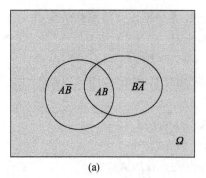
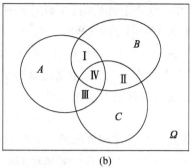

(a)   (b)

图 1.3.1　容斥原理示意图

以此类推,可以得到一般的加法公式:设 $A_1,A_2,\cdots,A_n$ 是任意 n 个事件,则其中至少有一个发生的概率为

$$P\left(\bigcup_{i=1}^{n}A_i\right)=\sum_{i=1}^{n}P(A_i)-\sum_{1\leqslant i<j\leqslant n}P(A_iA_j)+\sum_{1\leqslant i<j<k\leqslant n}P(A_iA_jA_k)$$
$$+\cdots+(-1)^{n-1}P(A_1A_2\cdots A_n).\qquad(1.3.2)$$

根据加法公式,结合多退少补思想,立即可得下列结论:

推论(概率的次可加性)　对任意 n 个事件 $A_1,A_2,\cdots,A_n(n\geqslant2)$,有

$$P\left(\bigcup_{i=1}^{n}A_i\right)\leqslant\sum_{i=1}^{n}P(A_i).\qquad(1.3.3)$$

说明:式(1.3.2)和式(1.3.3)均可以推广到 $n\to\infty$ 的情况.

例 1.3.2　已知 $P(A)=\dfrac{1}{3}$,$P(B)=\dfrac{1}{2}$,在下列三种情况(见图 1.3.2)下求 $P(B\overline{A})$ 的值:

(1) A 与 B 互斥;(2) $A\subset B$;(3) $P(AB)=\dfrac{1}{8}$.

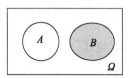
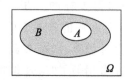
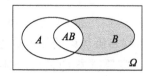

图 1.3.2　例 1.3.2 图

解:利用事件的差化积公式有 $B\overline{A}=B-A=B-AB$.

(1) 因为 $AB=\varnothing$,所以 $P(B\overline{A})=P(B)=\dfrac{1}{2}$.

(2) 根据性质 1.3.4(1)可得 $P(B\overline{A})=P(B)-P(A)=\dfrac{1}{6}$.

(3) 根据性质 1.3.5 可得 $P(B\overline{A})=P(B)-P(AB)=\dfrac{3}{8}$.

例 1.3.3　小明参加"智力闯关"游戏,他能答出甲、乙两类问题的概率分别为 0.7 和 0.2,两类问题都能答出的概率为 0.1.求:(1) 小明能答出甲类而答不出乙类问题的概率;(2) 小明至少有一类问题能答出的概率;(3) 小明两类问题都答不出的概率.

解：设事件 $A=$ "能够答出甲类问题"，$B=$ "能够答出乙类问题"，于是有
$$P(A)=0.7,\ P(B)=0.2,\ P(AB)=0.1.$$

(1) "能够答出甲类而答不出乙类问题"可表示为 $A\bar{B}$，所以由减法公式可得
$$P(A\bar{B})=P(A)-P(AB)=0.6.$$

(2) "至少有一类问题能答出"可表示为 $A\cup B$，所以由加法公式可得
$$P(A\cup B)=P(A)+P(B)-P(AB)=0.8.$$

(3) "两类问题都答不出"可表示为 $\bar{A}\cdot\bar{B}=\overline{A\cup B}$，于是由性质 1.3.3 可得
$$P(\bar{A}\cdot\bar{B})=1-P(A\cup B)=1-0.8=0.2.$$

例 1.3.4　某城市有 N 部卡车，车牌号从 1 到 N. 有一外地人到该城市去，把遇到的 n 部卡车的车牌号抄下来（可能重复）. 试求他抄到的最大号码正好为 $k(1\leqslant k\leqslant N)$ 的概率.

解：这实际上是有放回地重复抽样问题，设 A_k 表示抄写到的最大车牌号恰好为 k. 当然，k 可能出现一次，也可能是两次、三次、……n 次. 因此，直接计算 A_k 的概率是比较复杂的.

设 B_k 表示抄写到的最大车牌号不超过 k，则有 $A_k=B_k-B_{k-1}$，且有 $B_{k-1}\subset B_k$. 由古典概型易知 $P(B_k)=\dfrac{k^n}{N^n}$，$1\leqslant k\leqslant N$，于是由减法公式可得

$$P(A_k)=P(B_k-B_{k-1})=P(B_k)-P(B_{k-1})=\frac{k^n-(k-1)^n}{N^n},\ 1\leqslant k\leqslant N.$$

这种方法曾在第二次世界大战期间被盟军用来估计德军的坦克生产能力，从被击毁的战车上的出厂号码推测其生产批量，从而得到相当精确的情报.

例 1.3.5　某晚会共有 n 个人参加，每人准备了一份礼物，且各人的礼物都不相同. 晚会期间每人从放在一起的 n 件礼物中随机抽取一件，问至少有一人恰好抽到自己礼物的概率是多少？

解：设 A_i 表示第 i 人恰好抽到自己的礼物，$1\leqslant i\leqslant n$，则所求概率为 $P(A_1\cup A_2\cup\cdots\cup A_n)$. 由于

$$P(A_i)=\frac{1}{n},\ i=1,2,\cdots,n;$$

$$P(A_iA_j)=\frac{1}{n(n-1)},\ i<j,\ i,j=1,2,\cdots,n;$$

$$P(A_iA_jA_k)=\frac{1}{n(n-1)(n-2)},\ i<j<k,\ i,j,k=1,2,\cdots,n;$$

…………

$$P(A_1A_2\cdots A_n)=\frac{1}{n!}.$$

所以，由一般加法公式(1.3.2)可得

$$P\left(\bigcup_{i=1}^{n}A_i\right)=1-\frac{1}{2!}+\frac{1}{3!}-\frac{1}{4!}+\cdots+(-1)^{n-1}\frac{1}{n!}=1-\sum_{k=0}^{n}\frac{(-1)^n}{n!}.$$

容易得知：$\lim\limits_{n\to\infty}P\left(\bigcup_{i=1}^{n}A_i\right)=1-\mathrm{e}^{-1}\approx0.6321$. 经计算可知：$n=5$ 时，此概率为

0.6333；而当 $n=10$ 时，此概率就非常接近 0.6321 了．这说明，"至少有一人取到自己的礼物"几乎是与 n 无关的常数．

1.3.3 概率的连续性

由于概率是集函数，因此在讨论连续性时，自变量（即事件列）的变化方向只有两种情况：单调递增（或单调不减）与单调递减（或单调不增）．

定义 1.3.5 集函数的连续性

设 P 是定义在 $\mathscr{F}$ 上的集函数，若 $\{A_n\}\in\mathscr{F}$ 为单增列，并且 $\lim\limits_{n\to\infty}A_n=\bigcup\limits_{n=1}^{\infty}A_n=A$，有

$$\lim_{n\to\infty}P(A_n)=P(A)=P(\lim_{n\to\infty}A_n),$$

则称 P 在 A 处下连续．若 $\{A_n\}\in\mathscr{F}$ 为单减列，并且 $\lim\limits_{n\to\infty}A_n=\bigcap\limits_{n=1}^{\infty}A_n=A$，有

$$\lim_{n\to\infty}P(A_n)=P(A)=P(\lim_{n\to\infty}A_n),$$

则称 P 在 A 处上连续．如果 P 在 A 处既上连续又下连续，则称 P 在 A 处连续．如果 P 在 $\mathscr{F}$ 中的每一个 A 处连续，则称 P 在 $\mathscr{F}$ 上连续．

性质 1.3.7（概率的连续性） 概率 P 在事件域 $\mathscr{F}$ 上既是上连续的，也是下连续的，即 P 是 $\mathscr{F}$ 上的连续函数．

证明：先证下连续．设 $\{A_n\}\in\mathscr{F}$ 是单增列，即 $A_1\subset A_2\subset\cdots$，其极限为 $\lim\limits_{n\to\infty}A_n=\bigcup\limits_{n=1}^{\infty}A_n$．令 $B_n=A_n-A_{n-1}$，$n=1,2,\cdots$，其中 $A_0=\varnothing$．则 $\{B_n\}$ 是两两互不相容的事件列，且有 $\bigcup\limits_{n=1}^{\infty}B_n=\bigcup\limits_{n=1}^{\infty}A_n$．于是，由可列可加性和性质 1.3.4(1)有

$$P\Big(\lim_{n\to\infty}A_n\Big)=P\Big(\bigcup_{n=1}^{\infty}A_n\Big)=P\Big(\bigcup_{n=1}^{\infty}B_n\Big)=\sum_{i=1}^{n}P(B_n)=\lim_{n\to\infty}\sum_{i=1}^{n}P(B_i)$$

$$=\lim_{n\to\infty}\sum_{i=1}^{n}\big[P(A_i)-P(A_{i-1})\big]=\lim_{n\to\infty}P(A_n)-P(\varnothing)=\lim_{n\to\infty}P(A_n).$$

这说明概率 P 是下连续的．

现证上连续．设 $\{A_n\}$ 是单减列，即 $A_1\supset A_2\supset\cdots$，则 $\lim\limits_{n\to\infty}A_n=\bigcap\limits_{n=1}^{\infty}A_n$，并且可知 $\{\overline{A_n}\}$ 是单增列．于是，由事件的对偶律和概率的性质 1.3.3 与下连续性可得：

$$P\Big(\lim_{n\to\infty}A_n\Big)=P\Big(\bigcap_{n=1}^{\infty}A_n\Big)=1-P\Big(\overline{\bigcap_{n=1}^{\infty}A_n}\Big)=1-P\Big(\bigcup_{n=1}^{\infty}\overline{A_n}\Big)$$

$$=1-\lim_{n\to\infty}P(\overline{A_n})=1-\big[1-\lim_{n\to\infty}P(A_n)\big]=\lim_{n\to\infty}P(A_n).$$

此即概率 P 的上连续性．结论得证．

我们知道，由概率的可列可加性能够推出概率的有限可加性，反之则不可以．这就是选择可列可加性作为公理的原因．但如果有限可加性再加上连续性（上连续或下连

续之一即可），则可推出概率的可列可加性，此即下述定理．

> **定理 1.3.1　可列可加性的充要条件**
>
> 　　如果 P 是 $\mathscr{F}$ 上的非负集函数，则 P 具有可列可加性的充分必要条件是：
>
> 　　(1) P 是有限可加的；
>
> 　　(2) P 是下连续的．

证明： 必要性就是概率的性质 1.3.2 和性质 1.3.7．现证充分性．

设 $\{A_n\} \in \mathscr{F}$ 是两两互不相容的事件列，令 $B_n = \bigcup\limits_{i=1}^{n} A_n$，$n = 1, 2, \cdots$，则 $\{B_n\}$ 为单增

列，且有 $\lim\limits_{n \to \infty} B_n = \bigcup\limits_{n=1}^{\infty} B_n = \bigcup\limits_{n=1}^{\infty} A_n$．于是有

$$P\left(\bigcup_{n=1}^{\infty} A_n\right) = P\left(\bigcup_{n=1}^{\infty} B_n\right) = P\left(\lim B_n\right) = \lim P(B_n) \quad \text{（下连续性）}$$

$$= \lim_{n \to \infty} P\left(\bigcup_{i=1}^{n} A_i\right) = \lim_{n \to \infty} \sum_{i=1}^{n} P(A_i) \quad \text{（有限可加性）}$$

$$= \sum_{i=1}^{\infty} P(A_i).$$

此即可列可加性，结论得证．

最后，通过下面的例题提醒初学者，概率是一个函数，与普通的函数一样，先有自变量的相等，然后才有函数值的相等．即**事件相等，概率才相等；反之则不正确**．

例 1.3.6　设 $P(AB) = 0$，则下列说法中哪些是正确的？

(1) A 和 B 互不相容；　　　　　　(2) A 和 B 相容；

(3) AB 是不可能事件；　　　　　　(4) AB 不一定是不可能事件；

(5) $P(A) = 0$ 或 $P(B) = 0$；　　　　(6) $P(A - B) = P(A)$．

解：(4) 和 (6) 是正确的．（请读者自己思考）

习　题　1.3

　　1.3.1　设样本空间为 Ω，A 与 B 是任意两个事件．写出由 A, B 生成的 σ 域．

　　1.3.2　设 $\mathscr{F}$ 是 Ω 上的一个 σ 域，A 是 Ω 的任一子集．令 $\mathscr{F} \bigcap A = \{B \bigcap A : B \in \mathscr{F}\}$，证明：$\mathscr{F} \bigcap A$ 是 A 上的一个 σ 域．

　　1.3.3　设 Ω 是样本空间，$\mathscr{F}$ 是由 Ω 的一些子集构成的集类．如果 $\mathscr{F}$ 满足以下条件：

　　(1) $\Omega \in \mathscr{F}$；

　　(2) 若 $A, B \in \mathscr{F}$ 且 $B \subset A$，有 $A \backslash B \in \mathscr{F}$；

　　(3) 若 $A, B \in \mathscr{F}$，有 $A \bigcup B \in \mathscr{F}$；

　　(4) 若 $A_i \in \mathscr{F}$，$i = 1, 2, \cdots$，且 $A_1 \subset A_2 \subset \cdots$，有 $\lim\limits_{n \to \infty} A_n \in \mathscr{F}$；

试证:$\mathscr{F}$ 为 σ 域.

1.3.4 为"剪刀、石头、布"游戏构造一个样本空间,定义有关事件,并考虑如何给定概率.

1.3.5 已知 $P(A)=0.7, P(A-B)=0.3$,试求 $P(\overline{AB})$.

1.3.6 设 A, B, C 是三个事件,且 $P(A)=P(B)=P(C)=\dfrac{1}{4}, P(AB)=P(BC)=0,$
$P(AC)=\dfrac{1}{8}$. 求 A, B, C 中至少有一个发生的概率.

1.3.7 设 A, B 是两个事件且 $P(A)=0.6, P(B)=0.7$. 问:
(1) 在什么条件下 $P(AB)$ 取到最大值,最大值是多少?
(2) 在什么条件下 $P(AB)$ 取到最小值,最小值是多少?

1.3.8 从 $1, 2, \cdots, 9$ 这九个数字中重复地任取 n 次,求 n 次所取的数字的乘积能被 10 整除的概率.

1.3.9 从一副 52 张的扑克牌中有放回地任取 n 张 $(n \geqslant 4)$,求所取得的牌中包含全部四种花色的概率.

1.3.10 某班 N 个学生按顺序参加口试.有 n 个考签 $(N \geqslant n \geqslant 1)$,每位学生抽一个考签,用后随即放回.求在考试结束时,至少有一个考签没有被抽到的概率.

1.3.11 证明下列不等式:
(1) 对任意两个事件 A, B,有 $P(AB) \geqslant 1-P(\overline{A})-P(\overline{B})$;
(2) 若 $A_i \in \mathscr{F}, i=1,2,\cdots$,则有 $P(A_i) \geqslant 1-\sum\limits_{i=1}^{\infty} P(\overline{A})$.

1.3.12(相合问题) 某人先写了 n 封信,又写了 n 个信封,然后随意将信装入信封中.如果信封和装入其中的信是寄给同一个收信人的,就称为"相合".试求:
(1) 至少有一个相合的概率;
(2) 没有一个相合的概率;
(3) 恰好有 k 个相合的概率.

1.3.13 将一部五卷文集任意排在书架上,求第一卷排在左端或第五卷排在右端的概率.

1.3.14 某个聚会上有 n 个人 $(n \leqslant 365)$.假设每个人在一年 365 天内的任何一天出生都是等可能的,求这 n 个人中至少有两个人同日生的概率.

1.4 条件概率

随机试验是在一定的条件下进行的,根据这些条件我们才能够确定该试验的样本空间.在给定样本空间的基础上,才能计算各事件发生的概率.可以设想,如果这时获得新的信息,或者是增加新的条件,那么各随机事件发生的概率可能会随之发生变化.条件概率就是度量这种情况下随机事件发生的可能性大小的,它是概率论中一个既重要又实用的概念.从条件概率出发,可以得到许多重要的公式,从而丰富概率的计算和应用.

1.4.1　条件概率的定义

给定概率空间 $(\Omega, \mathscr{F}, P)$,事件 $A, B \in \mathscr{F}$,其概率为 $P(A), P(B)$.如果知道事件 B 已经发生了,那么事件 A 发生的可能性大小是多少呢? 将这个概率记为 $P(A|B)$,称为在事件 B 发生的情况下事件 A 发生的**条件概率**.下面通过一个引例来考察条件概率 $P(A|B)$ 与无条件概率 $P(A)$ 和 $P(B)$ 之间的关系.

引例　某家庭有两个小孩,样本空间为 $\Omega = \{bb, bg, gb, gg\}$,其中 b 代表男孩,g 代表女孩.事件 A 表示该家庭中"至少有一个女孩",事件 B 表示"至少有一个男孩".

根据现有信息,事件 $A = \{bg, gb, gg\}$,由古典概型的知识可以获知:$P(A) = \dfrac{3}{4}$.

如果已知事件 B 发生了,情况如何呢? 此时可以确定样本点"gg"在试验中没有出现,这相当于 Ω 缩减为 $\Omega_B = \{bb, bg, gb\}$ 了.而在 Ω_B 中事件 A 只包含两个样本点 $\{bg, gb\}$,因此由等可能性知 $P(A|B) = \dfrac{2}{3}$.

显然,$P(A|B) \neq P(A)$,这说明条件信息对事件发生的可能性大小产生了影响.但仔细分析 $P(A|B)$ 的分子分母会发现:$\Omega_B = B, \{bg, gb\} = AB$;而对其分子分母同时除以 4(原样本空间的样本点个数),恰好有

$$P(A|B) = \frac{2}{3} = \frac{2/4}{3/4} = \frac{P(AB)}{P(B)}.$$

这就是 $P(A|B)$ 与 $P(A)$ 和 $P(B)$ 之间的关系.这个关系具有一般性,被用来作为条件概率的定义.

> **定义 1.4.1　条件概率**
>
> $\{\Omega, \mathscr{F}, P\}$ 是概率空间,$A, B \in \mathscr{F}$ 是两个事件.如果 $P(B) > 0$,则称
>
> $$P(A|B) = \frac{P(AB)}{P(B)} \qquad (1.4.1)$$
>
> 为已知事件 B 发生的情况下,事件 A 发生的条件概率.

条件概率 $P(A|B)$ 是将样本空间 Ω 限制在事件 B 上,然后在 Ω_B 中讨论事件 A 发生的可能性大小.因此,通常情况下 $P(A|B)$ 与 $P(A)$ 是不相等的.下面的命题指出:条件概率也是一种概率.

> **命题 1.4.1　条件概率是概率**
>
> 设 $\{\Omega, \mathscr{F}, P\}$ 是概率空间,$B \in \mathscr{F}$.若 $P(B) > 0$,则 $P(\cdot|B)$ 符合概率定义中的三条公理,即:
>
> (1) 非负性:$\forall A \in \mathscr{F}$,有 $P(A|B) \geqslant 0$;
>
> (2) 规范性:$P(\Omega|B) = 1$;
>
> (3) 可列可加性:设 $A_n \in \mathscr{F}, n = 1, 2, \cdots$,且两两互不相容,则有
>
> $$P\left(\bigcup_{n=1}^{\infty} A_n \,\middle|\, B \right) = \sum_{n=1}^{\infty} P(A_n \mid B).$$

说明:条件概率是与条件事件紧密相关的,如果条件事件不同,则得到的是不同的条件概率.上一节说过,在可测空间 $(\Omega,\mathscr{F})$ 上定义不同的概率测度,就可以得到不同的概率空间.比如在 $(\Omega,\mathscr{F},P)$ 的基础上,如果 $P(B)>0$,则 $(\Omega,\mathscr{F},P(\cdot|B))$ 就是另一个概率空间,而且是与原概率空间不相同的.如果 $P(BC)>0$,则 $(\Omega,\mathscr{F},P(\cdot|BC))$ 也是一个概率空间.此时任取 $A\in\mathscr{F}$,有 $P(A|BC)=P(ABC)/P(BC)$.

既然条件概率符合概率的三条公理,那么自然就具备概率的一切性质.此外,条件概率还有一些特殊的性质:

性质 1.4.1 $P(B|B)=1$;

性质 1.4.2 若 A 与 B 互不相容,则 $P(A|B)=0$;

性质 1.4.3 若 $A\subset B$,则 $P(A|B)=\dfrac{P(A)}{P(B)}$;

性质 1.4.4 若 $P(B)=1$,则 $P(A|B)=P(A)$.

证明:因为 $P(B)=1$,所以 $P(\bar{B})=0$. 由于 $0\leqslant P(A\bar{B})\leqslant P(\bar{B})=0$,所以 $P(A\bar{B})=0$. 于是由有限可加性有

$$P(A)=P(A(B\cup\bar{B}))=P(AB)+P(A\bar{B})=P(AB).$$

从而可得

$$P(A|B)=\frac{P(AB)}{P(B)}=P(AB)=P(A).$$

在性质 1.4.4 中,如果条件事件 B 就是样本空间 Ω,则有 $P(A|\Omega)=\dfrac{P(A\Omega)}{P(\Omega)}=P(A)$.这说明(无条件)概率只是一种特殊的条件概率.

对于一些古典概型和几何概型,通常在缩减后的样本空间 Ω_B 中计算条件概率是比较简单的.但一般情况下,使用定义计算条件概率比较方便.定义式 (1.4.1) 的作用就是将条件概率的计算放回到原来的样本空间 Ω 中进行,而不再需要寻求缩减后的样本空间 Ω_B.

例 1.4.1 某种动物由出生算起活 20 岁以上的概率为 0.8,活到 25 岁以上的概率为 0.4.如果现在有一头 20 岁的这种动物,问它能活到 25 岁以上的概率是多少.

解:设事件 A 表示"这种动物能够活到 20 岁以上",B 表示"这种动物能够活到 25 岁以上",则显然有 $B\subset A$.根据题意有:$P(A)=0.8,P(B)=0.4$.由性质 1.4.3,题中所求概率即为

$$P(B|A)=\frac{P(AB)}{P(A)}=\frac{P(B)}{P(A)}=\frac{0.4}{0.8}=0.5.$$

既然已经活到 20 岁了,那么活到 25 岁以上的可能性就会增大,这是合理的.

1.4.2 乘法公式

由条件概率的定义,立即可得:

命题 1.4.2　乘法公式

(1) 若 $P(A)>0$,则有 $P(AB)=P(A)P(B|A)$;

同理,若 $P(B)>0$,则有 $P(AB)=P(B)P(A|B)$.

(2) 如果 $P(A_1A_2\cdots A_{n-1})>0$,则有

$$P(A_1A_2\cdots A_n)=P(A_1)P(A_2|A_1)P(A_3|A_1A_2)\cdots P(A_n|A_1A_2\cdots A_{n-1}). \quad (1.4.2)$$

乘法公式说明:两个事件同时发生的概率等于其中一个事件的概率与另一个事件对应的条件概率的乘积,并不是两个事件的概率直接相乘.

例 1.4.2　某光学仪器厂制造的透镜,第一次落下时打破的概率为 1/2,第二次落下时打破的概率为 7/10,第三次落下时打破的概率为 9/10.试求透镜三次落下都没打破的概率.

解:设 A_i——透镜第 i 次落下并打破,$i=1,2,3$,则"透镜三次落下都没打破"可表示为 $\overline{A_1}\cdot\overline{A_2}\cdot\overline{A_3}$.根据题意可知,$P(A_1)=\dfrac{1}{2}$;只有第一次落下且没有打破的情况下,才有第二次落下并打破,所以 $P(A_2|\overline{A_1})=\dfrac{7}{10}$,同理可知 $P(A_3|\overline{A_1}\cdot\overline{A_2})=\dfrac{9}{10}$.于是,由式(1.4.2)可得

$$P(\overline{A_1}\cdot\overline{A_2}\cdot\overline{A_3})=P(\overline{A_1})P(\overline{A_2}|\overline{A_1})P(\overline{A_3}|\overline{A_1}\cdot\overline{A_2})$$
$$=\left(1-\frac{1}{2}\right)\left(1-\frac{7}{10}\right)\left(1-\frac{9}{10}\right)=\frac{3}{200}.$$

这个概率不足 0.05,说明 $\overline{A_1}\cdot\overline{A_2}\cdot\overline{A_3}$ 是小概率事件,即透镜三次落下都没打破的希望是很渺茫的.

例 1.4.3　m 个人持 5 元币,n 个人持 10 元币随机排队买票,每张票 5 元,售票处无零钱可找.问没有人等待找钱的概率是多少?

分析:找钱只会发生在持 10 元币的人身上,因此要求 $n\leqslant m$.先让 5 元币的人排成一列,则有 $m+1$ 个空位,再让持 10 元币的人随机插空.如果持 10 元币的人前面至少有相同数量的持 5 元币的人,则不会发生等待找钱的情况.

解:设 A_i——第 i 个持 10 元币的人不需等待找钱,$i=1,2,\cdots,n$,则"没有人等待找钱"可表示为 $A_1A_2\cdots A_n$.根据题意知:

$$P(A_1)=\frac{m}{m+1},P(A_2|A_1)=\frac{m-1}{m},P(A_3|A_1A_2)=\frac{m-2}{m-1},\cdots\cdots$$

$$P(A_n|A_1A_2\cdots A_{n-1})=\frac{m-(n-1)}{m+1-(n-1)}=\frac{m-n+1}{m-n+2}.$$

于是,由乘法公式可得

$$P(A_1A_2\cdots A_{n-1})=\frac{m}{m+1}\cdot\frac{m-1}{m}\cdot\frac{m-2}{m-1}\cdot\cdots\cdot\frac{m-n+1}{m-n+2}=\frac{m-n+1}{m+1}.$$

说明:如果是 m 个人持 1 元币,n 个人持 5 元币排队买票,每张票 1 元,则同样无零钱可找.同理可知,没有人等待找钱的概率为($4n\leqslant m$):

$$P(A_1A_2\cdots A_n)=\frac{m+1-4}{m+1}\cdot\frac{m+1-4\times2}{m+1-4}\cdot\cdots\cdot\frac{m+1-4n}{m+1-4(n-1)}=\frac{m+1-4n}{m+1}.$$

例 1.4.4(Polya 模型) 罐中有 a 个白球和 b 个红球,每次随机地取出一个球,然后放回,并加入 c 个同色球和 d 个异色球.设 A_i 表示"第 i 取出的是白球",B_j 表示"第 j 次取出的是红球".

如果从罐中取三次球,其中有两个白球和一个红球,则可能有三种情况:$B_1A_2A_3$,$A_1B_2A_3$,$A_1A_2B_3$,显然这三个事件是互不相容的.由乘法公式可得

$$P(B_1A_2A_3)=P(B_1)P(A_2|B_1)P(A_3|B_1A_2)$$
$$=\frac{b}{a+b}\cdot\frac{a+d}{a+b+c+d}\cdot\frac{a+c+d}{a+b+2c+2d}.$$

同理可得

$$P(A_1B_2A_3)=\frac{a}{a+b}\cdot\frac{b+d}{a+b+c+d}\cdot\frac{a+c+d}{a+b+2c+2d};$$

$$P(A_1A_2B_3)=\frac{a}{a+b}\cdot\frac{a+c}{a+b+c+d}\cdot\frac{b+2d}{a+b+2c+2d}.$$

可以看出,当 $d=0$ 时,上述三个概率是相等的.这说明:只要抽出的白球数与红球数确定,则其概率与红球(或白球)被抽到的顺序无关.

(1) 当 $c=-1,d=0$ 时,即为**不放回抽样**.此时,虽然前次抽取的结果会影响到后次抽取的结果,但上述三个概率是相等的,即有

$$P(B_1A_2A_3)=P(A_1B_2A_3)=P(A_1A_2B_3)=\frac{ba(a-1)}{(a+b)(a+b-1)(a+b-2)}.$$

其概率之和即为超几何分布模型(见例 1.2.9)中的 $\frac{C_a^2C_b^1}{C_{a+b}^3}$.

(2) 当 $c=0,d=0$ 时,即为**放回抽样**.此时前次抽取的结果不会影响到后次抽取的结果,所以上述三个概率相等是显然的,即

$$P(B_1A_2A_3)=P(A_1B_2A_3)=P(A_1A_2B_3)=\frac{a^2b}{(a+b)^3}.$$

其概率之和即为二项分布模型(见例 1.2.10)中的 $C_3^1\cdot\left(\frac{a}{a+b}\right)^2\cdot\frac{b}{a+b}$.

(3) 当 $c>0,d=0$ 时,称为**传染病模型**.此时,每次取出球后,都会增加下一次取到同色球的概率.或者说,每发现一个传染病患者,那么以后就会增加再传染的概率.与(1)和(2)一样,上述三个概率仍然相等,均为

$$P(B_1A_2A_3)=P(A_1B_2A_3)=P(A_1A_2B_3)=\frac{ba(a+c)}{(a+b)(a+b+c)(a+b+2c)}.$$

(4) 当 $c=0,d>0$ 时,称为**安全模型**.可解释为:每出现一次事故,安全警钟就会敲响,那么以后再发生同样事故的可能性就降低了.同样地,如果长时间未出现事故,安全工作就会放松,那么就会增加事故出现的概率.这种场合,上述三个概率是不相等的,分别为

$$P(B_1A_2A_3)=\frac{b}{a+b}\cdot\frac{a+d}{a+b+d}\cdot\frac{a+d}{a+b+2d},$$

$$P(A_1B_2A_3)=\frac{a}{a+b}\cdot\frac{b+d}{a+b+d}\cdot\frac{a+d}{a+b+2d},$$

$$P(A_1A_2B_3)=\frac{a}{a+b}\cdot\frac{a}{a+b+d}\cdot\frac{b+2d}{a+b+2d}.$$

上述概率不相等反映出：事故发生的频繁程度会影响到安全工作的力度.

例 1.4.5　某批产品共有 n 件，其中正品 a 件、次品 b 件. 现以不放回方式从中一件一件地取出，令 $A=$"前面一件取到的是次品"，$B=$"前面几件取到的是次品"，$C=$"前面 k 件取到的是次品".

（1）判断 A,B,C 之间的关系；

（2）分别求 A,B,C 的概率；

（3）证明下列恒等式

$$1+\frac{n-a}{n-1}+\frac{(n-a)(n-a-1)}{(n-1)(n-2)}+\cdots+\frac{(n-a)(n-a-1)\cdots2}{(n-1)\cdots(a+1)a}=\frac{n}{a}.$$

解：（1）令 A_i 表示"第 i 次取到的是次品"，$i=1,2,\cdots,k,k\leqslant b$. 则有

$A=A_1,$

$$B=A_1\bigcup A_1A_2\bigcup\cdots\bigcup A_1\cdots A_k\bigcup\cdots\bigcup A_1\cdots A_b \tag{1.4.3}$$

$$=A_1\overline{A_2}\bigcup A_1A_2\overline{A_3}\bigcup\cdots\bigcup A_1\cdots A_{b-1}\overline{A_b}\bigcup A_1\cdots A_b, \tag{1.4.4}$$

$C=A_1A_2\cdots A_k.$

首先容易看出：$C\subset A$，但 $A\not\subset C$. 其次，由式(1.4.3)可以看出：$C\subset B$，但 $B\not\subset C$. 最后，从式(1.4.4)右侧的右端开始反复运用分配律，可以得知：$A=B$.

（2）根据古典概型的知识，由(1)易知 $P(A)=P(B)=\dfrac{b}{n}$. 再由乘法公式可得

$$P(C)=\frac{b}{n}\cdot\frac{b-1}{n-1}\cdot\cdots\cdot\frac{b-k+1}{n-k+1}.$$

（3）令 B_i 表示"直到第 i 次才首次取到正品"，$i=1,2,\cdots,b,b+1$. 由于次品总共只有 b 件，若一开始总是取到次品，直到把次品取完，那么最迟到第 $b+1$ 次肯定会取到正品. 因此，"第一次，或第二次，……，或第 $b+1$ 次取到正品"就是必然事件. 即

$$B_1\bigcup B_2\bigcup\cdots\bigcup B_b\bigcup B_{b+1}=\Omega,$$

且 $\{B_k\}$ 之间是两两互不相容的. 再由(1)可知：$B_k=A_1\cdots A_{k-1}\overline{A_k}$，$k=1,2,\cdots,b+1$. 易知 $P(B_1)=\dfrac{a}{n}$. 当 $k\geqslant2$ 时，由乘法公式可得

$$P(B_k)=\frac{b}{n}\cdot\frac{b-1}{n-1}\cdot\cdots\cdot\frac{b-k+2}{n-k+2}\cdot\frac{a}{n-k+1}.$$

现在，由有限可加性可得

$$\frac{a}{n}+\frac{ab}{n(n-1)}+\frac{ab(b-1)}{n(n-1)(n-2)}+\cdots+\frac{ab(b-1)\cdots2}{n(n-1)\cdots(a+1)a}=1.$$

对上式左右两端除以 $\dfrac{a}{n}$，再将 b 替换成 $n-a$，结论得证.

1.4.3　全概率公式

在实际问题中，有些事件较复杂，有些事件较简单. 对于复杂事件，如果直接计算其概率往往会比较困难. 如果能够将复杂事件分解为几个互不相容的简单事件的并，那

么,在计算出简单事件的概率之后再利用可加性就可以得到复杂事件的概率.全概率公式就是解决这类问题的.

命题 1.4.3　全概率公式

设 $A_1,A_2,\cdots,A_n$ 是一个完备事件组,即样本空间的一个分割:两两互不相容,且 $\bigcup\limits_{i=1}^{n}A_i=\Omega$. 如果 $P(A_i)>0,i=1,2,\cdots,n$,则对任意事件 B,有

$$P(B) = \sum_{i=1}^{n}P(A_i)P(B\mid A_i). \tag{1.4.5}$$

证明: 由于 $A_1,A_2,\cdots,A_n$ 两两互不相容,所以 $BA_1,BA_2,\cdots,BA_n$ 也是两两互不相容的.此外,由分配律可知

$$B=B\Omega=B\Big(\bigcup_{i=1}^{n}A_i\Big)=\bigcup_{i=1}^{n}BA_i.$$

于是,由可加性和乘法公式可得

$$P(B) = P\Big(\bigcup_{i=1}^{n}BA_i\Big) = \sum_{i=1}^{n}P(BA_i) = \sum_{i=1}^{n}P(A_i)P(B\mid A_i).$$

例 1.4.6(抓阄)　瓮中有阄,其中 a 个阄上写着"有"字,其余 b 个阄上什么都没写.现依次抓阄,求第二个抓中"有"字阄的概率.

解: 根据抽签原理,我们知道:无论顺序,抓中"有"字阄的概率都是相等的.使用全概率公式重新计算,可以挖掘出更多信息.

设 A_i 表示第 i 个人抓到"有"字阄,$i=1,2,\cdots$. 容易得知

$$P(A_1)=\frac{a}{a+b}, \qquad P(\overline{A_1})=\frac{b}{a+b};$$

$$P(A_2\mid A_1)=\frac{a-1}{a+b-1}, \quad P(A_2\mid\overline{A_1})=\frac{a}{a+b-1}.$$

显然,A_1 与 $\overline{A_1}$ 是样本空间 Ω 的一个分割.所以,由全概率公式可得

$$P(A_2)=P(A_1)P(A_2\mid A_1)+P(\overline{A_1})P(A_2\mid\overline{A_1})$$

$$=\frac{a}{a+b}\cdot\frac{a-1}{a+b-1}+\frac{b}{a+b}\cdot\frac{a}{a+b-1}=\frac{a}{a+b}.$$

第二个人抓阄时面临两种情况:第一个人抓中"有"字阄和没有抓中"有"字阄,其概率分别为 $\frac{a}{a+b}$ 和 $\frac{b}{a+b}$. 如果是前者,那么第二个人就处于"不利境况",他抓中"有"字阄的概率降为 $\frac{a-1}{a+b-1}$. 如果是后者,那么第二个人就处于"有利境况",他抓中"有"字阄的概率升为 $\frac{a}{a+b-1}$. 由于两种情况都有可能发生,因此第二个人抓中"有"字阄的概率就应该综合考虑:二者加权平均,其权重就是两种情况出现的概率.这样一来,不但结果合情合理,而且能够反映出为什么抓阄与顺序无关.

需要指出的是:如果是现场抓阄,出于好奇心,第二个人总想知道第一个人的结果后再去抓阄.当他知道第一个人的结果后,他要么暗暗高兴,要么委屈失落,这正是上述

"有利境况"和"不利境况"的写照. 由于此时第一个人试验已经结束,所以第二个人的心情（或结果）只会出现其中一种情况,即他抓中"有"字阄的概率要么是 $\dfrac{a-1}{a+b-1}$,要么是 $\dfrac{a}{a+b-1}$,而不再可能是 $\dfrac{a}{a+b}$. 抽签的公平性是体现在试验之前的制度设计上,而不是实施过程中.

例 1.4.7　一位同学的学习资料找不到了. 落在图书馆的可能性为 50%,落在教室里的可能性为 30%,落在食堂的可能性为 20%,三种情况下能够找回的概率分别为 0.8,0.6,0.2. 求能够找回学习资料的概率.

解：设事件 B 表示"够找回学习资料",事件 A_1,A_2,A_3 分别表示学习资料落在图书馆、教室和食堂. 显然,A_1,A_2,A_3 是一个完备事件组. 易知

$$P(A_1)=0.5, \qquad P(A_2)=0.3, \qquad P(A_3)=0.2;$$
$$P(B|A_1)=0.8, \quad P(B|A_2)=0.6, \quad P(B|A_3)=0.2.$$

所以,由全概率公式可得

$$P(B)=\sum_{i=1}^{3}P(A_i)\,P(B|A_i)=0.5\times0.8+0.3\times0.6+0.2\times0.2=0.62.$$

可以看出,全概率公式之所以有力,就在于它概括了一种普遍的解题策略：各个击破或分而食之. 全概率公式成立的条件是 $B\subset\Omega=\bigcup\limits_{i=1}^{n}A_i$,其实质是事件 B 必然伴随某个 A_i 发生,而且只能与其中的一个 A_i 同时发生. 事件 A_i 称为事件 B 的原因事件,它们之间通常具有**逻辑上的因果关系**（如例 1.4.7）或**时间上的先后顺序**（如例 1.4.6）. 确定完备事件组就是寻找可能导致事件 B 发生的所有原因,当然需要"完备"才行. 从这个角度来说,全概率公式成立的条件可以减弱为 $B\subset\bigcup\limits_{i=1}^{n}A_i$.

例 1.4.8（敏感性问题调查的随机化模型）　敏感性问题的调查,关键在于使被调查者愿意做出真实回答而又能够保护其隐私. 一旦调查方案设计有误,被调查者就会拒绝配合或胡乱回答问题,从而导致调查失败或失真. 一种专门针对敏感性问题的随机化调查方案设计如下：

箱子中放入外形完全相同的卡片,卡片上分别写有问题 A 和问题 B. 其中问题 A 是：你的阳历生日是否是奇数日期；问题 B 是需要调查的敏感性问题,比如在校大学生是否有过考试作弊的行为. 将箱子置于某个房间,被调查者单独进入并随机抽取一张卡片,看过问题后再放回. 两个问题的答题选择项均为"是"或"否",被调查者看过问题后需要就自己看到的问题做出二选一的回答. 由于旁人无法知晓被调查者回答的是哪一个问题,因此可以极大地消除被调查者真实回答所看问题的顾虑.

现在的问题是如何分析调查结果？显然,问题 A 不是我们感兴趣的. 假设有 n 个学生接受调查（n 越大越好）,其中有 k 个回答"是". 我们不知道有多少学生抽到的是问题 B,也不知道回答"是"的学生中有多少回答的是问题 B,但知道：在参加人数较多的场合,任何人的阳历生日是奇数日期的概率为 0.5；箱子中问题 B 所占的比例 π 是调查者已知的. 于是,由全概率公式可得

$$P(是)=P(问题\,A)P(是|问题\,A)+P(问题\,B)P(是|问题\,B).$$

其中左端为回答"是"的学生所占的比例,此处为$\dfrac{k}{n}$;右端的$P(问题\,B)$是箱子中写有问题B的卡片所占的比例π,那么问题A所占的比例$P(问题\,A)$就是$1-\pi$;$P(是|问题\,A)=0.5$,而$P(是|问题\,B)$就是我们感兴趣的结果:在校大学生中有过考试作弊行为的人所占的比例p.这样,根据上式可得

$$p=\frac{k/n-0.5(1-\pi)}{\pi}.$$

由于使用频率$\dfrac{k}{n}$代替概率$P(是)$,因此上式是p的估计值.

例如,在一次实际调查中,箱子内放有问题A和问题B的卡片数量分别为20张和30张,即$\pi=0.6$,共收到512张有效问卷,其中有187张回答"是".由此可以计算出

$$p=\frac{187/512-0.5(1-0.6)}{0.6}\approx0.2754.$$

这表明:约有27.54%的在校大学生有过各种形式的考试作弊行为.

1.4.4 贝叶斯公式

全概率公式是由原因事件的概率来寻求结果事件发生的可能性大小.反之,当结果出现后,希望知道是哪一个原因事件更可能导致这个结果的发生.贝叶斯公式就是用于解决这类问题的.

命题 1.4.4 贝叶斯公式

设$A_1,A_2,\cdots,A_n$是一个完备事件组,即样本空间的一个分割:两两互不相容,且$\bigcup\limits_{i=1}^{n}A_i=\Omega$.如果$P(A_i)>0,i=1,2,\cdots,n$,事件$B$的概率$P(B)>0$,则有

$$P(A_i|B)=\frac{P(A_i)P(B|A_i)}{\sum\limits_{i=1}^{n}P(A_i)P(B|A_i)}\ ,\ i=1,2,\cdots,n. \tag{1.4.6}$$

证明:等式(1.4.6)左端根据条件概率的定义式展开,其分子分母再分别由乘法公式和全概率公式替换即可得到右端.

贝叶斯公式发表于1763年,由英国数学家 Thomas Bayes(1702—1761)提出.前文提及,完备事件组$\{A_i\}$是可能导致结果事件B发生的原因事件.贝叶斯公式(1.4.6)右端的概率$P(A_i)$反映了各种"原因"发生的可能性大小,是本次试验前就已知的,因此被称为**先验概率**.它通常是以往经验的总结或历史资料形成的结论.公式左端的概率$P(A_i|B)$是试验结束(事件B已经发生)后根据试验结果对各种原因发生的可能性大小的修正,因此被称为**后验概率**.贝叶斯公式在其发表约两百年后引起人们的极大重视,在概率论和数理统计中有着多方面的应用.如今已形成贝叶斯推断、贝叶斯决策等知识体系,并被称为**贝叶斯统计**.

例 1.4.9 某复印机开机工作需要自动进行预热.对以往数据分析结果表明:每次

工作时,复印机预热充分的概率为 0.95.当预热充分时,复印产品的合格率为 98%;当预热不足时,复印产品的合格率为 55%.已知某次复印的第一份产品是合格品,问复印机该次开机后预热充分的概率是多少?

解:设事件 A 表示复印机开机工作时预热充分,事件 B 表示复印产品是合格品.根据题意有 $P(A)=0.95,P(\overline{A})=0.05$,这就是先验概率.此外,

$$P(B|A)=0.98,\quad P(B|\overline{A})=0.55.$$

显然,A 与 $\overline{A}$ 是完备事件组.于是,由贝叶斯公式可得

$$P(A|B)=\frac{P(A)P(B|A)}{P(A)P(B|A)+P(\overline{A})P(B|\overline{A})}=\frac{0.95\times0.98}{0.95\times0.98+0.05\times0.55}=0.97,$$

即复印机该次开机后预热充分的概率是 0.97.这就是后验概率,它是在获知复印的第一份产品是合格品的信息后对先验概率的修正.由于新信息是有利于复印件预热充分的,因此后验概率相较先验概率提高了.如果新信息是复印的第一份产品为不合格品,那么可以推测后验概率会降低一些.

例 1.4.10 某工地的(建筑材料)水泥由三家企业提供,其所占份额分别为 50%,30%,20%.水泥随机放置在工地,且无区别的标志.以往记录表明,三家企业提供的水泥,其次品率分别为 0.04,0.07,0.12.

(1) 质量抽检员在工地随机抽查一包水泥,问它是次品的概率是多少;

(2) 如果检查结果的确是次品,问三家供货商分别应如何承担责任.

解:设事件 A_i 表示由第 i 家企业提供的水泥($i=1,2,3$),事件 B 表示抽查的水泥是次品.根据题意可知

$$P(A_1)=0.5,\qquad P(A_2)=0.3,\qquad P(A_3)=0.2;$$
$$P(B|A_1)=0.04,\quad P(B|A_2)=0.07,\qquad P(B|A_3)=0.12.$$

(1) 由全概率公式可得

$$P(B)=\sum_{i=1}^{3}P(A_i)P(B\mid A_i)=0.5\times0.04+0.3\times0.07+0.2\times0.12=0.065.$$

(2) 由贝叶斯公式可得

$$P(A_1|B)=\frac{P(A_1)P(B|A_1)}{P(B)}=\frac{0.5\times0.04}{0.065}\approx31\%.$$

同理可得,$P(A_2|B)\approx32\%,P(A_3|B)\approx37\%$.

根据以上计算结果可知,质量抽检员随机抽查的一包水泥是次品的概率为 0.065.由于抽检结果是次品,那么三家供货商应该按照后验概率分别承担责任.这里不能按照三家企业的供货份额(即先验概率)分配责任,是因为还要考虑各个企业的产品合格率.

例 1.4.11 某地区居民的肝癌发病率为 5‰,现用甲胎蛋白法进行普查.检测结果存在一定误差,已知患有肝癌的人 98% 的检测结果呈阳性,而没患肝癌的人 95% 的检测结果呈阴性.现有某人的检测结果呈阳性,问他确实患有肝癌的概率是多少.

解:设事件 A 表示被查者患有肝癌,事件 B 表示检测结果呈阳性.根据题意有
$$P(A)=0.005,P(\overline{A})=0.995;P(B|A)=0.98,P(B|\overline{A})=0.05.$$

由贝叶斯公式可得

$$P(A|B) = \frac{P(A)P(B|A)}{P(A)P(B|A) + P(\overline{A})P(B|\overline{A})} = \frac{0.005 \times 0.98}{0.005 \times 0.98 + 0.995 \times 0.05} \approx 0.090.$$

这表明被查者确实患有肝癌的概率还不到 10%.

既然检测结果呈阳性,而为什么真正患有肝癌的概率却如此之低呢? 这是由于普通人群的肝癌发病率比较低,仅为 5‰. 假如对 1000 人进行普查,只有约 5 人患有肝癌,其检测结果几乎肯定呈阳性. 但是,剩下的 995 人中,因为错检率为 5%,所以约有 $995 \times 0.05 \approx 50$ 人的检测结果呈阳性. 这样,检测结果中呈阳性的一共有 55 人,真正患有肝癌的人所占的比例就是 $5/55 \approx 9\%$.

那么,检测结果有意义吗? 当然有,检测前被查者是普通人群的一员,其患肝癌的可能性被认为是 5‰. 检测后被查者患肝癌的可能性提高到 9%,整整提高了 $9\% \div 5‰ = 18$ 倍. 虽然真正患有肝癌的可能性还是很小,但对普通人群来说检出率大大提高了. 这时,被查者由普通群体进入可疑群体.

对于可疑群体,其肝癌发病率为 9%. 如果再做一次检测,其结果还是呈阳性,那么被查者确实患有肝癌的概率又是多少呢? 此时,$P(A) = 0.09$, $P(\overline{A}) = 0.91$. 再由贝叶斯公式可得

$$P(A|B) = \frac{0.09 \times 0.98}{0.09 \times 0.98 + 0.91 \times 0.05} \approx 0.6597.$$

如果两次检测结果都呈阳性,那么被查者确实患有肝癌的可能性达到了 66%.

如果还是不能确诊,那么再检测一次. 此时,第二次检测的后验概率作为先验概率,即 $P(A) = 0.66$, $P(\overline{A}) = 0.34$. 于是有

$$P(A|B) = \frac{0.66 \times 0.98}{0.66 \times 0.98 + 0.34 \times 0.05} \approx 0.9744.$$

这表明:如果三次检测结果都呈阳性,几乎可以肯定患有肝癌了.

实际上,从预防医学的普查到治疗医学的诊断正是如此一级一级筛选的. 这也就解释了为什么医院总是会做比较多的化验,因为无论检测设备多先进,总会有一定的误差存在.

在贝叶斯公式的使用中,值得注意的是先验概率的确定. 上述例题中都是通过历史数据获得先验信息,从而确定出先验概率. 如果缺乏历史资料,可以通过计算机进行随机模拟,并根据模拟结果确定先验概率. 贝叶斯统计近几十年来发展迅速,可以归因于电脑的普及,通过随机模拟可以方便地确定先验概率. 如果既缺乏历史资料,又难以进行模拟,那么就需要由使用者的历史经验或专家学者的判断来确定先验概率. 由于这种概率总是离不开人的主观认知,因此被称为**主观概率**. 主观概率虽然是人为确定的,但也必须满足概率的三条公理,这是其合理存在的前提. 由于主观概率与贝叶斯统计息息相关,并且在实际应用中很多时候具有不可替代的作用,因此越来越多的人开始接受主观概率.

习 题 1.4

1.4.1 已知 $P(\overline{A}) = 0.3$, $P(B) = 0.4$, $P(A\overline{B}) = 0.5$, 求 $P(B|A \cup \overline{B})$.

1.4.2 已知 $P(A) = \dfrac{1}{4}$, $P(B|A) = \dfrac{1}{3}$, $P(A|B) = \dfrac{1}{2}$, 求 $P(A \cup B)$.

　　1.4.3　掷两颗骰子,已知两颗骰子点数之和为 7,求其中有一颗为 1 点的概率.
(用两种方法)

　　1.4.4　以往资料表明,某个 3 口之家患某种传染病的概率有以下规律:P(孩子得病)$=0.6$,P(母亲得病|孩子得病)$=0.5$,P(父亲得病|母亲及孩子得病)$=0.4$.求母亲及孩子得病但父亲未得病的概率.

　　1.4.5　一学生接连参加同一课程的两次考试,第一次及格的概率为 p,若第一次及格,则第二次及格的概率也为 p;若第一次不及格,则第二次及格的概率为 $\dfrac{p}{2}$.

　　(1) 若至少有一次及格,则他能取得某种资格,求他取得该资格的概率.

　　(2) 若已知他第二次已经及格,求他第一次及格的概率.

　　1.4.6　已知男子有 0.05 的概率是色盲患者,女子有 0.025 的概率是色盲患者,今从男女人数相等的人群中随机地挑选一人,恰好是色盲患者,问此人是男性的概率是多少?

　　1.4.7　将两信息分别编码为 A 和 B 传递出去,接收站收到时,A 被误收作 B 的概率为 0.02,而 B 被误收作 A 的概率为 0.01.信息 A 与信息 B 传递的频率程度为 2:1.若接收站收到的信息是 A,问原发信息是 A 的概率是多少?

　　1.4.8　有两箱同种类的零件.第一箱装 50 只,其中 10 只一等品;第二箱装 30 只,其中 18 只一等品.今从两箱中任挑出一箱,然后从该箱中取零件两次,每次任取一只,做不放回抽样.求:

　　(1) 第一次取到的零件是一等品的概率;

　　(2) 第一次取到零件是一等品的条件下,第二次取到的也是一等品的概率.

1.5　独立性

　　独立性是概率论特有的概念,它的引进大大推动了概率论的发展,使得概率论从测度论中分离出来,成为一个独立的、内容丰富的数学分支.本节先讨论两个事件和多个事件的独立性,然后介绍试验的独立性与伯努利概型.

1.5.1　事件的独立性

　　直观来说,**事件 A 与事件 B 独立是指事件 B 无论发生与否都不影响事件 A 发生的可能性大小**,即 $P(A|B)=P(A)$. 1.4.1 节中曾指出:$P(A|B)$ 是在 $\Omega|_B$ 中计算的,而 $P(A)$ 是在 Ω 中计算的.通常,$\Omega|_B \subset \Omega$,那为什么 $P(A|B)$ 和 $P(A)$ 会相等呢? 下面,我们通过一个引例来考查.

　　引例　某班级共有 40 名学生,其中男生 12 人,女生 28 人.为了分组讨论的需要,将所有学生分成几个小组.第一小组共 10 名学生,其中男生 3 人,女生 7 人.现要从全班同学中随机抽取一名学生回答老师提出的问题,事件 A 表示抽到的是男生,事件 B 表示抽到的学生来自第一小组.

　　容易看出,$P(A|B)=P(A)=0.3$,即事件 B 无论是否发生都没有影响到事件 A 发

生的可能性大小. 显然, $P(A|B)$ 就是男生人数占第一小组总人数的比例, 而 $P(A)$ 是男生人数占全班总人数的比例. 虽然第一小组人员只是全班人员的一部分, 但关键是: 第一小组的男女生构成比例与全班的男女生构成比例是相同的. 我们知道, 概率表示事件发生的可能性的相对大小, 既然男女生构成比例在 $\Omega|_B$ 和 Ω 中是一样的(称为"**等比例状态**"), 那么 $P(A|B)=P(A)$ 就是应该的.

此处, 男、女生人数分别用 $|A|$ 和 $|\overline{A}|$ 表示. 这说明: 独立性的根本原因在于事件 B (即 $\Omega|_B$)保持了 $|A|$ 与 $|\overline{A}|$ 在 Ω 中的这种等比例状态. 由此也可以看出: 事件 $|\overline{A}|$ 与事件 B 也是独立的. 此外, 事件 $\overline{B}$(即 $\Omega|_{\overline{B}}$)中肯定也保持了 $|A|$ 与 $|\overline{A}|$ 在 Ω 中的这种等比例状态. 因此, 事件 $|A|$ 和 $|\overline{A}|$ 与事件 $\overline{B}$ 也就是独立的. 这说明: 独立性还具有某种"群体"性质, 这实际上就是 σ 域的独立性(这里不做讨论).

再来看, $|B|$ 和 $|\overline{B}|$ 在 Ω 中的比例为 $1:3$, 在事件 A(即 $\Omega|_A$)中的比例也是 $1:3$. 即事件 A 也保持了 $|B|$ 与 $|\overline{B}|$ 在 Ω 中的这种等比例状态, 因此事件 B 与事件 A 也是独立的. 这说明**独立是相互的**.

上述直观描述中用到了条件概率, 但条件概率不是任何时候都存在的. 如果 $P(A|B)=P(A)$, 根据乘法公式可知 $P(AB)=P(A)P(B)$. 这里不含条件概率, 所以可用作独立性的定义.

定义 1.5.1　两个事件的独立性

设 $(\Omega, \mathscr{F}, P)$ 是概率空间, $A, B \in \mathscr{F}$, 如果
$$P(AB)=P(A)P(B), \tag{1.5.1}$$
则称事件 A 与事件 B 相互独立, 简称独立.

由于独立性的概念必须涉及概率, 因此不单纯是事件之间的关系. 此外, 在事件独立的情况下, 乘法公式才能够简化为式(1.5.1). 也正因为如此, 通常通过实际背景来判断事件之间是否独立, 如果独立则概率的计算就会容易很多.

根据引例中的分析, 立即可得下列结论.

性质 1.5.1　若 $P(A)>0$ 或 $P(B)>0$, 则事件 A 与 B 独立等价于 $P(B|A)=P(B)$ 或 $P(A|B)=P(A)$.

性质 1.5.2　若事件 A 与 B 独立, 则 $\overline{A}$ 与 B、A 与 $\overline{B}$、$\overline{A}$ 与 $\overline{B}$ 也都独立.

性质 1.5.3　必然事件 Ω、不可能事件 $\varnothing$ 与任意事件独立. 更一般地, 如果 $A \in \mathscr{F}$, 且 $P(A)=1$ 或 $P(A)=0$, 则事件 A 与任意事件独立.

以上性质的证明都非常简单, 读者可自行验证.

例 1.5.1　从一副不含大小王的扑克牌中任取一张, 记事件 $A=$"抽到 K", 事件 $B=$"抽到的牌是黑色的". 问 A 与 B 是否独立?

当根据实际背景难以判断事件的独立性时, 就得利用定义或性质来判断.

解: 易知 $P(A)=\dfrac{4}{52}=\dfrac{1}{13}$, $P(B)=\dfrac{26}{52}=\dfrac{1}{2}$, 而 $P(AB)=\dfrac{2}{52}=\dfrac{1}{26}$. 显然有 $P(AB)=P(A)P(B)$, 所以事件 A 与 B 独立.

例 1.5.2　袋中有 a 个白球和 b 个红球, 采取放回抽样方式从中任取两个. 事件

$A=$"第一次取到红球",事件 $B=$"第二次取到红球".问 A 与 B 是否独立?如果采取不放回抽样方式抽取,结果又如何?

解:在放回抽样方式下,很容易看出 $P(B|A)=P(B)$,即 A 与 B 独立.直观上讲,两次取球时袋中球的组成完全相同,第一次抽取的结果事实上不影响第二次的抽取.因此,独立是显然的.但如果是不放回抽样,则第一次无论抽取到白球还是红球,都会影响到袋中球的组成(包括数量和比例).所以,此时的 A 与 B 是不独立的.这就是两种抽样方式最主要的差别.如果 a 和 b 非常大,在不放回抽样方式下,虽然第一次抽取的结果会改变袋中球的组成,但无论是数量还是比例的改变都非常微小.如果这种微小的改变忽略不计,那么就可以把不放回抽样近似地看成放回抽样.

定义 1.5.2 三个事件的独立性

设 $(\Omega,\mathscr{F},P)$ 是概率空间,$A,B,C\in\mathscr{F}$,如果

$$\begin{cases} P(AB)=P(A)P(B), \\ P(BC)=P(B)P(C), \\ P(AC)=P(A)P(C), \end{cases} \tag{1.5.2}$$

则称事件 A,B,C 两两相互独立.进一步,如果还有

$$P(ABC)=P(A)P(B)P(C), \tag{1.5.3}$$

则称事件 A,B,C 相互独立.

从上述定义可以看出:三个事件相互独立,则它们两两独立.但两两独立却不能保证它们相互独立.事实上,式(1.5.2)推不出式(1.5.3),而式(1.5.3)也推不出式(1.5.2).

例 1.5.3(伯恩斯坦反例) 一个均匀的正四面体,第一面染成红色、第二面染成白色、第三面染成黑色,第四面同时染上红白黑三种颜色.现将该四面体抛掷下去,事件 A,B,C 分别表示红、白、黑颜色朝下,则易知

$$P(A)=P(B)=P(C)=\frac{1}{2}, \qquad P(AB)=P(BC)=P(AC)=\frac{1}{4},$$

即事件 A,B,C 是两两独立的.但是

$$P(ABC)=\frac{1}{4}\neq\frac{1}{8}=P(A)P(B)P(C),$$

所以 A,B,C 不是相互独立的.

如果将一个正八面体的第一、二、三、四面染成红色,第一、二、三、五面染成白色,第一、六、七、八面染成黑色.同样,事件 A,B,C 分别表示红、白、黑颜色朝下,则有

$$P(A)=P(B)=P(C)=\frac{4}{8}=\frac{1}{2}, \qquad P(ABC)=\frac{1}{8},$$

即式(1.5.3)成立.但

$$P(AB)=\frac{3}{8}, \qquad P(BC)=P(AC)=\frac{1}{8}.$$

即式(1.5.2)均不成立.

定义 1.5.3 **n 个事件的独立性**

n 个事件 $A_1, A_2, \cdots, A_n$,若对所有可能的组合 $1 \leqslant i < j < k < \cdots \leqslant n$,都有

$$\begin{cases} P(A_i A_j) = P(A_i) P(A_j), \\ P(A_i A_j A_k) = P(A_i) P(A_j) P(A_k), \\ \cdots\cdots\cdots\cdots \\ P(A_1 A_2 \cdots A_n) = P(A_1) P(A_2) \cdots P(A_n), \end{cases} \tag{1.5.4}$$

则称这 n 个事件相互独立.

可以看出,n 个事件相互独立需要满足的条件(等式)个数为

$$C_n^2 + C_n^3 + \cdots + C_n^n = 2^n - n - 1.$$

定义 1.5.4 **可列个事件的独立性**

称随机事件序列事件 $A_1, A_2, \cdots$ 相互独立,如果其中任意有限个事件相互独立.

性质 1.5.4 若事件 $A_1, A_2, \cdots, A_n (n \geqslant 2)$ 相互独立,则其中任意 $k(2 \leqslant k \leqslant n)$ 个事件也是相互独立的.

性质 1.5.5 若事件 $A_1, A_2, \cdots, A_n (n \geqslant 2)$ 相互独立,则将其中任意 $k(1 \leqslant k \leqslant n)$ 个事件换成它们的对立事件后所得的 n 个事件仍然是相互独立的.

性质 1.5.6 若将 n 个相互独立的事件分成两个(不相交的)组,各组内部生成任意新的事件,则不同组的新事件之间仍然是相互独立的.

该结论还可以推广到多个组的情形.

对于独立事件而言,不但乘法公式可以大大简化,利用对偶律和性质 1.5.5,加法公式的计算也可以进行简化.

性质 1.5.7 设 n 个事件 $A_1, A_2, \cdots, A_n$ 相互独立,则有

$$P(A_1 \cup A_2 \cup \cdots \cup A_n) = 1 - P(\overline{A_1}) P(\overline{A_2}) \cdots P(\overline{A_n}). \tag{1.5.5}$$

例 1.5.4 设事件 A, B, C 相互独立,证明:$A \cup B$ 与 C 也相互独立.

证明:利用独立性和加法公式可得

$$\begin{aligned} P[(A \cup B)C] &= P(AC \cup BC) = P(AC) + P(BC) - P(ABC) \\ &= P(A)P(C) + P(B)P(C) - P(A)P(B)P(C) \\ &= [P(A) + P(B) - P(A)P(B)]P(C) = P(A \cup B)P(C). \end{aligned}$$

实际上,该结论就是性质 1.5.6 所描述的结论.

例 1.5.5 假如每个人的血清中含有肝炎病毒的概率为 4‰,试求 100 个人的血清混合液中含有肝炎病毒的概率.

解:设事件 $A_i =$"第 i 个人的血清含有肝炎病毒",$i = 1, 2, \cdots, 100$. 由于每个人不同,因此可认为这 100 个事件相互独立. 只要至少有一个人的血清含有肝炎病毒,则血清混合液中就会含有肝炎病毒. 因此,由性质 1.5.7 中的式(1.5.5)可得

$$P\left(\bigcup_{i=1}^{100} A_i \right) = 1 - \prod_{i=1}^{100} P(\overline{A_i}) = 1 - 0.996^{100} \approx 0.3302.$$

可以看出,无论 $P(A_i)$ 多么小,只要 $n \to \infty$,其并事件的概率终将趋于 1. 这说明小概率事件虽然在一次实验中几乎不会发生,但重复的次数多了,终究会发生.

例 1.5.6 两名选手射击比赛,轮流对同一目标进行射击,甲先射击,谁先命中谁取胜.设甲每次命中目标的概率为 α,乙每次命中目标的概率为 β,求甲乙二人最终取胜的概率各是多少.

解:设事件 A 表示甲每一次射击时击中目标,B 表示乙每一次射击时击中目标,事件 C 表示甲最终获胜,则根据题意可知

$$C = A \cup \overline{A} \cdot B A \cup \overline{A} \cdot \overline{B} \cdot \overline{A} \cdot \overline{B} A \cup \cdots$$
$$= A \cup \overline{A} \cdot \overline{B}(A \cup \overline{A} \cdot \overline{B} \cdot \overline{A} \cdot B A \cup \cdots)$$
$$= A \cup \overline{A} \cdot \overline{B} C.$$

注意上式最后一步中的事件 A 与事件 $\overline{A} \cdot \overline{B} C$ 是互不相容的,其中 $\overline{A}$、$\overline{B}$ 与 C 又是相互独立的.于是,由有限可加性和独立性可得

$$P(C) = P(A \cup \overline{A} \cdot \overline{B} C) = P(A) + P(\overline{A} \cdot \overline{B} C) = P(A) + P(\overline{A}) P(\overline{B}) P(C).$$

进而可得

$$P(C) = \frac{P(A)}{1 - P(\overline{A}) P(\overline{B})} = \frac{\alpha}{1 - (1 - \alpha)(1 - \beta)},$$

此即甲最终获胜的概率.类似地,可得乙最终获胜的概率为

$$P(\overline{C}) = 1 - P(C) = \frac{(1 - \alpha)\beta}{1 - (1 - \alpha)(1 - \beta)}.$$

说明:此例中既有互不相容,又有相互独立,在分析问题时千万不要搞混淆了.

例 1.5.7 一架长机和两架僚机一同去执行轰炸任务,只有长机上配有无线电导航设备用以发现目标.在到达目的地前飞机要通过对方的高炮阵地,每架轰炸机被击落的概率均为 0.3.到达目的地后,各轰炸机独立进行轰炸,炸毁目标的概率均为 0.6.求目标最终被炸毁的概率.

解:设事件 $B = $"目标被炸毁",则 B 的"原因"事件有

$$A_1 = \text{"仅长机通过高炮阵地"};$$
$$A_2 = \text{"一长机一僚机通过高炮阵地"};$$
$$A_3 = \text{"三机全通过高炮阵地"}.$$

由独立性可知

$$P(A_1) = 0.7 \times 0.3^2, \quad P(A_2) = 2 \cdot 0.7^2 \times 0.3, \quad P(A_3) = 0.7^3,$$

且有

$$P(B|A_1) = 0.6, \quad P(B|A_2) = 1 - 0.4^2, \quad P(B|A_3) = 1 - 0.4^3.$$

显然 $\{A_i\}$ 之间是互不相容的,且 $B \subset \bigcup_{i=1}^{3} A_i$. 于是由全概率公式可得

$$P(B) = \sum_{i=1}^{3} P(A_i) P(B|A_i) = 0.605808.$$

说明:此例中,事件组 A_1, A_2, A_3 并不是完备事件组,因为还有"三架飞机都未通过高炮阵地""仅两架或一架僚机通过高炮阵地"等情况.但这些情况下事件 B 都不可能

发生,即都不是 B 的"原因"事件,所以全概率公式的计算未作考虑. 当然,如果考虑进去,由于对应的条件概率为 0,不会影响到最终的结果. 前面提到过,全概率公式成立的条件可以减弱为 $B \subset \bigcup_{i=1}^{n} A_i$,但必须保证原因事件 $\{A_i\}$ 之间是互不相容的.

1.5.2 试验的独立性

直观上讲,**当进行几个随机试验时,如果其中一个试验无论出现什么结果,都不影响其他试验中各事件发生的可能性大小,那么就称这些试验是相互独立的.** 譬如,在放回抽样中,每一次抽样实际上就是一次试验,前后两次抽样就是两次独立的试验. 又如,连续地抛掷一枚硬币,显然相互之间也是独立的试验.

引例 总试验 E 由两个试验构成,其中试验 E_1 是抛掷一枚硬币,其样本空间为 $\Omega_1 = \{H, T\}$,事件 $A = \{H\}$;试验 E_2 是从装有红白黑三球的袋子中任取一球,其样本空间为 $\Omega_2 = \{r, w, b\}$,事件 $B = \{r\}$. 显然这两个试验是相互独立的.

直观上很容易理解试验之间的独立性,但严格来说,需要通过事件之间的独立性来反映出试验之间的独立性. 比如在引例中,易知

$$P(A) = \frac{1}{2}, P(B) = \frac{1}{3}, P(AB) = \frac{1}{6} \Rightarrow P(AB) = P(A)P(B). \qquad (1.5.6)$$

显然,事件 A 换成试验 E_1 中的任一样本点或其他事件,事件 B 换成试验 E_2 中的任一样本点或其他事件,上述关系式仍然是成立的. 因此试验 E_1 和 E_2 独立.

但认真考查式(1.5.6),就会发现这个表达式存在问题. 因为事件和概率都必须在某个概率空间 $(\Omega, \mathscr{F}, P)$ 上才有意义. 引例中的 $P(A) = 1/2$ 实际上是在试验 E_1 对应的样本空间 $(\Omega_1, \mathscr{F}_1, P_1)$ 中计算的,因此正确的记法应该是 $P_1(A) = 1/2$. 而 $P(B) = 1/3$ 实际上是在试验 E_2 对应的样本空间 $(\Omega_2, \mathscr{F}_2, P_2)$ 中计算的,正确的记法应该是 $P_2(B) = 1/3$. 那么 $P(AB)$ 的正确记法是什么,AB 又是来自哪个样本空间、属于哪个事件域呢?

既然总试验 E 是由试验 E_1 和试验 E_2 构成的,那么 E 的样本空间 Ω 就应该由 Ω_1 和 Ω_2 复合而成,即

$$\Omega = \{\omega : \omega = (\omega_1, \omega_2), \omega_1 \in \Omega_1, \omega_2 \in \Omega_2\},$$

简记为 $\Omega = \Omega_1 \times \Omega_2$,称 Ω 为 Ω_1 与 Ω_2 的**乘积空间**.

现在,$\mathscr{F}_1$ 中的事件 A 和 $\mathscr{F}_2$ 中的事件 B 在乘积空间 Ω 应该分别表示为

$$\{(\omega_1, \omega_2) : \omega_1 \in A, \omega_2 \in \Omega_2\}, \quad \{(\omega_1, \omega_2) : \omega_1 \in \Omega_1, \omega_2 \in B\}.$$

分别记为 $A \times \Omega_2$ 与 $\Omega_1 \times B$. 其中 $A \times \Omega_2$ 称为仅与试验 E_1 有关的事件,$\Omega_1 \times B$ 称为仅与试验 E_2 有关的事件;称形如 $A \times \Omega_2$ 与 $\Omega_1 \times B$ 的子集为 Ω 中的**柱集**. 自然,AB 就应该是 Ω 的子集,且可表示为

$$\{(\omega_1, \omega_2) : \omega_1 \in A \in \mathscr{F}_1, \omega_2 \in B \in \mathscr{F}_2\},$$

记为 $A \times B$,并称形如 $A \times B$ 的子集为 Ω 中的**矩形**. 显然,柱集是矩形的一种特殊情况. 如此一来,乘积空间 Ω 上的事件域 $\mathscr{F}$ 就可由全体矩形生成,即

$$\mathscr{F} = \sigma(\{A \times B : A \in \mathscr{F}_1, B \in \mathscr{F}_2\}),$$

记为 $\mathscr{F} = \mathscr{F}_1 \times \mathscr{F}_2$. $\mathscr{F}$ 包括各种矩形、柱集及由它们生成的各种集合.

最后来建立可测空间 $(\Omega,\mathscr{F})$ 上的概率 P. 引例中，P_1 与 P_2 是古典概率，而 Ω 仍然是古典概型，所以 P 也可由古典概率定义. 由于

$$\Omega=\{(H,r),(H,w),(H,b),(T,r),(T,w),(T,b)\}.$$

所以，容易看出

$$P(A\times\Omega_2)=\frac{3}{6}, \ P(\Omega_1\times B)=\frac{2}{6}, \ P(A\times B)=\frac{1}{6}=P(A\times\Omega_2)P(\Omega_1\times B).$$

这才是式 (1.5.6) 的准确写法. 还可得知

$$P(A\times\Omega_2)=P_1(A)=P_1(A)P_2(\Omega), \ P(\Omega_1\times B)=P_2(B)=P_1(\Omega)P_2(B),$$

且有

$$P(A\times B)=P(A\times\Omega_2)P(\Omega_1\times B)=P_1(A)P_2(B).$$

这表明，概率 P 可由 P_1 和 P_2 表示，记为 $P=P_1\times P_2$.

注意：$A\in\mathscr{F}_1$，而 $A\times\Omega_2\in\mathscr{F}$. 根据习惯，$A\times\Omega_2$ 还是简记为 A，这既可理解成"来自试验 E_1 的事件"（即 $\mathscr{F}_1$ 的元素），也可理解成"仅与试验 E_1 有关的事件"（即 $\mathscr{F}$ 的元素）. 同理，$\Omega_1\times B$ 也简记为 B，理解同上. 事件 $A\times B$ 简记为 AB，它只能是 $\mathscr{F}$ 的元素，既与试验 E_1 有关，又与试验 E_2 有关. 这样，就有

$$P(A)=P_1(A),P(B)=P_2(B),$$
$$P(AB)=P(A)P(B)=P_1(A)P_2(B).$$

如果上式对所有的 $A,B\in\mathscr{F}$ 都成立，那么试验 E_1 与 E_2 就相互独立.

定义 1.5.5　试验的独立性

试验 E_i 的概率空间为 $(\Omega,\mathscr{F}_i,P_i)$，$i=1,2,\cdots,n$. 试验 E 由这 n 个试验复合而成，概率空间为 $(\Omega,\mathscr{F},P)$，其中，

$$\Omega=\Omega_1\times\Omega_2\times\cdots\times\Omega_n,$$
$$\mathscr{F}=\mathscr{F}_1\times\mathscr{F}_2\times\cdots\times\mathscr{F}_n,$$
$$P=P_1\times P_2\times\cdots\times P_n.$$

如果对 $\mathscr{F}$ 中的每一个元素 $A_1\times A_2\times\cdots\times A_n$，$A_i\in\mathscr{F}_i$ 是仅与试验 E_i 有关的事件，$i=1,2,\cdots,n$，都有

$$P(A_1A_2\cdots A_n)=P(A_1)P(A_2)\cdots P(A_n)=P_1(A_1)P_2(A_2)\cdots P_n(A_n).$$

则称试验 $E_1,E_2,\cdots,E_n$ 是相互独立的试验.

随机现象的统计规律性是在对随机现象进行大量的重复试验中才显现出来的，概率论中经常会研究独立的重复试验. 所谓"重复"试验，是指在相同条件下进行的试验. 既然每次试验的条件相同，试验所对应的概率空间也就应该相同. 因此，如果每次试验的概率空间保持不变，那么就可以确保试验是重复进行的.

最简单的一类独立重复试验称为伯努利（Bernoulli）概型.

定义 1.5.6　伯努利试验

如果试验 E 的概率空间为 $(\Omega,\mathscr{F},P)$，其中 $\mathscr{F}=\{\Omega,\varnothing,A,\bar{A}\}$，$P(A)=p$，$0<p<1$，则称试验 E 为伯努利试验.

只有两个可能结果的随机试验就是伯努利试验,比如硬币的正反面、婴儿的性别、产品的合格与否、股票市场的涨跌、种子是否发芽等.还有一些随机试验,其可能结果虽然多于两个,但我们只关心其中的事件 A 是否在试验中发生.譬如,液晶显示屏的使用寿命可以是不小于 0 任意实数,但我们只关心使用寿命是否超过三年;超市货架上的某种商品,可能每天卖出去的件数都不相同,但我们只关心每天的销量是否超过 100 件;等等.在这些试验中,把我们感兴趣的样本点归入事件 A,其余的自然就属于 $\bar{A}$.那么,这类试验也就是伯努利试验.

> **定义 1.5.7 伯努利概型**
>
> 如果总试验是将伯努利试验独立地重复进行 n 次,每次试验中事件 A 发生的概率 p 保持不变.那么,这种试验就称为 n 重伯努利概型.当 $n \to \infty$ 时,称其为可列重的伯努利概型.

"每次试验中事件 A 发生的概率 p 保持不变",就是指出各个伯努利试验的概率空间相同.前面说过,这是试验得以"重复"进行的保证.

对于伯努利试验,如果事件 A 发生就称试验成功.在 n 重伯努利概型中,我们通常关心的是伯努利试验一共成功了多少次.设事件 A_k 表示试验恰好成功 k 次,首先看 k 的可能取值:$0,1,2,\cdots,n$.其次,有

$$P(A_k) = C_n^k p^k (1-p)^{n-k}, k=0,1,\cdots,n. \tag{1.5.7}$$

这就是 1.2.2 节的例 1.2.10 中推导出的二项分布模型式(1.2.3),只是背景不同而已.

例 1.5.8(比赛规则的合理性) 乒乓球世界杯中,男单淘汰赛采取"七局四胜制"的比赛规则.证明:如果对阵双方势均力敌,则最终获胜的机会各占一半.

解:每一局比赛可以看成是一次伯努利试验.设事件 A 表示其中一方在每一局中获胜的概率,由于势均力敌,所以 $P(A)=1/2$.不同局之间可认为是相互独立的,那么"七局"可看成是一个 7 重的伯努利概型."四胜制"要求至少取胜 4 局,才能够最终获胜.于是,由式(1.5.7)可得

$$P(A_4) + P(A_5) + P(A_6) + P(A_7)$$
$$= \sum_{k=4}^{7} C_7^k \left(\frac{1}{2}\right)^k \left(1 - \frac{1}{2}\right)^{n-k}$$
$$= (C_7^4 + C_7^5 + C_7^6 + C_7^7)\left(\frac{1}{2}\right)^7$$
$$= 64 \times \frac{1}{128} = \frac{1}{2}.$$

这说明每一方最终获胜的概率相等.

例 1.5.9 某福利彩票每周开奖一次,每次提供万分之一的中奖机会,且各周开奖是相互独立的.假设每周都买一张彩票,连续坚持 10 年(每年 52 周).求从未中奖的可能性是多少?

解:每周要么中奖要么没中奖,所以每次开奖可看成是一次伯努利试验.每次中奖的概率 $p=10^{-4}$ 是不变的,且各周是否中奖相互独立.因此,可将"连续坚持 10 年"看成

是一个 520 重的伯努利概型."从未中奖"就是试验成功的次数为 0,于是由式(1.5.7)可得

$$P(A_0)=C_{520}^0(10^{-4})^0(1-10^{-4})^{520-0}=(1-10^{-4})^{520}\approx0.9493.$$

这表明,即使坚持 10 年,也几乎不会中奖.

关于伯努利概型,还有许多可研究的随机模型,将在 2.2 节中详细讨论.

习　题　1.5

1.5.1　分别求以下两个系统的可靠性:

(1) 设有 4 个独立工作的元件 1,2,3,4,它们的可靠性分别为 p_1,p_2,p_3,p_4. 将它们按图(1)的方式连接(称为并串联系统);

(2) 设有 5 个独立工作的元件 1,2,3,4,5,它们的可靠性均为 p,它们按图(2)的方式连接(称为桥式系统).

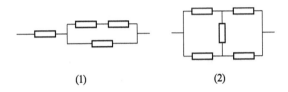

(1)　　　　　　　(2)

题 1.5.1 图

1.5.2　如果危险情况 C 发生时,一电路闭合并发出警报,我们可以借用两个或多个开关并联以改善可靠性,在 C 发生时这些开关每一个都应闭合,且若至少一个开关闭合了,就发出警报.如果两个这样的开关并联连接,它们每个具有 0.96 的可靠性(即在情况 C 发生时闭合的概率),问这时系统的可靠性(即电路闭合的概率)是多少? 如果需要有一个可靠性至少为 0.9999 的系统,则至少需要用多少只开关并联? 设各开关闭合与否相互独立的.

1.5.3　三人独立地去破译一份密码,已知各人能译出的概率分别为 $\frac{1}{5},\frac{1}{3},\frac{1}{4}$. 问三人中至少有一人能将此密码译出的概率是多少.

1.5.4　设第一只盒子中装有 3 个蓝球、2 个绿球、2 个白球;第二只盒子中装有 2 个蓝球、3 个绿球、4 个白球.分别独立地在两只盒子中各取一个球.

(1) 求至少有一个蓝球的概率;

(2) 求有一个蓝球、一个白球的概率;

(3) 已知至少有一个蓝球,求有一个蓝球、一个白球的概率.

1.5.5　A,B,C 三人在同一间办公室工作.房间里有一部电话.据统计知,打给 A,B,C 的电话的概率分别为 $\frac{2}{5},\frac{2}{5},\frac{1}{5}$.他们三人常因工作在外,$A,B,C$ 三人外出的概率分别为 $\frac{1}{2},\frac{1}{4},\frac{1}{4}$.设三人行动相互独立.求:

(1) 无人接电话的概率；

(2) 被呼叫人在办公室的概率.

若某一时间段打进 3 个电话，求：

(3) 这 3 个电话打给同一个人的概率；

(4) 这 3 个电话打给不相同人的概率；

(5) 这 3 个电话都打给 B 的条件下，而 B 却不在的条件概率.

1.5.6　袋中装有 m 枚正品硬币和 n 枚次品硬币（次品硬币的两面均印有国徽）. 在袋中任取一枚，将它投掷 r 次，已知每次都得到国徽. 问这枚硬币是正品的概率为多少.

1.5.7　设一枚深水炸弹击沉一潜水艇的概率为 $\frac{1}{3}$，击伤的概率为 $\frac{1}{2}$，击不中的概率为 $\frac{1}{6}$，且设击伤两次也会导致潜水艇下沉. 求施放 4 枚深水炸弹能击沉潜水艇的概率.（提示：先求出击不沉的概率）

1.5.8　设根据以往记录的数据分析，某船只运输的某物品损坏的情况共有三种：损坏 0.02（这一事件记为 A_1），损坏 0.1（事件 A_2），损坏 0.9（事件 A_3），且知 $P(A_1)=0.8$，$P(A_2)=0.15$，$P(A_3)=0.05$. 现在从已被运输的物品中随机地取 3 件，发现这 3 件都是好的（这一事件记为 B），试求 $P(A_1|B)$，$P(A_2|B)$，$P(A_3|B)$.（这里设物品件数很多，取出一件后不影响取后一件是否为好品的概率）

1.5.9　证明组合恒等式：

(1) $C_n^0 - C_n^1 + C_n^2 - \cdots + (-1)^{n-1} C_n^n = 0$；

(2) $C_m^0 C_n^r + C_m^1 C_n^{r-1} + \cdots + C_m^r C_n^0 = C_{m+n}^r$.

1.5.10　从 r 个不同元素中，允许重复地取出 n 个，不论次序，称为重复组合. 证明：此组合数为 C_{n+r-1}^n.

1.5.11　证明：r 个未知量的不定方程 $x_1 + x_2 + \cdots + x_r = n(n \geqslant r)$ 的非负整数解有 C_{n+r-1}^n 个，其正整数解有 C_{n-1}^{r-1} 个.

1.5.12　从数字 $1, 2, \cdots, n$ 中任取 r 个 $(r \leqslant n/2)$，使得所取出的数字皆不相邻，且取出的数字不论次序，称为不相邻组合. 试证明：不相邻组合的个数为 C_{n+r-1}^r.

第 2 章 随机变量

本章的主要内容是研究概率空间上的可测函数——随机变量,并研究随机变量取值的概率规律,重点介绍一些常见的概率分布.使用随机变量描述随机现象是近代概率论中最重要的方法,本质是运用函数观点动态地研究随机事件,以后我们所讨论的随机事件几乎都用随机变量来表示.

为了进行定量的数学处理,必须把随机现象的结果数量化.这就是引进随机变量的原因,可测性是严格定义随机变量的关键.对于随机变量,重要的是要知道它取哪些值及取这些值的概率分布规律,分布函数正是为此而设计的.同时,分布函数具有良好的分析性质,便于研究,因此成为研究随机变量的重要工具.

离散型随机变量和连续型随机变量是两类最重要的随机变量,由于它们的取值特点不同,因此对它们的描述和处理方法都有很大的不同.前者主要使用分布律来研究,所用的数学工具是求和与级数;后者则采用密度函数,广泛使用微积分.二者的统一是分布函数,分布函数可以描述一切随机变量.对两类随机变量应该进行对比学习,从而加深理解.

一种分布提供一个数学模型,本章会介绍概率论中常见的一些离散型分布和连续型分布,这些分布在理论和应用中都扮演着重要角色.其中,正态分布在应用和理论研究中占有头等重要的地位,它与二项分布和泊松分布是概率论中最重要和经常使用的三种分布.

随机变量函数的分布的推导,在数理统计中及在概率论的许多应用中相当重要.本章介绍的方法可以总结为直接法和变化法两种处理方法,通过动手多做练习才能牢固掌握.

2.1 随机变量及其分布

在第一章,我们通过建立概率空间 $(\Omega, \mathscr{F}, P)$ 来对随机现象进行研究.其中,样本空间 Ω 是研究随机现象的出发点,它是一个包含随机现象所有可能结果(样本点)的集合.在自然界和人类社会中,大多数随机现象的可能结果都联系着某些数,或者样本点本身就是用数量来表示的.例如:

(1) 掷一颗骰子,可能出现的点数为 $\Omega = \{1, 2, \cdots, 6\}$.

(2) 每天手机接收到的呼叫次数,其可能取值为 $\Omega = \{0, 1, 2, \cdots\}$.

(3) 考察一批电器的使用寿命,其可能的取值范围为 $\Omega = \{x \mid x \in \mathbf{R}, x \geqslant 0\}$.

（4）观察某地区儿童的身高和体重,可能的取值为

$$\Omega = \{(x,y)\mid x_1 \leqslant x \leqslant x_2, y_1 \leqslant y \leqslant y_2\}.$$

但并不是所有的样本空间都是数的集合,譬如:

（5）抛一枚硬币,静止下来后可能出现的结果为 $\Omega = \{正面,反面\}$.

（6）从一副不含大小王的扑克牌中任取一张,其可能的花色为

$$\Omega = \{黑桃,梅花,方块,红桃\}.$$

为了研究的方便和统一,也为了更深入地使用(数学)分析工具来研究随机现象,首先就需要将样本空间数量化.显然,建立样本空间到实数集 $\mathbf{R}$ 上的映射就可以做到.通常,对于本身就是数量化的样本空间,可以建立自身到自身的恒等映射;对于非数量化的样本空间,可根据需要来建立映射.比如在掷骰子的试验中,令

$$X(w) = w, \quad w \in \Omega = \{1,2,\cdots,6\},$$

则 X 的可能取值就是掷骰子时可能出现的结果.又如在抛硬币的试验中,令

$$X(w) = \begin{cases} 1, & w = "正面"; \\ 0, & w = "反面", \end{cases}$$

则 X 的不同取值就能够分辨出硬币静止后是哪个面朝上;当然,我们更愿意解释为:X 的取值表示抛硬币的试验中正面出现的次数.

从上面两个例子可以看出,映射 $X(\cdot)$ 将样本空间 Ω 中的元素(即样本点 w)映射成为实数集 $\mathbf{R}$ 上的点(数).显然,不同的 w 有不同的数与之对应.因此,X 是一个变量.由于 X 的取值源于样本点 w 的取值,而 w 的取值(出现)是随机的,所以 X 的取值也是随机的.鉴于此,我们称 X 为随机变量.这就是随机变量的直观意义.

2.1.1 随机变量的概念

定义 2.1.1 随机变量的直观定义

设随机试验 E 的样本空间为 Ω,对于每一个样本点 $w \in \Omega$,如果有且仅有一个实数 $X(w)$ 与之对应,则 $X = X(w)$ 是建立在 $\Omega \to \mathbf{R}$ 上的单值映射,称 X 为随机变量(random variable),简记为 r. v..

通常,使用大写的英文字母 $X, Y, Z, \cdots$ 或希腊字母 $\xi, \eta, \zeta, \cdots$ 表示随机变量,而用小写英文字母 $x, y, z, \cdots$ 或 $x_1, x_2, x_3, \cdots$ 表示随机变量的可能取值.

回到掷骰子的试验中,如果记"$X = 3$",则意味着试验结果为"3 点出现";如果记"$X \geqslant 5$",则意味着试验结果为"5 点或 6 点出现"了.从这个角度来看,随机变量的等式或不等式能够表示随机事件,而且能够很方便地表示随机事件.使用随机变量表示随机事件,是一种动态研究随机现象的方法,这就是引进随机变量的重要意义.

与普通的实函数一样,随机变量不一定是样本空间到实数域上的一一映射,也可以是多对一的映射.

例 2.1.1 （1）在一个有两个孩子的家庭中,孩子的性别为 $\Omega = \{bb, bg, gb, gg\}$,其中 b 表示男孩,g 表示女孩.设 X 表示该家庭中男孩的个数,则易知 X 是随机变量,且可能取值为

$$X(w)=\begin{cases} 0, & w=gg; \\ 1, & w=bg,\ w=gb; \\ 2, & w=bb. \end{cases}$$

（2）考察某品牌数字高清电视机的使用寿命，如果使用时间不超过质保规定的 50000 分钟则记为 0，如果时间超过 50000 分钟则记为 1．那么可建立如下的随机变量

$$X(w)=\begin{cases} 0, & 0\leqslant w\leqslant 50000; \\ 1, & w>50000. \end{cases}$$

其中 $\Omega=\{w\,|\,w\geqslant 0\}$．那么"$X=1$"就表示"所有使用寿命超过 50000 分钟的电视机所构成的集合"这个随机事件．另外，在本例中，"$X=1$"与"$X>0$"是同一个随机事件．

但也要注意，随机变量与普通的实函数也有着本质的差异．比如，普通函数的取值是确定的，而随机变量的取值是不确定的，具有一定的概率；普通函数的定义域是数的集合，随机变量的定义域是样本空间，而样本空间不一定是数的集合．

例 2.1.2　（1）设随机变量 X_1 表示 n 重伯努利概型中试验成功的次数，则 X_1 的可能取值为 $\{k\,|\,k=0,1,\cdots,n\}$．

（2）在可列重伯努利概型中，随机变量 X_2 表示试验首次成功时所进行的试验次数，则 X_2 的可能取值为 $\{k\,|\,k=1,2,\cdots\}$．

（3）在例 2.1.1(2)中，令 Y 表示电视机的使用寿命，即 $Y(w)=w,w\in\Omega$，则 Y 的可能取值为 $\{y\,|\,y\in[0,\infty)\}$．

（4）在例 2.1.1(2)中，令

$$Z(w)=\begin{cases} 0, & 0\leqslant w<1000; \\ w, & 1000\leqslant w\leqslant 50000; \\ 50000, & w>50000, \end{cases}$$

则随机变量 Z 的可能取值为 $\{z\,|\,z=0$ 或 $z\in[1000,50000]\}$．

从例 2.1.2 可以看出，不同的随机变量，其可能取值及其取值的个数一般都是不相同的．读者在后面将会看到，取值类型不同的随机变量，其主要的研究工具是不同的．因此，有必要根据随机变量的取值情形对随机变量进行分类．

定义 2.1.2　随机变量的分类

如果随机变量的可能取值是有限个或可数无穷多个（统一为至多可数），由于其取值对应于数轴上一个个离散的点，因此称这类随机变量为**离散型**随机变量．如果随机变量的可能取值能够连续地充满数轴上的某个或某些区间，则称此类随机变量为**连续型**随机变量．除此之外，比如既在某些点上取值又在某些区间上连续取值的随机变量称为**奇异型**随机变量或**混合型**随机变量．

根据这个定义容易得知，在例 2.1.2 中，X_1,X_2 是离散型随机变量，Y 是连续型随机变量，而 Z 是奇异型随机变量．

说明：奇异型随机变量是除离散型随机变量和连续型随机变量以外的一切随机变量，但此处定义的连续型随机变量虽然直观却不够严格．在第 2.3 节中将会给出连续型

随机变量的严格定义.

2.1.2　可测映射

随机变量 X 是 $\Omega \rightarrow \mathbf{R}$ 上的映射,即样本空间 Ω 通过随机变量 X 映射到实直线 $\mathbf{R}$ 上. 那么,我们就需要在 $\mathbf{R}$ 上重新建立概率空间,而且这个新概率空间要与原概率空间 $(\Omega, \mathscr{F}, P)$ 相对应才有意义. 首先确定可测空间.

Borel 域 $\mathscr{B}$ 是 $\mathbf{R}$ 上一个常用的 σ 域,因此可取 $(\mathbf{R}, \mathscr{B})$ 作为可测空间. 但 $\mathscr{B}$ 的元素是 $\mathbf{R}$ 的子集,如何与 $\mathscr{F}$ 中的元素(即随机事件)对应呢? 为此需要引进原象集的概念.

定义 2.1.3　原象集

设 X 是定义在 $\Omega \rightarrow \mathbf{R}$ 上的单值映射,任取 $B \subset \mathbf{R}$,令
$$X^{-1}(B) = \{w : X(w) \in B\},$$
则称 $X^{-1}(B)$ 为集 B 在映射 X 下的原象集. 若不混淆简称 $X^{-1}(B)$ 为 B 的原象集.

前文提及,随机变量的等式或不等式可以表示随机事件. 譬如在掷骰子的试验中,"$X \geqslant 5$"意味着"试验结果为 5 点或 6 点". 现在,借助原象集,我们来准确地理解这句话.

"$X \geqslant 5$"说明随机变量 X 的可能取值落在集合 $B = \{x : x \geqslant 5\}$ 中,而 B 在映射 X 下的原象集 $X^{-1}(B) = \{5, 6\}$,恰好对应的是"试验结果为 5 点或 6 点"这个随机事件. 这说明,虽然给出的是 $\mathscr{B}$ 的元素 B,但理解的却是 B 对应的原象集 $X^{-1}(B) = \{w : X(w) \in B\}$,因为 $X^{-1}(B)$ 才是随机事件.

显然,对任意的 $B \in \mathscr{B}$,都有其原象集 $\{w : X(w) \in B\}$ 与之对应. 但原象集一定都属于 $\mathscr{F}$ 吗,即 $X^{-1}(B)$ 一定是随机事件吗? 对于一般的映射 X,并不能保证做到这一点. 为此,我们需要对映射 X 进行一定的限制.

定义 2.1.4　可测映射

设 $(\Omega, \mathscr{F})$ 和 $(\mathbf{R}, \mathscr{B})$ 是两个可测空间,X 是定义在 $\Omega \rightarrow \mathbf{R}$ 的映射. 如果对任意的 $B \in \mathscr{B}$,都有 $X^{-1}(B) \in \mathscr{F}$,则称 X 是关于 $\mathscr{F}$ 可测的可测映射,或称 X 是 $(\Omega, \mathscr{F})$ 到 $(\mathbf{R}, \mathscr{B})$ 的可测映射.

根据这个定义,如果 $\Omega \rightarrow \mathbf{R}$ 上的映射 X 同时也是 $(\Omega, \mathscr{F})$ 到 $(\mathbf{R}, \mathscr{B})$ 的可测映射,则称映射 X 为随机变量,此时能够保证 $\mathscr{B}$ 的元素 B 的原象集 $X^{-1}(B) \in \mathscr{F}$. 这就是随机变量的严格定义,即**随机变量 X 是定义在 $(\Omega, \mathscr{F})$ 到 $(\mathbf{R}, \mathscr{B})$ 的可测映射**. 此时,有
$$\text{"}X = x\text{"} \Leftrightarrow \{w : X(w) = x\}, \quad \text{"}X \leqslant x\text{"} \Leftrightarrow \{w : X(w) \leqslant x\}.$$
此即随机变量的等式或不等式能够表示随机事件的原因. 更一般地,有
$$\forall B \in \mathscr{B}, \text{"}X \in B\text{"} \Leftrightarrow \{w : X(w) \in B\} \in \mathscr{F}.$$

原象集在随机变量的定义中起着关键作用,为便于对原象集的进一步理解和应用,下面给出原象集的一些性质.

性质 2.1.1　X^{-1} 作为 $\mathbf{R}$ 的子集类到 Ω 的子集类之间的映射,保持着集合的一切

关系与运算. 即对 $\mathbf{R}$ 的任意子集 A,B 和子集序列 $\{B_i\}$,都有

$$X^{-1}(\mathbf{R})=\Omega, \qquad\qquad X^{-1}(A\bigcup B)=X^{-1}(A)\bigcup X^{-1}(B),$$

$$X^{-1}(\overline{A})=\overline{X^{-1}(A)}, \qquad\qquad X^{-1}(A-B)=X^{-1}(A)-X^{-1}(B),$$

$$X^{-1}\Big(\bigcup_{i=1}^{\infty}B_i\Big)=\bigcup_{i=1}^{\infty}X^{-1}(B_i), \qquad A\subset B\Rightarrow X^{-1}(A)\subset X^{-1}(B).$$

证明: 只证其中一式,其他证明类似. 此外,没有写出的结论,通过运算律和现有的结论都可得出.

$$X^{-1}(A\bigcup B)=\{w:X(w)\in A\bigcup B\}$$
$$=\{w:X(w)\in A \text{ 或 } X(w)\in B\}$$
$$=\{w:X(w)\in A\}\bigcup\{w:X(w)\in B\}$$
$$=X^{-1}(A)\bigcup X^{-1}(B).$$

性质 2.1.2 X^{-1} 作为 $\mathbf{R}$ 的子集类到 Ω 的子集类之间的映射,保持着运算的封闭性不变. 即若 $\mathscr{B}$ 是 $\mathbf{R}$ 上的 σ 域,则 $X^{-1}(\mathscr{B})=\{X^{-1}(B):B\in\mathscr{B}\}$ 是 Ω 上的 σ 域.

证明: 由 σ 域的定义,根据性质 2.1.1 容易得证(读者可自行给出证明过程).

性质 2.1.2 告诉我们,$X^{-1}(\mathscr{B})$ 是一个 σ 域. 但映射 X 关于 $\mathscr{F}$ 可测才能够保证 $X^{-1}(\mathscr{B})\subseteq\mathscr{F}$.

命题 2.1.1

随机变量 X 是定义在 $(\Omega,\mathscr{F})$ 到 $(\mathbf{R},\mathscr{B})$ 的可测映射,且有
$$X^{-1}(\mathbf{R})=\Omega, \quad X^{-1}(\mathscr{B})\subseteq\mathscr{F}.$$

由于 X 是定义在 $\Omega\rightarrow\mathbf{R}$ 上的映射,任取 $A\subset\Omega$,记 $X(A)=\{X(w):w\in A\}$,则有 $X(A)\subset\mathbf{R}$. 因此,X 也是 Ω 的子集类到 $\mathbf{R}$ 的子集类的映射,其中 A 是 $X(A)$ 的原象集,而 $X(A)$ 是 A 的象集. 样本空间 Ω 在 X 下的象集 $X(\Omega)$ 就是映射 X 的值域,显然有 $X(\Omega)\in\mathscr{B}$. 根据例 1.3.1(6)的结论可知:**$X(\Omega)\bigcap\mathscr{B}$ 是 $X(\Omega)$ 上的一个 σ 域**. 所以,$(X(\Omega),X(\Omega)\bigcap\mathscr{B})$ 也是一个可测空间.

那么,在随机变量的定义中为什么没有选择这个可测空间呢? 首先是因为 σ 域 $X(\Omega)\bigcap\mathscr{B}$ 需要结合样本空间 Ω 和映射 X 才能确定,使用起来比较麻烦;而 $\mathbf{R}$ 上的 Borel 域 $\mathscr{B}$ 是现成的,立即可用. 其次,也是关键的一点,对任意的 $B\in\mathscr{B}$,显然有 $X(\Omega)\bigcap B\in X(\Omega)\bigcap\mathscr{B}$;并且 $X^{-1}(B)=X^{-1}(X(\Omega)\bigcap B)$,即 **$B$ 与 $X(\Omega)\bigcap B$ 的原象集是相同的**. 譬如,在例 2.1.1(1)中,$X(\Omega)=\{0,1,2\}$. 取 $B=\{x:x\in[0,1]\}$,易知 $X^{-1}(B)=\{gg,bg,gb\}$. 此外,有 $X(\Omega)\bigcap B=\{0,1\}$. 显然,$X^{-1}(\{0,1\})=\{gg,bg,gb\}$. 既然 B 与 $X(\Omega)\bigcap B$ 都对应原样本空间上的同一个随机事件,那么选择 Borel 域 $\mathscr{B}$ 就是合理的.

最后,我们指出,$X^{-1}(B)$ 仅表示在映射 X 下 B 的原象集,其中的 X^{-1} 并不是 X 的逆映射. X 的逆映射不一定存在,但取原象总是可行的. 此外,原象集 $X^{-1}(B)$ 的象集不一定是 B 本身,也可能只是 B 的一个子集,这也是原象集与逆映射(若存在)的本质差别. 譬如,在例 2.1.1(1)中,还是取 $B=\{x:x\in[0,1]\}$,则 $X^{-1}(B)=\{gg,bg,gb\}$,因而 $X(X^{-1}(B))=\{0,1\}\subset B$. 但请注意,$X(\Omega)\bigcap B=\{0,1\}$,即有 **$X(X^{-1}(B))=X(\Omega)\bigcap B$**.

现在,我们将上面的讨论结果总结如下.

命题 2.1.2

　　随机变量 X 是定义在 $(\Omega, \mathscr{F})$ 到 $(\mathbf{R}, \mathcal{B})$ 的可测映射,并有
　　(1) $X(\Omega) \in \mathcal{B}$,且 $X(\Omega) \bigcap \mathcal{B}$ 是 $X(\Omega)$ 上的一个 σ 域;
　　(2) $\forall B \in \mathcal{B}, X^{-1}(B) = X^{-1}(X(\Omega) \bigcap B)$;
　　(3) $X(X^{-1}(B)) = X(\Omega) \bigcap B \subseteq B$.

　　由于 $\mathbf{R}$ 上的 Borel 域可由形如 $(-\infty, x]$ 的集类生成,即 $\mathcal{B} = \sigma(\{(-\infty, x] : x \in \mathbf{R}\})$,而根据性质 2.1.1 知取原象又保持集类的一切运算,所以可测映射(或随机变量)有如下的等价定义.

定义 2.1.5　随机变量的等价定义

　　设 $(\Omega, \mathscr{F})$ 和 $(\mathbf{R}, \mathcal{B})$ 是两个可测空间,X 是定义在 $\Omega \to \mathbf{R}$ 的映射.如果对任意的 $x \in \mathbf{R}$,都有 $\{w : X(w) \leqslant x\} \in \mathscr{F}$,则称 X 是关于 $\mathscr{F}$ 可测的映射.
　　如果映射 X 关于 $\mathscr{F}$ 可测,则称 X 是随机变量.

　　定义 2.1.4 在理论讨论中应用较多,而定义 2.1.5 在计算中应用较方便.

2.1.3　概率分布

　　随机变量 X 是概率空间 $(\Omega, \mathscr{F}, P)$ 到可测空间 $(\mathbf{R}, \mathcal{B})$ 的可测映射.那么可测空间 $(\mathbf{R}, \mathcal{B})$ 上又如何定义概率呢?

　　前面提到过,对于任意的 $B \in \mathcal{B}$,"$X \in B$"有其原象集 $X^{-1}(B)$ 与之对应.因为 $X^{-1}(B) = \{w : X(w) \in B\} \in \mathscr{F}$,所以 $P(X^{-1}(B))$ 有意义.于是,$P(X^{-1}(B))$ 就是随机变量 X 落在 B 中的概率.利用这个方法可以在 $\mathcal{B}$ 上建立一个集函数.

定义 2.1.6　概率分布

　　设 X 是 $(\Omega, \mathscr{F}, P)$ 到 $(\mathbf{R}, \mathcal{B})$ 的可测映射,任取 $B \in \mathcal{B}$,令
$$PX^{-1}(B) := P(X^{-1}(B)) = P(\{w : X(w) \in B\}), \tag{2.1.1}$$
则 $PX^{-1}(\cdot)$ 是定义在 $\mathcal{B}$ 上的集函数,称为随机变量 X 的导出概率或概率分布.

　　由式(2.1.1)定义的集函数 $PX^{-1}(\cdot)$ 究竟是不是概率呢?这需要验证它是否满足概率的三条公理.首先,非负性是显然的.其次是规范性,
$$PX^{-1}(\mathbf{R}) = P(\{w : X(w) \in \mathbf{R}\}) = P(\Omega) = 1.$$
现说明可列可加性也是成立的.设 $B_i \in \mathcal{B}, i = 1, 2, \cdots$,且 $B_i B_j = \varnothing, i \neq j$,则根据性质 2.1.1 可知 $X^{-1}(B_i) \bigcap X^{-1}(B_j) = X^{-1}(B_i B_j) = \varnothing$,且有
$$PX^{-1}\left(\bigcup_{i=1}^{\infty} B_i\right) = P\left(X^{-1}\left(\bigcup_{i=1}^{\infty} B_i\right)\right) = P\left(\bigcup_{i=1}^{\infty} X^{-1}(B_i)\right)$$
$$= \sum_{i=1}^{\infty} P(X^{-1}(B_i)) = \sum_{i=1}^{\infty} PX^{-1}(B_i).$$

所以，$PX^{-1}(\cdot)$ 是 $(\mathbf{R}, \mathcal{B})$ 上的概率. 由于概率 $PX^{-1}(\cdot)$ 是通过随机变量 X 导出的，因此称其为 X 的导出概率或概率分布是合理的.

命题 2.1.3

由式 (2.1.1) 定义的集函数 $PX^{-1}(\cdot)$ 是可测空间 $(\mathbf{R}, \mathcal{B})$ 上的概率.

这样，针对随机试验 E 所建立的概率空间 $(\Omega, \mathscr{F}, P)$，通过随机变量 X 得到了一个新的概率空间 $(\mathbf{R}, \mathcal{B}, PX^{-1})$. 由于这两个空间是相对应的，所以可以在新的概率空间上对随机试验 E 进行研究.

说明：概率 P 与导出概率 PX^{-1} 是不同的. 首先，它们是定义在不同的可测空间上的，前者是 $(\Omega, \mathscr{F})$ 上的集函数，后者是 $(\mathbf{R}, \mathcal{B})$ 上的集函数. 其次，对于同一个概率 P，通过不同的随机变量 X 与 Y，会导出不同的概率分布 PX^{-1}, PY^{-1}.

同样的道理，由于 $\mathcal{B} = \sigma(\{(-\infty, x] : x \in \mathbf{R}\})$，因此可给出如下定义.

定义 2.1.7 分布函数

设 X 是概率空间 $(\Omega, \mathscr{F}, P)$ 上的随机变量，对任意的 $x \in \mathbf{R}$，令
$$F_X(x) := PX^{-1}((-\infty, x]) = P(\{w : X(w) \leqslant x\}), \quad (2.1.2)$$
则 $F_X(x)$ 是仅仅关于 $x(x \in \mathbf{R})$ 的函数，称为 X 的概率分布函数，简称分布函数. 在不引起混淆时简记为 $F(x)$，而事件 $\{w : X(w) \leqslant x\}$ 也简记为 "$X \leqslant x$". 即随机变量 X 的分布函数为
$$F(x) = P(X \leqslant x), x \in \mathbf{R}. \quad (2.1.3)$$

注意：由式 (2.1.2) 定义的分布函数 $F_X(x)$ 与由式 (2.1.1) 定义的概率分布 $PX^{-1}(\cdot)$ 本质上是完全相同的，都是随机变量 X 的导出概率. 所以，根据命题 2.1.3，$F(x)$ 也是可测空间 $(\mathbf{R}, \mathcal{B})$ 上的概率. 这是分布函数常称为概率分布函数的原因. 同样，前者在理论研究中使用较方便，而后者应用较方便.

随机变量 X 的分布函数 $F(x)$ 是 $\mathbf{R}$ 上的普通实函数，自变量 x 的取值范围为 $\mathbf{R}$，与 X 的可能取值无关. 这样，我们就可以使用分析的工具对 $F(x)$ 进行研究，从而对随机现象进行研究. 这是我们引入随机变量的本质原因.

例 2.1.3 一个班上有 100 名学生，其中 19 岁的学生有 30 人，20 岁的学生有 50 人，21 岁的学生有 20 人. 现从班上任意挑选一名学生，X 表示该学生的年龄. 求 X 的分布函数.

解： 该试验属于古典概型，概率 P 是样本点个数之比.

当 $x < 19$ 时，因为没有学生的年龄比 x 小，所以 "$X \leqslant x$" 是不可能事件，于是 $F(x) = P(X \leqslant x) = P(\varnothing) = 0$. 当 $19 \leqslant x < 20$ 时，有 30 名学生的年龄小于等于 x，所以 $F(x) = 30/100 = 0.3$. 当 $20 \leqslant x < 21$ 时，共有 80 名学生的年龄小于等于 x，所以 $F(x) = 80/100 = 0.8$. 当 $x \geqslant 21$ 时，全部学生的年龄都小于等于 x，所以 $F(x) = 1$. 于是有

$$F(x) = P(X \leqslant x) = \begin{cases} 0, & x < 19; \\ 0.3, & 19 \leqslant x < 20; \\ 0.8, & 20 \leqslant x < 21; \\ 1, & x \geqslant 21. \end{cases}$$

本例中,随机变量 X 只取 $19, 20, 21$ 三个值,因此属于定义 2.1.2 中的离散型随机变量. 由于 X 的可能取值可以由小到大排序,所以 $F(x)$ 的图像是阶梯形图像.

例 2.1.4 向一个半径为 2 米的圆形靶子射击,不考虑脱靶的情况. 以 X 表示弹着点到圆心的距离,求 X 的分布函数.

解:该试验属于几何概型,概率 P 是区域面积之比. X 的可能取值为区间 $[0,2]$,所以当 $x < 0$ 时,"$X \leqslant x$"是不可能事件,故 $F(x) = 0$;当 $x > 2$ 时,"$X \leqslant x$"是必然事件,故 $F(x) = 1$;当 $0 \leqslant x \leqslant 2$ 时,由几何概率知 $F(x) = P(X \leqslant x) = \dfrac{\pi x^2}{4\pi} = \dfrac{x^2}{4}$. 于是有

$$F(x) = P(X \leqslant x) = \begin{cases} 0, & x < 0; \\ \dfrac{x^2}{4}, & 0 \leqslant x \leqslant 2; \\ 1, & x > 2. \end{cases}$$

本例中,随机变量 X 的可能取值连续地充满区间 $[0,2]$,所以 X 属于定义 2.1.2 中的连续型随机变量. 在 2.3 节中我们将会看到其分布函数 $F(x)$ 的导函数存在,$F(x)$ 的图像是一条连续的曲线(见图 2.1.1);此外,由几何概型的知识可知:X 取任何确定值 x 的概率始终等于 0,即 $P(X = x) = 0$. 这些都是连续型随机变量的特征.

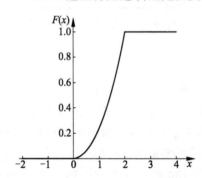

图 2.1.1 例 2.1.4 中分布函数的图像

例 2.1.5 已知随机变量 X 的取值范围为 $[-1, 1]$,其中 $P(X = -1) = 1/8$,$P(X = 1) = 1/4$. 此外,当 $-1 < X < 1$ 时,X 在 $(-1, 1)$ 内任一子区间上取值的概率与该区间的长度成正比. 求 X 的分布函数.

解:根据题意,当 $x < -1$ 时,$F(x) = 0$;当 $x = -1$ 时,$F(x) = F(-1) = P(X = -1) = 1/8$;当 $x \geqslant 1$ 时,$F(x) = 1$.

当 $-1 < X < 1$ 时,有

$$P(-1 < X \leqslant x \mid -1 < X < 1) = \frac{x - (-1)}{1 - (-1)} = \frac{x+1}{2},$$

注意到 $P(-1 < X < 1) = 1 - P(X = -1) - P(X = 1) = 5/8$,所以有

$$P(-1<X\leqslant x)=P(-1<X<1)\cdot P(-1<X\leqslant x\mid -1<X<1)=\frac{5}{8}\cdot\frac{x+1}{2},$$

于是当 $-1\leqslant X<1$ 时,有

$$F(x)=P(X\leqslant x)=P(X=-1)+P(-1<X\leqslant x)=\frac{1}{8}+\frac{5}{8}\cdot\frac{x+1}{2}=\frac{5x+7}{16}.$$

故 X 的分布函数(图形见图 2.1.2)为

$$F(x)=P(X\leqslant x)=\begin{cases}0, & x<-1;\\ \dfrac{5x+7}{16}, & -1\leqslant x<1;\\ 1, & x\geqslant 1.\end{cases}$$

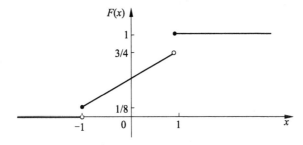

图 2.1.2 例 2.1.5 中分布函数的图像

本例中的随机变量 X 属于定义 2.1.2 中的奇异型随机变量:有离散部分,因为它取 -1 和 1 的概率都大于 0;也有连续部分,因为它的取值充满区间 $(-1,1)$. 对于奇异型随机变量 X 的分布函数 $F(x)$,总是可以分解为另两个分布函数的加权和;其中一个为某离散型随机变量的分布函数,另一个为某连续型随机变量的分布函数;其权重分别为离散部分和连续取值部分的概率. 这是奇异型随机变量也称为混合型随机变量的原因. 譬如,本例中的分布函数 $F(x)$ 可以进行如下分解:

$$F(X)=\frac{3}{8}F_1(X)+\frac{5}{8}F_2(X).$$

其中的第一个权重是因为离散取值部分的概率之和为 $P(X=-1)+P(X=1)=\dfrac{3}{8}$,剩余概率为连续取值部分的概率总和,即第二个权重为 $\dfrac{5}{8}$. 所以相对应的 $F_1(X)$ 就是一个离散型随机变量的分布函数,而 $F_2(X)$ 就是一个连续型随机变量的分布函数. 它们的具体表达式如下(图形见图 2.1.3):

$$F_1(x)=\begin{cases}0, & x<-1;\\ \dfrac{1}{3}, & -1\leqslant x<1;\\ 1, & x\geqslant 1.\end{cases}\qquad F_2(x)=\begin{cases}0, & x<-1;\\ \dfrac{x+1}{2}, & -1\leqslant x<1;\\ 1, & x\geqslant 1.\end{cases}$$

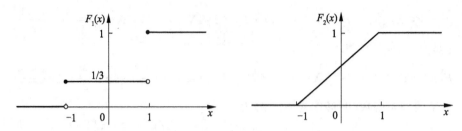

图 2.1.3　例 2.1.5 中分布函数分解后 $F_1(x)$ 和 $F_2(x)$ 的图像

现在给出分布函数的基本性质：

定理 2.1.1　分布函数的基本性质

设 X 是概率空间 $(\Omega, \mathscr{F}, P)$ 上的一个随机变量，其分布函数为 $F(x)$，则 $F(x)$ 具有下列性质：

(1) 单调性：对任意的 $x_1 < x_2$，总有 $F(x_1) \leqslant F(x_2)$；

(2) 有界性：对任意的 x，有 $0 \leqslant F(x) \leqslant 1$，且有
$$F(-\infty) = \lim_{x \to -\infty} F(x) = 0, \quad F(+\infty) = \lim_{x \to +\infty} F(x) = 1; \qquad (2.1.4)$$

(3) 右连续性：对任意的 x，有 $F(x+0) = F(x)$，即 $\lim_{u \to x^+} F(u) = F(x)$.

证明： 单调性和有界性是显然的，下面证明式 (2.1.4) 和右连续性. 任意选择一个单调递增的点列 $\{x_n\}$，使其满足 $n \to +\infty$ 时 $x_n \to +\infty$. 设 $x_n < x_{n+1}$，令 $A_n = $ "$X \leqslant x_n$"，则有

$$A_n \subset A_{n+1}, \ \lim_{n \to +\infty} A_n = \bigcup_{n=1}^{\infty} A_n = \Omega.$$

于是，由概率的下连续性可得

$$\lim_{x \to +\infty} F(x) = \lim_{n \to +\infty} F(x_n) = \lim_{n \to +\infty} P(A_n) = P(\lim_{n \to +\infty} A_n) = P(\Omega) = 1.$$

同样地，可选择一个单减点列 $\{x_n\}$，使其满足 $x_n \to -\infty$. 令 $B_n = $ "$X \leqslant x_n$"，则有

$$B_n \supset B_{n+1}, \quad \lim_{n \to -\infty} B_n = \bigcap_{n=1}^{\infty} B_n = \varnothing.$$

再根据概率的上连续性有

$$\lim_{x \to -\infty} F(x) = \lim_{x \to -\infty} F(x_n) = \lim_{x \to -\infty} P(B_n) = P(\lim_{x \to -\infty} B_n) = P(\varnothing) = 0.$$

对于右连续性，由于 $F(x)$ 是单调有界的非降函数，所以其任一点 x 的右极限 $F(x+0)$ 必存在（左极限也总是存在）. 同样可任意选择一个单调递减的点列 $\{x_n\}$，使得 $n \to \infty$ 时 $x_n \to x$. 现证明 $\lim_{x \to \infty} F(x_n) = F(x)$ 即可. 由概率的可列可加性可知

$$F(x_1) - F(x) = P(x < X \leqslant x_1) = P\left(\bigcup_{i=1}^{\infty} (x_{i+1} < X \leqslant x_i)\right)$$

$$= \sum_{i=1}^{\infty} P(x_{i+1} < X \leqslant x_i) = \sum_{i=1}^{\infty} [F(x_i) - F(x_{i+1})]$$

$$= \lim_{x \to \infty} [F(x_1) - F(x_n)] = F(x_1) - \lim_{x \to \infty} F(x_n),$$

由此可得

$$F(x) = \lim_{x \to \infty} F(x_n) = F(x+0).$$

说明:定理 2.1.1 给出的三条基本性质是分布函数必须具有的性质,容易看出这三条性质对应了概率的三条公理.可以证明:**满足定理 2.1.1 中三条性质的函数必是某随机变量的分布函数**,从而这三条性质成为判断某个函数是否是分布函数的充要条件.

从分布函数的定义可见,任一随机变量 X 都具有分布函数.根据分布函数,可以计算与 X 有关的任意事件的概率.例如,对于任意的实数 a 与 b,有

$$P(X>a) = 1 - F(a), \qquad\qquad P(X \geqslant a) = 1 - F(a-0),$$
$$P(a<X \leqslant b) = F(b) - F(a), \qquad\qquad P(a \leqslant X \leqslant b) = F(b) - F(a-0),$$
$$P(a \leqslant X < b) = F(b-0) - F(a-0), \qquad\qquad P(a<X<b) = F(b-0) - F(a).$$

此外有 $P(X=a) = F(a) - F(a-0)$.如 $F(x)$ 在点 a 连续,则有 $F(a-0) = F(a)$.以上公式在计算中会经常用到.

习 题 2.1

2.1.1 设 X 的可能取值及其概率为 $P(X=1)=p, P(X=0)=1-p, 0<p<1$. 求 X 的分布函数,并作出其图形.

2.1.2 一个袋中装有 5 个球,编号为 $1,2,3,4,5$.从中任取 3 个,以 X 表示取出的 3 个球中的最大号码,随机变量 X 的分布函数.

2.1.3 在区间 $[0,a]$ 中任意投掷一个质点,以 X 表示这个质点的坐标.设质点落在 $[0,a]$ 中任意小区间内的概率与这个小区间的长度成正比,试求 X 的分布函数.

2.1.4 以 X 表示某商店从早晨开始营业起到第一个顾客到达的等待时间(以分计),X 的分布函数是

$$F_X(x) = \begin{cases} 1-e^{-0.4x}, & x>0; \\ 0, & x \leqslant 0. \end{cases}$$

求:(1) $P(X \leqslant 3)$;(2) $P(X \geqslant 4)$;(3) $P(3 \leqslant X \leqslant 4)$;(4) $P(X \leqslant 3$ 或 $X \geqslant 4)$;(5) $P(X=2.5)$.

2.1.5 设随机变量 X 的分布函数为

$$F(x) = \begin{cases} 0, & x<0; \\ 1/4, & 0 \leqslant x<1; \\ 1/3, & 1 \leqslant x<3; \\ 1/2, & 3 \leqslant x<6; \\ 1, & x \geqslant 6. \end{cases}$$

求:(1) $P(X \leqslant 3)$;(2) $P(X<3)$;(3) $P(X>1)$;(4) $P(X \geqslant 1)$.

2.1.6 设随机变量 X 的分布函数为

$$F(x) = \begin{cases} 0, & x<1; \\ \ln x, & 1 \leqslant x<e; \\ 1, & x \geqslant e. \end{cases}$$

求：(1) $P(X<2)$；(2) $P(0<X\leqslant3)$；(3) $P(2<X<2.5)$.

    2.1.7　从 $1,2,3,4,5$ 五个数中任取三个，按大小顺序排列并记为 $x_1<x_2<x_3$，令 $X=x_2$. 试求：(1) X 的分布函数；(2) $P(X<2)$；(3) $P(X>4)$.

    2.1.8　设随机变量 X 的分布函数为

$$F(x)=\begin{cases}0, & x<0；\\ Ax^2, & 0\leqslant x<1；\\ 1, & x\geqslant1.\end{cases}$$

求：(1) 系数 A；(2) X 落在区间 $(0.3,0.7)$ 内的概率；(3) $F(x)$ 的导函数.

2.2　离散型随机变量

2.2.1　分布律

    设 X 是概率空间 $(\Omega,\mathscr{F},P)$ 上的随机变量，前面说过：**如果 X 的可能取值只有有限个或可数无穷多个（至多可数），则称 X 为离散型随机变量.**

> **定义 2.2.1　离散型随机变量的分布律**
>
>   设 X 是一个离散型随机变量，其可能取值为 $x_1,x_2,\cdots$，则称
>
> $$p_i=P(X=x_i)，\quad i=1,2,\cdots \tag{2.2.1}$$
>
> 为 X 的概率分布律，简称分布律.

    离散型随机变量 X 的分布律常用如下二维列表形式来表示：

$$\begin{array}{c|ccc} X & x_1 & x_2 & \cdots \\ \hline p_i & p_1 & p_2 & \cdots \end{array} \qquad \text{或} \qquad \begin{pmatrix} X: & x_1 & x_2 & \cdots \\ p_i: & p_1 & p_2 & \cdots \end{pmatrix}$$

    显然，分布律具有如下性质（也是判断某个数列是否成为分布律的条件）：

(1) **非负性**：$p_i\geqslant0,i=1,2,\cdots$；

(2) **规范性**：$\sum\limits_{i=1}^{\infty}p_i=1$.

    例 2.2.1　袋子中有编号为 $1,2,3,4,5$ 的 5 个外形相同的球. 从中一次取出 3 个，设 X 表示取出的球中的最大号码. 求 X 的分布律和分布函数，并画出分布函数的图像.

    解：易知 X 的分布律为

$$\begin{array}{c|ccc} X & 3 & 4 & 5 \\ \hline p_i & \dfrac{1}{10} & \dfrac{3}{10} & \dfrac{6}{10} \end{array}$$

由此可得其分布函数为

$$F(x) = P(X \leqslant x) = \begin{cases} 0, & x < 3; \\ 0.1, & 3 \leqslant x < 4; \\ 0.4, & 4 \leqslant x < 5; \\ 1, & x \geqslant 5. \end{cases}$$

该分布函数的图形如图 2.2.1 所示。

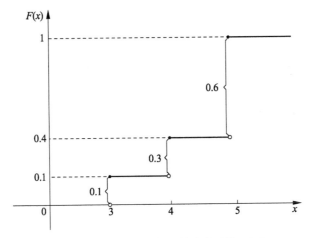

图 2.2.1　例 2.2.1 中 X 的分布函数 $F(x)$

对于离散型随机变量 X，易知其分布函数与分布律之间的关系为

$$F(x) = \sum_{x_i \leqslant x} p_i, \quad \forall x \in \mathbf{R}. \tag{2.2.2}$$

从例 2.2.1 可以看出：当 X 的取值能够**由小到大排序**时，分布函数 $F(x)$ 具有如下性质：

(1) $F(x)$ 是阶梯形函数；

(2) $F(x)$ 在 X 的取值点 x_i 处跳跃，其跳跃的高度恰好等于 X 取值 x_i 的概率；

(3) $F(x)$ 在 X 的取值概率不为 0 的点 x_i 处右连续，在其余点处连续.

2.2.2　常用离散型分布

每一个随机变量都有一个概率分布（或分布函数）与之对应，反之，一个分布也对应着一个随机变量. 今后，我们常把随机变量与其对应的分布等同起来. 不同类型的随机变量有很多，但常用的分布并不多.

对于离散型随机变量，其分布函数与其分布律也是相互唯一决定的. 使用分布律作为工具来研究离散型随机变量，通常比分布函数简单直观. 下面介绍常用的离散型随机变量及其对应的分布律.

1. 两点分布

伯努利试验中，试验的可能结果只有两个. 若随机变量 X 只取两个不同的值 x_1，x_2，且 $P(X = x_1) = p, 0 < p < 1$，即

X	x_1	x_2
p_i	p	$1-p$

则称 X 服从**两点分布**.

伯努利试验中,设事件 A 发生的概率为 p. 通常,我们只关心事件 A 是否发生. 设 X 表示事件 A 发生的次数,则 X 服从两点分布,其分布律为

X	0	1
p_i	$1-p$	p

该分布是最常用的两点分布,称为 **0−1 分布**,记为 $X \sim B(1, p)$.

2. 二项分布

设 X 表示 n 重伯努利概型中事件 A 发生的次数,则 X 的分布律为

$$P(X=k) = C_n^k p^k (1-p)^{n-k}, k=0,1,\cdots,n. \tag{2.2.3}$$

该分布称为**二项分布**,记为 $X \sim B(n, p)$.

容易验证:

$$\sum_{k=0}^{n} C_n^k p^k (1-p)^{n-k} = [p + (1-p)]^n = 1.$$

由此可见,二项分布中"$X=k$"的概率恰好是二项式 $[p+(1+p)]^n$ 的展开式中的第 $k+1$ 项,这正是其名称的由来.

显然,当 $n=1$ 时,二项分布就退化为 $0-1$ 分布. 设 X_i 表示 n 重伯努利概型的第 i 个试验中事件 A 发生的次数,X 表示 n 重伯努利概型事件 A 发生的总次数,则 $X_i \sim B(1, p)$,$i=1,2,\cdots,n$,且有

$$X = X_1 + X_2 + \cdots + X_n \sim B(n, p). \tag{2.2.4}$$

即二项分布是 n 个独立同分布的 $0-1$ 分布之和. 这个结论在今后非常有用.

下面,我们来研究二项分布的概率分布规律. 图 2.2.2 给出了不同参数下二项分布的概率图,从中可见:$P(X=k)$ 随着 k 的增大先增大后减小;当 $p=0.5$ 时,分布对称;当 $p \neq 0.5$ 时,分布不对称. 在第 5.3 节的中心极限定理中,我们将会证明:无论 p 是多少,随着 n 的增大,二项分布的概率图都会趋于对称.

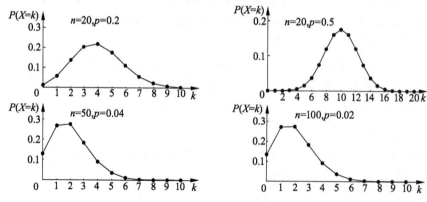

图 2.2.2 二项分布概率图

在二项分布中,有时我们会对概率最大的项感兴趣.设 $X \sim B(n, p)$,若 k 满足

$$P(X=k) \geqslant P(X=i), \ i=1, \cdots, n,$$

则称 k 为该二项分布中**最可能出现的次数**.容易得知此时的 k 满足

$$(n+1)p-1 \leqslant k \leqslant (n+1)p. \tag{2.2.5}$$

例 2.2.2　两位棋手约定进行 10 局比赛,以赢的局数多者为胜.设在每局中甲赢的概率为 0.6,且各局比赛独立进行.问甲最可能赢的局数是多少,甲最终获胜的概率又是多少?

解:设 X 表示甲赢的局数,则根据题意可知 $X \sim B(10, 0.6)$.所以甲最可能赢的局数 k 满足

$$(n+1)p-1 \leqslant k \leqslant (n+1)p,$$

即

$$(10+1) \times 0.6 - 1 \leqslant k \leqslant (10+1) \times 0.6,$$

$$k = 6.$$

甲最终获胜的概率为

$$p = P(X \geqslant 6) = \sum_{k=6}^{10} C_{10}^k 0.6^k 0.4^{10-k} = 0.6330.$$

其中

$$P(X=6) = C_{10}^6 \cdot 0.6^6 \cdot 0.4^4 = 0.2508.$$

例 2.2.3　某种疾病的自然痊愈率为 0.3.某医药公司为检验某种新药是否有效,事先制定了一个决策规则:把新药给 10 个病人服用,如果这 10 个人中至少有 6 个人痊愈,则认为新药有效;反之,则认为新药无效.求:

(1) 新药本身有效,并且把痊愈率提高到 0.6,但通过试验却被否定的概率;

(2) 新药完全无效,但通过试验却被判为有效的概率.

解:依据题意,可设 $X \sim B(10, p)$,其中 X 表示试验中服药之后病愈的人数.

(1) 新药是有效的,说明此时 $p=0.6$.但试验否定了新药的疗效,说明试验中病愈的人数不足 6 人.所以有

$$P(X \leqslant 5) = \sum_{k=0}^{5} C_{10}^k 0.6^k (1-0.6)^{10-k} \approx 0.446.$$

(2) 新药是无效的,说明此时 $p=0.3$.但试验认为新药有效,说明试验中至少有 6 人病愈了.所以有

$$P(X \geqslant 6) = \sum_{k=6}^{10} C_{10}^k 0.3^k (1-0.3)^{10-k} \approx 0.084.$$

例 2.2.4　在 100 万人口规模的城市,假设每天市区里有 1 万辆各类车在行驶,发生各类车祸的概率为万分之一.问每天至少发生两起车祸的概率是多少?

解:设 X 表示该城市每天发生的各类车祸数量,则根据题意可知 $X \sim B(10000, 0.0001)$.故所求概率为

$$P(X \geqslant 2) = 1 - P(X=0) - P(X=1)$$

$$= 1 - 0.9999^{10000} - C_{10000}^1 \cdot 0.0001 \cdot 0.9999^{9999}.$$

3. 泊松分布

若随机变量 X 的分布律为

$$P(X=k)=\frac{\lambda^k}{k!}\mathrm{e}^{-\lambda}, \ k=0,1,2,\cdots. \tag{2.2.6}$$

则称 X 服从参数为 λ 的**泊松分布**，记为 $\boldsymbol{X \sim Pos(\lambda)}$，其中参数 $\lambda > 0$.

容易验证：$\displaystyle\sum_{k=0}^{\infty}\frac{\lambda^k}{k!}\mathrm{e}^{-\lambda} = \mathrm{e}^{-\lambda}\sum_{k=0}^{\infty}\frac{\lambda^k}{k!} = \mathrm{e}^{-\lambda}\mathrm{e}^{\lambda} = 1.$

泊松分布是 1837 年由法国数学家 Poisson 首次提出的，最初用来作为二项分布的近似，后来人们发现此分布有广泛的应用. 泊松变量常与单位时间（或单位面积、单位产品等）上的计数过程相联系，例如手机每天接到的电话呼叫次数、某海域每月发生的浪高超过 2 米的海浪次数、玻璃表面上每平方米内的气泡数，都服从泊松分布. 因此，在物理、生物、医学和社会管理等领域中，泊松分布都是常见的. 20 世纪初，Rutherford 和 Geiger 两位科学家在观察与分析放射性物质放出的粒子个数时，做了 2608 次观察（每次时间间隔为 7.5 秒）发现，放射性物质在规定的一段时间内，其放射的粒子数服从泊松分布.

例 2.2.5 某商店每月销售某种商品的数量服从参数为 5 的泊松分布. 问在月初最少进货多少件此种商品，才能保证当月不脱销的概率不小于 0.95.

解：已知 $X \sim Pos(5)$，设月初进货 a 件，则 a 需满足 $P(X \leqslant a) \geqslant 0.95$，即

$$P(X \leqslant a) = \sum_{k=0}^{a}\frac{5^k}{k!}\mathrm{e}^{-5} \geqslant 0.95.$$

查表（附表 I.2）可得 $a=9$.

下面介绍 Poisson 定理，应用该定理可以对二项分布的概率进行近似计算，从而解决类似例 2.2.4 中那样的计算问题.

> **定理 2.2.1 Poisson 定理**
>
> 在 n 重伯努利概型中，事件 A 在一次试验中发生的概率为 p_n（与试验次数 n 相关）. 如果当 $n \to \infty$ 时，有 $np \to \lambda$，则
>
> $$\lim_{n \to \infty}\mathrm{C}_n^k p_n^k(1-p_n)^{n-k} = \frac{\lambda^k}{k!}\mathrm{e}^{-\lambda}. \tag{2.2.7}$$

证明：记 $np_n=\lambda$，则 $p_n=\lambda/n$. 对于任意固定的非负整数 k，易知

$$\begin{aligned}
\mathrm{C}_n^k p_n^k(1-p_n)^{n-k} &= \frac{n(n-1)\cdots(n-k+1)}{k!}\left(\frac{\lambda}{n}\right)^k\left(1-\frac{\lambda}{n}\right)^{n-k} \\
&= \frac{\lambda^k}{k!}\left(1-\frac{1}{n}\right)\left(1-\frac{2}{n}\right)\cdots\left(1-\frac{k-1}{n}\right)\left(1-\frac{\lambda}{n}\right)^{\left(-\frac{n}{\lambda}\right)(-\lambda)-k} \\
&\to \frac{\lambda^k}{k!}\mathrm{e}^{-\lambda} \ (n \to \infty).
\end{aligned}$$

根据 Poisson 定理，在对二项分布 $B(n,p)$ 的概率进行计算时，如果 n 较大，p 较小，而 $np=\lambda$ 的大小适中（一般认为当 $0 \leqslant \lambda \leqslant 10$ 时效果较好），则可以用对应参数的泊松分布的概率作近似（见图 2.2.3），即

$$C_n^k p^k (1-p)^{n-k} \approx \frac{(np)^k}{k!} e^{-np}, \ k=0,1,\cdots,n. \qquad (2.2.8)$$

在例 2.2.4 中,由于 $\lambda=np=10000\times0.0001=1$,根据泊松定理可得

$$P(X \geqslant 2) \approx 1 - \frac{1^0}{0!}e^{-1} - \frac{1^1}{1!}e^{-1} = 1 - 2e^{-1} \approx 0.264.$$

关于泊松分布概率的计算,本书附表 I.2 可以查到其中的一部分.

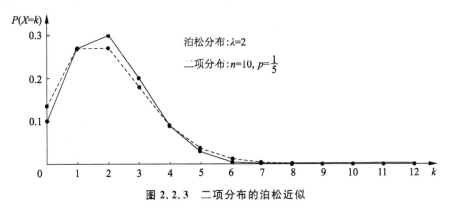

图 2.2.3 二项分布的泊松近似

4. 几何分布

伯努利试验中事件 A 发生的概率为 p. 在相继独立进行的伯努利试验中,X 表示事件 A **首次发生**时所进行的试验次数(也可理解为试验首次成功的等待时间),则 X 的可能取值及其概率为

$$P(X=k) = (1-p)^{k-1}p, \ k=1,2,\cdots. \qquad (2.2.9)$$

该分布称为几何分布,记为 $X \sim Ge(p)$.

容易验证:

$$\sum_{k=1}^{\infty} (1-p)^{k-1}p = p \sum_{k=1}^{\infty} (1-p)^{k-1} = p \frac{1}{1-(1-p)} = 1.$$

注意到上式中的级数为几何级数,这也是几何分布名称的由来.

例 2.2.6 某篮球运动员的定点投篮命中率为 $p(0<p<1)$,假设他投篮 m 次都没有命中,问他再投篮 k 次才首次命中的概率是多少?

解:设 X 表示该运动员首次命中时的投篮次数,则 $X \sim Ge(p)$. 根据题意,所求概率为

$$P(X=m+k \mid X>m) = \frac{P(X=m+k, X>m)}{P(X>m)}$$

$$= \frac{P(X=m+k)}{P(X>m)} = \frac{(1-p)^{m+k-1}p}{\sum\limits_{i=m+1}^{\infty}(1-p)^{i-1}p}$$

$$= \frac{(1-p)^{m+k-1}p}{(1-p)^{m+1-1}p/[1-(1-p)]} = \frac{(1-p)^{m+k-1}p}{(1-p)^m}$$

$$= (1-p)^{k-1}p = P(X=k).$$

其中 $P(X=m+k, X>m)$ 表示两个事件的交事件的概率.

例 2.2.6 的结论说明：几何分布中，已知在前 m 次试验都没有成功的条件下，从 $m+1$ 次试验开始重新计数，那么（新的）首次成功的实验次数（或等待时间）仍然服从几何分布，而与前面已经失败的次数无关. 形象地说，好像忘记了前 m 次的试验经历. 这个性质称为几何分布的**无记忆性**，即若 $X \sim Ge(p)$，则有

$$P(X=m+k \mid X>m) = P(X=k), \quad k=1,2,\cdots; m=1,2,\cdots. \tag{2.2.10}$$

下面的定理表明：在离散型随机变量中，只有几何分布才具有无记忆性.

> **定理 2.2.2　几何分布的无记忆性**
>
> 设 X 是只取正整数值的随机变量，且对任意的正整数 k，均有
> $$P(X=k+1 \mid X>k) = p, \quad k=1,2,\cdots,$$
> 其中 $0<p<1$ 是与 k 无关的常数，则 X 服从几何分布 $Ge(p)$.

证明：记 $a_k = P(X=k), k=1,2,\cdots; b_k = P(X>k), k=0,1,2,\cdots$. 因为 X 只取正整数值，所以 $b_0=1$，且有

$$a_{k+1} = P(X=k+1) = P(X>k) - P(X>k+1) = b_k - b_{k+1}.$$

于是，对任意的正整数 k，由已知条件可得

$$p = P(X=k+1 \mid X>k) = \frac{P(X=k+1)}{P(X>k)} = \frac{b_k - b_{k+1}}{b_k} = 1 - \frac{b_{k+1}}{b_k}.$$

即 $\dfrac{b_{k+1}}{b_k} = 1-p \triangleq q$. 由此可知：数列 $\{b_k\}$ 是首项 $b_0=1$、公比为 q 的等比数列，所以有

$$b_k = b_0 q^k = q^k.$$

从而可得

$$a_k = b_{k-1} - b_k = q^{k-1} - q^k = q^{k-1}(1-q) = (1-p)^{k-1} p.$$

此即几何分布的分布律.

5. 负二项分布

伯努利试验中事件 A 发生的概率为 p. 在相继独立进行的伯努利试验中，X 表示事件 A 第 r 次发生时所进行的试验次数（或试验第 r 次成功的等待时间），则 X 的可能取值及其概率为

$$P(X=k) = C_{k-1}^{r-1}(1-p)^{k-r}p^r, \quad k=r, r+1, r+2, \cdots. \tag{2.2.11}$$

该分布称为**负二项分布**，也称为**帕斯卡分布**，记为：$\boldsymbol{X \sim NB(r, p)}$.

记 $q=1-p$，由附录 Ⅱ 中的公式（Ⅱ.3.8）和牛顿二项式公式（Ⅱ.3.7）可得

$$\sum_{k=r}^{\infty} C_{k-1}^{r-1} q^{k-r} p^r = p^r \sum_{l=0}^{\infty} C_{r+l-1}^{r-1} q^l = p^r \sum_{l=0}^{\infty} C_{r+l-1}^{l} q^l$$

$$= p^r \sum_{l=0}^{\infty} C_{-r}^{l}(-q)^l = p^r(-q+1)^{-r} = p^r p^{-r} = 1.$$

计算中使用的牛顿二项式公式为 $(q+1)^{-n} = \sum\limits_{k=0}^{\infty} C_{-n}^{k} q^k$，此即负二项分布名称的由来.

例 2.2.7（巴拿赫火柴盒问题）　波兰数学家 Banach 随身带着两盒火柴，每一盒都有 n 根火柴，任何时候他需要一根时，便随机地取一盒，并从中抽一根. 试求他将其中一

盒火柴用完,而另一盒中还剩下 r 根火柴的概率.

解:不妨把这两盒火柴取名为左、右火柴,先计算当发现左火柴盒用完而右火柴盒还剩下 r 根火柴的概率.设事件 A 表示从左火柴盒取火柴,则 $P(A)=\dfrac{1}{2}$.当 A 第 $n+1$ 次发生时,数学家才发现左火柴盒是空的,而此时右火柴盒已经取出了 $n-r$ 根火柴.所以总共取了 $(n+1)+(n-r)=2n-r+1$ 次,而 A 发生了 $n+1$ 次,且最后一次是 A 发生.于是,由帕斯卡分布可得

$$p = P(X=2n-r+1)$$
$$= C_{(n+1)+(n-r)-1}^{(n+1)-1} \left(\frac{1}{2}\right)^{2n-r+1-(n-r)} \left(\frac{1}{2}\right)^{n-r}$$
$$= C_{2n-r}^{n} \left(\frac{1}{2}\right)^{2n-r+1}.$$

再由对称性(可以是用完右火柴盒时左火柴盒还剩 r 根)可知,所求概率为

$$2p = 2C_{2n-r}^{n} \left(\frac{1}{2}\right)^{2n-r+1} = C_{2n-r}^{n} \left(\frac{1}{2}\right)^{2n-r}.$$

例 2.2.8(分赌注问题)　甲、乙两赌徒按某种方式下注赌博,规定先胜 t 局者将赢得全部赌注.但进行到甲胜 r 局、乙胜 s 局($r<t,s<t$)时,因故不得不中止.试问如何分配这些赌注才公平合理?

解:有人建议根据已胜局数作比例分配赌注,即以 $r:s$ 来分配.但这种分法只考虑了已经结束的赌局,而没有考虑到剩下的赌局,即最终获胜的情况,因此是不完善的.

记 $n=t-r,m=t-s$,则 n 和 m 分别表示甲和乙最终获胜还需要再取胜的赌局数.设甲在每局中取胜的概率为 p,则乙在每局中取胜的概率为 $q=1-p$.再设甲和乙最终获胜的概率分别为 p_1 和 p_2,则赌注按照 $p_1:p_2$ 来分配是合理的.由于 $p_2=1-p_1$,所以只需计算 p_1 即可.

(1)甲最终获胜当且仅当甲再胜 n 局时乙取胜的局数 $k<m$,即甲的第 n 局取胜发生在第 $n+k$ 局,且 $k=0,1,\cdots,m-1$.于是由帕斯卡分布可知

$$p_1 = \sum_{k=0}^{m-1} C_{n+k-1}^{n-1} p^n q^k. \tag{2.2.12}$$

(2)甲满足下列条件也可最终获胜:乙取得第 m 局胜利时甲取胜的局数 $k \geq m$,即乙的第 m 局取胜发生在第 $m+k$ 局,且 $k=n,n+1,\cdots$.同理,由帕斯卡分布可知

$$p_1 = \sum_{k=n}^{\infty} C_{m+k-1}^{m-1} p^k q^m. \tag{2.2.13}$$

(3)显然,再赌 $n+m-1$ 局一定可以分出胜负.因此,甲最终获胜只需且必须在后继的 $n+m-1$ 局中至少再取胜 n 局.这样,利用二项分布可知

$$p_1 = \sum_{k=n}^{n+m-1} C_{n+m-1}^{k} p^k q^{n+m-1-k}. \tag{2.2.14}$$

可以证明:上述三个答案是相等的.

著名的分赌注问题催生了概率论这一数学分支学科的诞生.该问题最初由法国贵族 De Mere 向数学家 Pascal(1623—1662)提出,Pascal 与 Fermat(1601—1665)通信进

行讨论,后又引起 Huygens(1629—1695)的兴趣,才由他们三人分别给出正确答案. Pascal 和 Fermat 在解题中归结为取胜的概率(例 2.2.8),而 Huygens 则引入了数学期望的概念(例 4.1.1).

与二项分布和 0—1 分布的关系类似,负二项分布与几何分布之间也有这样的关系. 在相继独立进行的伯努利试验中,设 X_i 表示第 $i-1$ 次试验成功之后到第 i 次试验成功为止所进行的试验次数,$i=1,2,\cdots,r$. 由几何分布的无记忆性可知,所有的 X_i 均服从几何分布,且相互独立. 令

$$X = X_1 + X_2 + \cdots + X_r,$$

则 X 表示第 r 次试验成功时所进行的试验总次数,即 X 服从负二项分布. 显然,当 $r=1$ 时,负二项分布就退化为几何分布.

其次,负二项分布与二项分布之间有如下关系. 设 $X_1,X_2,\cdots$ 独立同分布,皆服从几何分布 $Ge(p)$. 设 $S_k = \sum_{i=1}^{k} X_i$,则 $S_k \sim NB(k,p)$,$k=1,2,\cdots$. 那么,对于任意固定的正整数 n,如果 Y 表示在前 n 次试验中试验成功的次数,则有 $Y \sim N(n,p)$,且有

$$\{Y=k\} = \{S_k \leqslant n, S_{k+1} > n\}.$$

最后,由于负二项分布中试验成功的次数 r 是确定的,变化的只是第 r 次成功之前试验失败的次数,因此可以给出一个等价定义.

负二项分布的等价定义:在相继独立进行的伯努利试验中,事件 A 在每次试验中发生的概率为 p,其发生称为试验成功. Y 表示试验第 r 次成功时所经历的失败次数,则 Y 的可能取值及其概率为

$$P(Y=k) = C_{k+r-1}^{r-1}(1-p)^k p^r, \quad k=0,1,2,\cdots. \tag{2.2.15}$$

称该分布同样服从负二项分布或帕斯卡分布. 在不引起混淆时还是记为 $Y \sim NB(r,p)$.

在上述定义中,令 $r=1$,也可得到几何分布的等价定义.

比较式(2.2.11)与式(2.2.15),显然有 $P(Y=k) = P(X=k+r)$.

最后,我们提一下简单但也经常涉及的单点分布(退化分布)X、等可能分布(古典概型)Y 和超几何分布 Z. 它们的分布律分别如下:

X	c		Y	x_1	$\cdots$	x_n
p_i	1		p_i	$\dfrac{1}{n}$	$\cdots$	$\dfrac{1}{n}$

$$P(Z=k) = \frac{C_M^k C_{N-M}^{n-k}}{C_N^n}, \quad k=0,1,\cdots,n; n<M, n<N-M. \tag{2.2.16}$$

需要说明的是,单点分布是指随机变量 X 取常数 c 的概率为 1,并不意味着不能取其他值,只是取其他值的概率为 0. 超几何分布是描述不放回抽样的概率模型(例 1.2.9),因此在社会调查中应用非常广泛. 当 N 很大时,超几何分布近似于二项分布. 由于二项分布描述的是放回抽样的概率模型,可以看成是独立实验的合成,在应用中容易处理. 因此,在 N 相对于 n 较大时,常用二项分布来近似超几何分布. 但当 N 比较小时,这种差异是比较明显的.

习　题　2.2

2.2.1　(1) 一个袋中装有 5 个球,编号为 1,2,3,4,5. 从中任取 3 个,以 X 表示取出的 3 个球中的最大号码,写出随机变量 X 的分布律.

(2) 将一颗骰子抛掷两次,以 X 表示两次中得到的小的点数,试求 X 的分布律.

2.2.2　设在 15 只同类型的零件中有 2 只是次品,在其中取 3 次,每次任取 1 只,做不放回抽样,以 X 表示取出次品的只数.

(1) 求 X 的分布律;

(2) 画出分布律的图形.

2.2.3　一房间有 3 扇同样大小的窗子,其中只有一扇是打开的. 有一只鸟自开着的窗子飞入了房间,它只能从开着的窗子飞出去. 鸟在房间里飞来飞去,试图飞出房间. 假定鸟是没有记忆的,鸟飞向各扇窗子是随机的.

(1) 以 X 表示鸟为了飞出房间试飞的次数,求 X 的分布律.

(2) 户主声称:他养的一只鸟是有记忆的,它飞向任一窗子的尝试不多于一次. 以 Y 表示这只聪明的鸟为了飞出房间试飞的次数,如户主所说是真实的,求 Y 的分布律.

(3) 求试飞次数 X 小于 Y 的概率和试飞次数 Y 小于 X 的概率.

2.2.4　一栋大楼装有 5 台同类型的供水设备. 调查表明在任一时刻 t 每台设备被使用的概率为 0.1,问在同一时刻:

(1) 恰有 2 台设备被使用的概率是多少?

(2) 至少有 3 台设备被使用的概率是多少?

(3) 至多有 3 台设备被使用的概率是多少?

(4) 至少有 1 台设备被使用的概率是多少?

2.2.5　设事件 A 在每次试验中发生的概率为 0.3,当 A 发生不少于 3 次时,指示灯发出信号.

(1) 进行了 5 次重复独立试验,求指示灯发出信号的概率;

(2) 进行了 7 次重复独立实验,求指示灯发出信号的概率.

2.2.6　甲、乙两人投篮,投中的概率分别为 0.6,0.7. 今各投 3 次. 求:

(1) 两人投中次数相等的概率;

(2) 甲比乙投中次数多的概率.

2.2.7　有一大批产品,其验收方案如下. 先做第一次检验:从中任取 10 件,经检验无次品则接受这批产品,次品数大于 2 则拒收;否则做第二次检验,其做法是从中再任取 5 件,仅当 5 件中无次品时接受这批产品. 若产品的次品率为 10%,求:

(1) 这批产品经第一次检验接受的概率;

(2) 需做第二次检验的概率;

(3) 这批产品按第二次检验的标准被接受的概率;

（4）这批产品在第一次未能决定是否被接受且第二次检验时被通过的概率；

（5）这批产品被接受的概率.

2.2.8 有甲、乙两种味道和颜色都极为相似的名酒各 4 杯.如果从中挑 4 杯,能将甲种酒全部挑出来,则算是试验成功一次.

（1）某人随机地去猜,问他试验成功一次的概率是多少？

（2）某人声称他能通过品尝区分两种酒.他连续试验 10 次,成功 3 次.试推断他是猜对的,还是他确实有区分的能力（设各次试验是相互独立的）.

2.2.9 一电话总机每分钟收到呼唤的次数服从参数为 4 的泊松分布.求：

（1）某一分钟恰有 8 次呼唤的概率；

（2）某一分钟的呼唤次数大于 3 的概率.

2.2.10 某公安局在长度为 t 的时间间隔内收到的紧急呼救的次数 X 服从参数为 $\frac{1}{2}t$ 的泊松分布,而与时间间隔的起点无关（时间以小时计）.

（1）求某一天中午 12 时至下午 3 时没有收到紧急呼救的概率；

（2）求某一天中午 12 时至下午 5 时至少收到 1 次紧急呼救的概率.

2.2.11 进行重复独立实验,设每次试验成功的概率为 p,失败的概率为 $q=1-p$ $(0<p<1)$.

（1）将试验进行到出现一次成功为止,以 X 表示所需的试验次数,求 X 的分布律（此时称 X 服从以 p 为参数的几何分布）.

（2）将试验进行到出现 r 次成功为止,以 Y 表示所需的试验次数,求 Y 的分布律（此时称 Y 服从以 r,p 为参数的帕斯卡分布或负二项分布）.

（3）一篮球运动员的投篮命中率为 45%,以 X 表示他首次投中时累计已投篮的次数,写出 X 的分布律,并计算 X 取偶数的概率.

2.3 连续型随机变量

2.3.1 密度函数

在定义 2.1.2 中,我们指出：连续型随机变量的一切可能取值连续地充满某个或某些区间.这个定义虽然直观但不够严格.由于在区间内有无穷不可列的实数,因此也不能使用分布律来描述连续型随机变量的取值及其概率规律.况且,我们在例 2.1.4 中曾经指出过,对于连续型随机变量来说,取任何确定值的概率始终等于 0.因此,使用分布律来描述也没有意义.

回到例 2.1.4 中,我们已经求出了 X 的分布函数为

$$F(x)=P(X\leqslant x)=\begin{cases} 0, & x<0; \\ \dfrac{x^2}{4}, & 0\leqslant x\leqslant 2; \\ 1, & x>2. \end{cases}$$

显然，$F(x)$ 是一个连续函数. 对 $F(x)$ 求导函数得

$$f(x) = F'(x) = \begin{cases} \dfrac{x}{2}, & 0 \leqslant x \leqslant 2; \\ 0, & \text{其他}. \end{cases}$$

易知 $f(x)$ 可积，且有 $F(x) = \displaystyle\int_{-\infty}^{x} f(t)\mathrm{d}t$. 这说明 $F(x)$ 还是一个**绝对连续函数**，即存在一个可积函数 $f(x)$，使得 $F(x)$ 恰好是 $f(x)$ 的变上限函数[①]. 这是连续型随机变量的本质特征，于是我们可以给出其严格定义.

> **定义 2.3.1　连续型随机变量及其概率密度函数**
>
> 设随机变量 X 的分布函数为 $F(x)$，如果存在一个可积函数 $f(x)$，使得对任意的 $x \in \mathbf{R}$，都有
>
> $$F(x) = \int_{-\infty}^{x} f(t)\mathrm{d}t, \tag{2.3.1}$$
>
> 则称 X 为连续型随机变量. 其中，$f(x)$ 称为 X 的概率密度函数，简称概率密度或密度函数.

首先说明，密度函数 $f(x)$ 在整个实直线 $\mathbf{R}$ 上都是有定义的，但不一定连续. 其次，根据分布函数的性质，易知密度函数 $f(x)$ 具有如下性质（也是判断某个函数能否成为概率密度的条件）：

(1) **非负性**：$\forall x \in \mathbf{R}, f(x) \geqslant 0$.

(2) **规范性**：

$$\int_{-\infty}^{+\infty} f(x)\mathrm{d}x = 1. \tag{2.3.2}$$

此外，由式(2.3.1)易知：

(3) 在 $f(x)$ 的连续点处，有 $f(x) = F'(x)$.

(4) 随机变量 X 落在任意两点 a 与 $b(a, b \in \mathbf{R})$ 之间的概率为

$$P(a < X \leqslant b) = \int_{a}^{b} f(x)\mathrm{d}x. \tag{2.3.3}$$

进一步，可以证明：对任意的 Borel 点集 $B \in \mathcal{B}$，有 $P(X \in B) = \displaystyle\int_{B} f(x)\mathrm{d}x$.

对于任意的实数 a 和 $h > 0$，易知

$$P(X = a) = \lim_{h \to 0} P(a - h < x \leqslant a) = \lim_{h \to 0} \int_{a-h}^{a} f(x)\mathrm{d}x = 0.$$

即**连续型随机变量 X 取任意单点值 a 的概率始终等于 0.** 因此，在式(2.3.3)的左侧 X 所落的区间，其开闭就无所谓了. 不但如此，只要 Borel 集 $\mathcal{B}$ 至多包含可数多个点，其上的概率都是等于 0 的. 这与离散型随机变量截然不同，因为离散型场合计算概率需要"点点计较".

根据上述结果，对于连续型随机变量 X 的密度函数 $f(x)$ 来说，**在若干个点**（至多

---

① 绝对连续函数的定义请参阅《测度论》的相关内容.

可数,当然可以包含所有的不连续点)**上任意赋值是不影响求概率的**.从这个角度来说,一个连续型随机变量所对应的密度函数可以不唯一.但由于允许密度函数值不相等的点至多可数个,因而其概率之和为 0,故这些密度函数是"**几乎处处相等**"的.概率论中会经常用到"几乎处处"一词,今后凡是提到"几乎处处",都意即"以概率 1 成立".这就是概率论与微积分的不同之处,也是概率论的魅力所在.

此外,上述结果还表明:一个事件的概率等于 0,并不意味着该事件就一定是不可能事件;同样地,一个事件的概率如果等于 1,这个事件也不一定就是必然事件.

说明:**概率密度函数不是概率**.但在 $f(x)$ 的连续点处,有

$$f(x)\Delta x \approx \int_x^{x+\Delta x} f(t)\mathrm{d}t = P(x \leqslant X \leqslant x+\Delta x).$$

因此,密度函数 $f(x)$ 在点 x 处的大小近似反映了随机变量 X 在点 x 的邻近处取值的概率.此外,如果把

$$\frac{P(x \leqslant X \leqslant x+\Delta x)}{\Delta x}$$

看成是 X 落在区间 $[x,x+\Delta x]$ 上的平均概率,对其求极限则有

$$\lim_{\Delta x \to 0} \frac{P(x \leqslant X \leqslant x+\Delta x)}{\Delta x} = \lim_{\Delta x \to 0} \frac{F(x+\Delta x)-F(x)}{\Delta x} = F'(x) = f(x).$$

这与物理学中线密度的概念是一致的,称 $f(x)$ 为概率密度即源于此.那么,X 在 $f(x)$ 的连续点处取值的概率就相当于微分量 $\mathrm{d}F(x)=f(x)\mathrm{d}x$.这一点在连续型随机变量的数学期望的定义中非常有用.

例 2.3.1 设随机变量 X 的密度函数为

$$f(x)=\begin{cases} kx, & 0 \leqslant x < 1; \\ 2-x, & 1 \leqslant x \leqslant 2; \\ 0, & 其他. \end{cases}$$

求:(1) 常数 k 的值;(2) 分布函数 $F(x)$.

解:(1) 由式(2.3.2)知

$$\int_{-\infty}^{+\infty} f(x)\mathrm{d}x = \int_0^1 kx\,\mathrm{d}x + \int_1^2 (2-x)\mathrm{d}x = 1,$$

由此可得 $k=1$,即密度函数

$$f(x)=\begin{cases} x, & 0 \leqslant x < 1; \\ 2-x, & 1 \leqslant x \leqslant 2; \\ 0, & 其他. \end{cases}$$

其图形如图 2.3.1 所示,所对应的分布常称为**三角分布**.

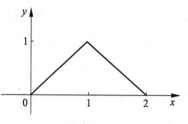

图 2.3.1 三角分布的密度函数图像

(2) 显然,当 $x<0$ 时,$F(x)=0$;当 $x>2$ 时,$F(x)=1$.

当 $0 \leqslant x < 1$ 时,

$$F(x) = \int_{-\infty}^x f(t)\mathrm{d}t = \int_0^x t\,\mathrm{d}t = \frac{1}{2}x^2.$$

当 $1 \leqslant x \leqslant 2$ 时,

$$F(x) = \int_{-\infty}^{x} f(t)\mathrm{d}t = \int_0^1 t\mathrm{d}t + \int_1^x (2-t)\mathrm{d}t = -\frac{1}{2}x^2 + 2x - 1.$$

于是可得

$$F(x) = \begin{cases} 0, & x < 0 \\ \dfrac{1}{2}x^2, & 0 \leqslant x < 1, \\ -\dfrac{1}{2}x^2 + 2x - 1, & 1 \leqslant x \leqslant 2, \\ 1, & x > 2. \end{cases}$$

利用密度函数求分布函数的关键是:分布函数是一种"累积"概率,因此在计算时要注意积分限的确定和积分区间的累加.

例 2.3.2　已知随机变量 X 的分布函数为

$$F(x) = \frac{1}{\pi}\left(\arctan x + \frac{\pi}{2}\right), \quad -\infty < x < +\infty.$$

求其密度函数.

解:根据密度函数与分布函数的关系易得

$$f(x) = F'(x) = \frac{1}{\pi}(\arctan x)' = \frac{1}{\pi(1+x^2)}, \quad -\infty < x < +\infty.$$

该密度函数对应的分布称为柯西分布.柯西分布的特别之处在于其数学期望不存在(参阅例 4.1.3).

2.3.2　常用连续型分布

1. 均匀分布

若随机变量 X 只在区间 $[a,b]$ 上取值(a,b 均为有限数),且其密度函数为

$$f(x) = \begin{cases} \dfrac{1}{b-a}, & a \leqslant x \leqslant b; \\ 0, & 其他. \end{cases} \tag{2.3.4}$$

则称 X 服从区间 $[a,b]$ 上的**均匀分布**,记为 $\boldsymbol{X \sim U(a,b)}$.

由式(2.3.4)易知均匀分布 X 的分布函数为

$$F(x) = \begin{cases} 0, & x < a; \\ \dfrac{x-a}{b-a}, & a \leqslant x \leqslant b; \\ 1, & x > b. \end{cases} \tag{2.3.5}$$

均匀分布密度函数与分布函数图像如图 2.3.2 所示.

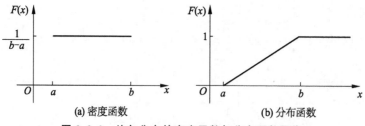

图 2.3.2　均匀分布的密度函数与分布函数图像

如果在区间 $[a,b]$ 上任取一点，X 表示该点的横坐标，则由几何概型的知识可知，X 落入 $[a,b]$ 任一子区间的概率只与子区间的长度成正比，而与起点无关。那么，易知 $X \sim U(a,b)$。这正是均匀分布的数学背景，即均匀分布描述的是几何概型在一维的情形。从"均匀"可知，X 落入 $[a,b]$ 内任意两个等长的子区间的概率是相等的，这是几何概型中"等可能性"的严格描述。

均匀分布在实际问题中经常遇到。比如某线路地铁每隔 5 分钟发一次车，一个人去乘地铁，则其等待的时间服从 $[0,5]$ 上的均匀分布。又如在数值计算中，由于计算机的字长是有限的，需要对数字进行四舍五入处理；假设根据计算机字长只能对数字保留到小数点后 n 位，则其舍入误差就服从 $[-0.5 \times 10^{-n}, 0.5 \times 10^{-n})$ 上的均匀分布。

区间 $(0,1)$ 上的均匀分布在随机模拟中具有特别重要的地位。通常，计算机系统都能够或只能够产生 $(0,1)$ 上均匀分布的随机数，但随机模拟需要生成大量的服从某分布的(伪)随机数。在下一节，我们将会看到，任意分布的随机数都可以通过 $(0,1)$ 上均匀分布的随机数来生成。

2．正态分布

若随机变量 X 的密度函数为

$$f(x) = \frac{1}{\sqrt{2\pi}\sigma} \exp\left\{-\frac{(x-\mu)^2}{2\sigma^2}\right\}, \quad -\infty < x < +\infty, \tag{2.3.6}$$

则称 X 服从**正态分布**，记为 $\boldsymbol{X \sim N(\mu, \sigma^2)}$，其中参数 $-\infty < x < +\infty, \sigma > 0$。常简称 X 为正态变量。

易知正态分布的密度函数 $f(x)$ 的原函数不是初等函数，所以正态变量的分布函数只能表示如下：

$$F(x) = \frac{1}{\sqrt{2\pi}\sigma} \int_{-\infty}^{x} \exp\left\{-\frac{(t-\mu)^2}{2\sigma^2}\right\} \mathrm{d}t, x \in \mathbf{R}. \tag{2.3.7}$$

正态分布的密度函数和分布函数图像如图 2.3.3 所示。

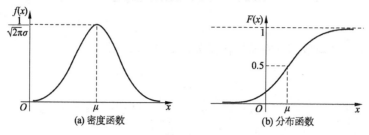

图 2.3.3　正态分布的密度函数与分布函数图像

　　正态分布(Normal distribution)，又名高斯分布(Gaussian distribution)，最早由 A. De Moivre(1667—1754)在求二项分布的渐近公式中得到，C. F. Fauss(1777—1855)在研究测量误差时从另一个角度导出正态分布，P. S. Laplace(1749—1827)和 Grauss 研究了正态分布的性质。正态分布是一个在数学、物理及工程等领域都非常重要的概率分布，在统计学的许多方面有着重大的影响力。

　　正态变量所对应的密度函数的图像常简称正态曲线，中间高、两头低、左右对称。因其曲线呈倒置的钟形，因此又经常称之为**钟形曲线**。"中间大、两头小"是自然界和人类社会中的一种常见现象，如导弹的射程、年降雨量、水稻的颗粒重量、测量误差、成人的身高等都符合或大致符合这个规律。5.3 节的中心极限定理将证明：一个量如果受到大量相互独立的微小的随机因素的干扰，那么这个量就会成为一个服从正态分布的随机变量。这正是正态分布成为概率论和数理统计学中最重要分布的原因。

　　从式(2.3.6)可以看出，正态曲线是以 $x=\mu$ 为对称轴的轴对称图形。如图 2.3.4 所示，固定 σ，改变 μ 的值，则图形沿 x 轴平移而不改变形状。即正态曲线的位置由参数 μ 确定，因此称 μ 为**位置参数**。密度函数 $f(x)$ 的最大值为 $\dfrac{1}{\sqrt{2\pi}\sigma}$，由于曲线下方的面积始终为 1，所以改变 σ 的值，图形的形状会发生改变。σ 的值越小，曲线越高且瘦；σ 的值越大，曲线越矮且胖。即正态曲线的形状由参数 σ 确定，因此称 σ 为**尺度参数**。此外，正态曲线以 x 轴为水平渐近线，且在 $x=\mu\pm\sigma$ 处存在拐点。

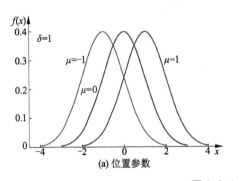 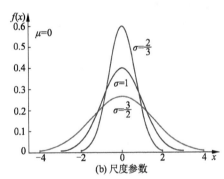

图 2.3.4　正态曲线

　　在式(2.3.6)和式(2.3.7)中，取 $\mu=0,\sigma=1$，即 $X\sim N(0,1)$，则称 X 服从标准正态分布。标准正态分布的密度函数和分布函数分别如下：

$$\varphi(x)=\frac{1}{\sqrt{2\pi}}\mathrm{e}^{-\frac{x^2}{2}},\ x\in\mathbf{R}, \tag{2.3.8}$$

$$\Phi(x)=\frac{1}{\sqrt{2\pi}}\int_{-\infty}^{x}\mathrm{e}^{-\frac{t^2}{2}}\mathrm{d}t,\ x\in\mathbf{R}. \tag{2.3.9}$$

标准正态分布的密度函数和分布函数的图像如图 2.3.5 所示。

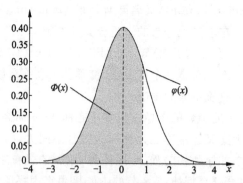

图 2.3.5　标准正态分布的密度函数与分布函数

从式(2.3.8)可以看出,$\varphi(x)$为偶函数,即关于 y 轴对称.由于标准正态分布不含任何未知参数,故分布函数 $\Phi(x)=P(X\leqslant x)$ 的值可通过级数展开等方法进行计算.如果 $X\sim N(0,1)$,对任意的 $x\in\mathbf{R}$,由式(2.3.9)可得

$$P(a\leqslant X\leqslant b)=\Phi(b)-\Phi(a), \tag{2.3.10}$$

$$\Phi(-x)=1-\Phi(x), \tag{2.3.11}$$

$$P(|X|\leqslant c)=2\Phi(c)-1. \tag{2.3.12}$$

此外,附表Ⅰ.3 对 $x\geqslant 0$ 的部分值给出了相应的 $\Phi(x)$ 的近似值,利用该表我们可以直接得出具体的概率.对于精度较高的 x 值,可以实施四舍五入近似到就近的值再查表,或是利用线性插值方法获取 $\Phi(x)$ 的值.有兴趣的同学还可以利用常用的统计软件进行计算.

例 2.3.3　已知 $X\sim N(0,1)$,根据式(2.3.10)、式(2.3.11)和式(2.3.12),利用附表Ⅰ.3 求下列概率.

(1) $P(X\leqslant 1.96)=\Phi(1.96)=0.975$;

(2) $P(X\leqslant -1.96)=\Phi(-1.96)=1-\Phi(1.96)=0.025$;

(3) $P(X\leqslant 1.645)=\Phi(1.645)=\dfrac{1}{2}\big[\Phi(1.64)+\Phi(1.65)\big]$

$$=\dfrac{1}{2}(0.9495+0.9505)=0.95;$$

(4) $P(|X|\leqslant 3)=2\Phi(3)-1=2\times 0.99865-1=0.9973$;

(5) $P(-1.5<X<2.5)=\Phi(2.5)-\Phi(-1.5)=\Phi(2.5)-1+\Phi(1.5)=0.9870.$

对于一般的正态分布 $N(\mu,\sigma^2)$,可通过一个线性变换(标准化)转化成标准正态分布 $N(0,1)$.因此,与正态变量有关的一切事件的概率都可以通过查标准正态分布函数表而获得.由此可见,标准正态分布对一般正态分布的概率计算起着关键作用.

定理 2.3.1　正态分布的标准化

若随机变量 $X\sim N(\mu,\sigma^2)$,则 $Y=\dfrac{X-\mu}{\sigma}\sim N(0,1)$.

证明:根据式(2.3.6),由分布函数的定义可得

$$F_Y(y) = P(Y \leqslant y) = P\left(\frac{X-\mu}{\sigma} \leqslant y\right) = P(X \leqslant \mu + \sigma y)$$

$$= \frac{1}{\sqrt{2\pi}\sigma} \int_{-\infty}^{\mu+\sigma y} \exp\left\{-\frac{(x-\mu)^2}{2\sigma^2}\right\} \mathrm{d}x.$$

注意到上式中的积分上限 $x = \mu + \sigma y$，把 x 看成 y 的函数，利用复合函数的求导法则可得

$$f_Y(y) = \frac{F_Y(y)}{\mathrm{d}y} = \frac{F_Y(y)}{\mathrm{d}x} \cdot \frac{\mathrm{d}x}{\mathrm{d}y}$$

$$= \frac{1}{\sqrt{2\pi}\sigma} \exp\left\{-\frac{(x-\mu)^2}{2\sigma^2}\right\}\Big|_{x=\mu+\sigma y} \cdot \sigma$$

$$= \frac{1}{\sqrt{2\pi}} \mathrm{e}^{-y^2/2}.$$

这正是标准正态分布的分布函数，即 $Y \sim N(0,1)$.

上述证明过程实际上就是随机变量函数的分布的求解思路，我们将在 2.4 节中进行系统的学习. 如果 $X \sim N(\mu, \sigma^2)$，根据定理 2.3.1，立即可得

$$P(a \leqslant X \leqslant b) = \Phi\left(\frac{b-\mu}{\sigma}\right) - \Phi\left(\frac{a-\mu}{\sigma}\right). \tag{2.3.13}$$

例 2.3.4 已知 $X \sim N(10, 5^2)$，求下列概率.

(1) $P(10 \leqslant X \leqslant 13) = \Phi\left(\dfrac{13-10}{5}\right) - \Phi\left(\dfrac{10-10}{5}\right) = \Phi(0.6) - \Phi(0) = 0.2257$；

(2) $P(X < 8.5) = \Phi\left(\dfrac{8.5-10}{5}\right) = \Phi(-0.3) = 1 - \Phi(0.3) = 0.3821$；

(3) $P(X \geqslant 10) = 1 - \Phi\left(\dfrac{10-10}{5}\right) = 1 - \Phi(0) = 0.5$.

下面，我们来验证正态分布的密度函数（式(2.3.6)）满足性质(2.3.2). 首先验证标准正态分布 $N(0,1)$ 的密度函数 $\varphi(x)$ 在区间 $(-\infty, +\infty)$ 上的广义积分为 1，设

$$A = \int_{-\infty}^{+\infty} \varphi(x) \mathrm{d}x = \frac{1}{\sqrt{2\pi}} \int_{-\infty}^{+\infty} \mathrm{e}^{-\frac{x^2}{2}} \mathrm{d}x.$$

显然 $A > 0$，并且

$$A^2 = \frac{1}{2\pi}\left(\int_{-\infty}^{+\infty} \mathrm{e}^{-\frac{x^2}{2}} \mathrm{d}x\right)\left(\int_{-\infty}^{+\infty} \mathrm{e}^{-\frac{y^2}{2}} \mathrm{d}y\right) = \frac{1}{2\pi} \int_{-\infty}^{+\infty} \int_{-\infty}^{+\infty} \mathrm{e}^{-\frac{x^2+y^2}{2}} \mathrm{d}x\mathrm{d}y.$$

对上式进行极坐标变换：

$$\begin{cases} x = \rho\cos\theta, \\ y = \rho\sin\theta \end{cases} (\rho \geqslant 0, 0 \leqslant \theta < 2\pi).$$

其雅可比行列式为

$$J = \begin{vmatrix} \dfrac{\partial x}{\partial \rho} & \dfrac{\partial x}{\partial \theta} \\ \dfrac{\partial y}{\partial \rho} & \dfrac{\partial y}{\partial \theta} \end{vmatrix} = \begin{vmatrix} \cos\theta & -\rho\sin\theta \\ \sin\theta & \rho\cos\theta \end{vmatrix} = \rho.$$

于是有

$$A^2 = \frac{1}{2\pi}\int_0^{2\pi}\mathrm{d}\theta\int_0^{+\infty}\rho\mathrm{e}^{-\frac{\rho^2}{2}}\mathrm{d}\rho = 1,$$

即 $A=1$. 对于一般的正态分布 $N(\mu,\sigma^2)$,作变换 $y=\dfrac{x-\mu}{\sigma}$,则有

$$\frac{1}{\sqrt{2\pi}\sigma}\int_{-\infty}^{+\infty}\exp\left\{-\frac{(x-\mu)^2}{2\sigma^2}\right\}\mathrm{d}x = \frac{1}{\sqrt{2\pi}}\int_{-\infty}^{+\infty}\mathrm{e}^{-\frac{y^2}{2}}\mathrm{d}y = 1.$$

从上述证明过程中,可以得到著名的泊松积分公式(请读者自行推导):

$$\int_0^{+\infty}\mathrm{e}^{-x^2}\mathrm{d}x = \frac{\sqrt{\pi}}{2}. \tag{2.3.14}$$

例 2.3.5 恒温箱是靠温度调节器根据箱内温度的变化不断进行调整的,所以恒温箱内的实际温度 X(单位为℃)是一个随机变量.如果将温度调节器设定在 d(℃),且 $X\sim N(d,\sigma^2)$,其中 σ 反映的是温度调节器的精度.

(1) 当 $d=90,\sigma=2$ 时,求箱内温度在 89 ℃以上的概率;

(2) 当 $d=90,\sigma=1$ 时,求箱内温度在 87 ℃到 93 ℃之间的概率;

(3) $\sigma=2$ 时,要有 95%的把握保证箱内温度不低于 90 ℃,问应将温度调节器设定为多少合适.

解:(1) 此时 $X\sim N(90,2^2)$,所求概率为

$$P(X\geqslant 89)=1-\Phi\left(\frac{89-90}{2}\right)=1-\Phi(-0.5)=\Phi(0.5)=0.6915.$$

(2) 此时 $X\sim N(90,1)$,所求概率为

$$P(87\leqslant X\leqslant 93)=P\left(\left|\frac{X-90}{1}\right|\leqslant 3\right)=2\Phi(3)-1=0.9973.$$

(3) 此时 $X\sim N(d,2^2)$,根据题意,d 需要满足

$$P(X\geqslant 90)\geqslant 0.95,\text{即 } 1-\Phi\left(\frac{90-d}{2}\right)\geqslant 0.95.$$

这等价于 $\Phi\left(\dfrac{90-d}{2}\right)\leqslant 0.05.$ 由于这个概率不到 0.5,说明 $\dfrac{90-d}{2}<0$.

于是由式(2.3.11)可得

$$\Phi\left(\frac{90-d}{2}\right)=1-\Phi\left(\frac{d-90}{2}\right)\leqslant 0.05\Rightarrow\Phi\left(\frac{d-90}{2}\right)\geqslant 0.95.$$

查附表 Ⅰ.3,再根据分布函数单调非降的特征,可得

$$\frac{d-90}{2}\geqslant 1.645,\text{即 } d\geqslant 93.29\text{ ℃}.$$

故温度调节器需要设定在 93.29 ℃才可满足要求.

从例 2.3.5 的第(2)问中,我们发现:如果 $X\sim N(\mu,\sigma^2)$,则有

$$P(|X-\mu|\leqslant 3\sigma)=2\Phi(3)-1=0.9973.$$

这说明:尽管正态变量的取值范围是 $(-\infty,+\infty)$,但其可能取值的大约 99.73%都落在区间 $(\mu-3\sigma,\mu+3\sigma)$ 内.如图 2.3.6 所示,这个特点常被称为正态分布的"3σ 原则".该原则在实际工作中非常有用,工业生产用的控制图和一些产品质量指数都是根据"3σ 原则"制定的.

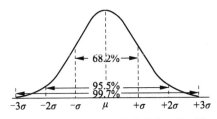

图 2.3.6　标准正态分布的"3σ 原则"

第(3)问相当于解决了这样的问题：$X \sim N(0,1)$，已知方程 $\Phi(x) = p$ 中的概率 p，通过查标准正态分布函数表反求其对应的 x. 这种情况在数理统计学中会经常遇到，为此给出"分位数"的概念.

> **定义 2.3.2　分位数**
>
> 设连续型随机变量 X 的分布函数为 $F(x)$，对任意的 $p \in (0,1)$，称满足条件
> $$F(x_p) = p \tag{2.3.15}$$
> 的数 x_p 为此分布的 p 分位数.

如图 2.3.7 所示，$F(x)$ 的 p 分位数 x_p 把其对应的密度函数下方的面积分成两部分，位于 x_p 左侧部分的面积恰好为 p. 那么，右侧部分的面积就是 $1-p$ 了.

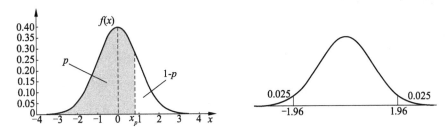

图 2.3.7　标准正态分布的 p 分位数

标准正态分布 $X \sim N(0,1)$ 的 p 分位数常记为 u_p，即 $\Phi(u_p) = p$. 由于
$$\Phi(1.645) = 0.95, \quad \Phi(1.96) = 0.975,$$
所以
$$u_{0.95} = 1.645, \quad u_{0.975} = 1.96.$$
标准正态分布 $N(0,1)$ 的这两个分位数，今后会经常用到. 例 2.3.5 的第(3)问中，我们实际上寻求的就是 $N(0,1)$ 的 0.95 分位数，因此 $\dfrac{d-90}{2}$ 的临界值取的是 $u_{0.95} = 1.645$.

显然，由于标准正态分布的密度函数是关于 y 轴对称的，所以有
$$u_p = -u_{1-p}, \quad \forall p \in (0,1).$$

说明：分位数的概念对任意类型的随机变量都可定义，只是对于非连续型随机变量来说，满足条件(2.3.15)的数 x_p 可能不唯一. 如果确有需要，可以通过取最大值(上确界)或最小值(下确界)等方式来唯一化.

3. 指数分布

若随机变量 X 的密度函数为

$$f(x) = \begin{cases} \lambda e^{-\lambda x}, & x \geqslant 0; \\ 0, & x < 0. \end{cases} \qquad (2.3.16)$$

则称 X 服从**指数分布**,记为 $X \sim Exp(\lambda)$,其中参数 $\lambda > 0$.

容易验证式(2.3.16)满足性质:$\int_{-\infty}^{+\infty} f(x) \mathrm{d}x = 1$,且指数分布的分布函数为

$$F(x) = \begin{cases} 1 - e^{-\lambda x}, & x \geqslant 0; \\ 0, & x < 0. \end{cases} \qquad (2.3.17)$$

需要指出的是,在式(2.3.16)中,令 $\lambda = \dfrac{1}{\theta}$,则有

$$f(x) = \begin{cases} \dfrac{1}{\theta} e^{-\frac{x}{\theta}}, & x \geqslant 0; \\ 0, & x < 0. \end{cases} \qquad (2.3.18)$$

其中参数 $\theta > 0$. 能够看出,式(2.3.18)与式(2.3.16)完全等价,因此也可以作为指数分布的定义. 为了不引起使用的混乱,本书除特别说明之外,一律使用式(2.3.16)作为指数分布的定义.

与几何分布一样,下面的定理说明指数分布也具有无记忆性.

定理 2.3.2　指数分布的无记忆性

如果 $X \sim Exp(\lambda)$,则对任意的 $s > 0, t > 0$,有
$$P(X > s + t \mid x > s) = P(X > t). \qquad (2.3.19)$$

证明:由式(2.3.17)可知 $P(X > s) = e^{-\lambda s}$. 注意到 $\{X > s + t\} \subseteq \{X > s\}$,所以有

$$P(X > s + t \mid x > s) = \frac{P(X > s + t)}{P(X > s)} = \frac{e^{-\lambda(s+t)}}{e^{-\lambda s}} = e^{-\lambda t} = P(X > t).$$

"无记忆性"使得指数分布常用来描述在连续使用过程中没有明显消耗的产品的寿命. 比如电气产品的寿命(如电阻、电容、保险丝等),随机服务系统中的服务时间,某些动物的寿命等. 因此,指数分布在可靠性与排队论中有广泛的应用. 如果某人在"煲电话粥",那么其通话时间通常也可假定为服从指数分布.

若 $X \sim Exp(\lambda)$,令

$$G(t) = P(X > t) = e^{-\lambda t}, \quad t > 0. \qquad (2.3.20)$$

则 $G(t)$ 表示剩余"寿命"或剩余"时间"的概率,这是在可靠性和排队论中我们通常所关心的问题. 显然,$\forall t$,有 $G(t) = 1 - F(t)$.

与离散型中的几何分布类似,在连续型随机变量中,也只有指数分布才具有无记忆性. 为此,我们先证明一个数学分析中的结论.

引理 2.3.1　柯西定理

若 $G(x)$ 是连续函数(或单调函数),且对一切 x, y(或一切 $x \geqslant 0, y \geqslant 0$)有
$$G(x+y) = G(x)G(y) \qquad (2.3.21)$$
成立,则 $G(x) = a^x$,其中 $a \geqslant 0$ 是一常数.

证明：对任意的 x，由式（2.3.21）有

$$G(x)=\left[G\left(\frac{x}{2}\right)\right]^2\geqslant 0,$$

因此 $G(x)$ 非负。反复使用式（2.3.21），则对任意的正整数 n 和实数 x 有 $G(nx)=[G(x)]^n$。在这个式子中取 $x=\frac{1}{n}$，可得 $G(1)=\left[G\left(\frac{1}{n}\right)\right]^n$。记 $a=G(1)\geqslant 0$，则 $G\left(\frac{1}{n}\right)=a^{\frac{1}{n}}$。再次使用式（2.3.21），于是对任意的正整数 m 和 n，有

$$G\left(\frac{m}{n}\right)=\left[G\left(\frac{1}{n}\right)\right]^m=a^{\frac{m}{n}}.$$

这就证明了上述结论对一切有理数成立。利用连续型（或单调性）可以证明对一切无理数也成立，从而引理得证。

定理 2.3.3　指数分布的无记忆性

设 X 是非负的连续型随机变量，且满足无记忆性（式（2.3.19）），则 X 服从指数分布。

证明：由式（2.3.19）知 $P(X>s+t)=P(x>s)P(X>t)$，即由式（2.3.20）可得

$$G(s+t)=G(s)G(t).$$

由于 X 是连续型随机变量，所以其分布函数 $F(x)$ 连续且单增。由于 $G(x)=1-F(x)$，所以 $G(x)$ 也是连续且单减的函数。于是，由引理 2.3.1 可知，$G(x)=a^x$ 对一切 $x\geqslant 0$ 成立。又因为 $G(x)$ 是概率，故 $0<a<1$。可以取 $a=\mathrm{e}^{-\lambda}$，其中 $\lambda>0$。于是有

$$F(x)=1-G(x)=1-\mathrm{e}^{-\lambda x},\ x\geqslant 0.$$

这恰好是参数为 λ 的指数分布的分布函数。于是定理得证。

例 2.3.6　证明：如果某电气设备在任一长度为 t 的时间区间 $[0,t]$ 内发生故障的次数 $N(t)$ 服从参数为 λt 的泊松分布，则相继两次故障之间的时间间隔 T 服从参数为 λ 的指数分布。

证明：由于 $N(t)\sim Pos(\lambda t)$，所以有

$$P(N(t)=k)=\frac{(\lambda t)^k}{k!}\mathrm{e}^{-\lambda t},\ k=0,1,\cdots.$$

注意到两次故障之间的时间间隔 T 应是非负随机变量，所以当 $t<0$ 时，

$$F_T(t)=P(T\leqslant t)=0.$$

并且事件 $\{T\geqslant t\}$ 等价于该设备在 $[0,t]$ 的时间内没有发生故障，即 $\{T\geqslant t\}=\{N(t)=0\}$。由此可知，当 $t\geqslant 0$ 时，有

$$F_T(t)=P(T\leqslant t)=1-P(T>t)=1-P(N(t)=0)=1-\mathrm{e}^{-\lambda t}.$$

此即 $T\sim Exp(\lambda)$。

例 2.3.6 指出了指数分布与泊松分布之间的关系。今后将会学习的《随机过程》中，这个关系也起着关键作用。此外，将"时间 $[0,t]$ 内没有发生故障"改为"时间 $[0,t]$ 内发生的故障次数恰好为 r 次"，则可导出伽玛分布与泊松分布之间的关系，从而也可看出指数分布与伽玛分布的关系（事实上这种关系类似于负二项分布与几何分布之间的关

系).对于这些内容,我们将在《数理统计学》中学习伽玛分布时再系统地讲述.

习 题 2.3

2.3.1 设随机变量 X 的分布函数为

$$F_X(x)=\begin{cases}0, & x<1,\\ \ln x, & 1\leqslant x<e,\\ 1, & x\geqslant e.\end{cases}$$

求:(1) $P(X<2),P(0<X\leqslant 3),P\left(2<X<\dfrac{5}{2}\right)$;(2) X 的密度函数 $f_X(x)$.

2.3.2 设随机变量 X 的密度函数为

(1) $f(x)=\begin{cases}2\left(1-\dfrac{1}{x^2}\right), & 1\leqslant x\leqslant 2;\\ 0, & \text{其他};\end{cases}$ (2) $f(x)=\begin{cases}x, & 0\leqslant x<1;\\ 2-x, & 1\leqslant x<2;\\ 0, & \text{其他}.\end{cases}$

求 X 的分布函数 $F(x)$,并画出(2)中的密度函数 $f(x)$ 及其分布函数 $F(x)$ 的图形.

2.3.3 (1) 由统计物理学知,分子运动速度的绝对值 X 服从马克斯维尔(Max-well)分布,其密度函数为

$$f(x)=\begin{cases}Ax^2 e^{-\frac{x^2}{b}}, & x\geqslant 0;\\ 0, & \text{其他},\end{cases}$$

其中 $b=\dfrac{m}{2kT}$,k 为 Boltzmann 常数,T 为绝对温度,m 是分子的质量.试确定常数 A.

(2) 在 1875—1951 年间,英格兰矿山多次发生 10 人或 10 人以上死亡的安全事故.研究得知,相继两次事故之间的时间 T(以日计)服从指数分布,其密度函数为

$$f_T(x)=\begin{cases}\dfrac{1}{241}e^{-\frac{t}{241}}, & t\geqslant 0;\\ 0, & \text{其他}.\end{cases}$$

求分布函数 $F_T(t)$,并求概率 $P(50\leqslant T\leqslant 100)$.

2.3.4 某型号器件的寿命 X(以小时计)具有以下密度函数

$$f(x)=\begin{cases}\dfrac{1000}{x^2}, & x>1000,\\ 0, & \text{其他}.\end{cases}$$

现从一大批分散使用的此型号器件中任取 5 只,问其中至少有 2 只寿命不少于 1500 小时的概率是多少?

2.3.5 设 K 在区间 $(0,5)$ 上服从均匀分布.求关于 x 的方程

$$4x^2+4Kx+K+2=0$$

有实根的概率.

2.3.6 设随机变量 $X\sim N(3,2^2)$,

(1) 求 $P(2 < X \leqslant 5), P(-4 < X \leqslant 10), P(|X| > 2), P(X > 3)$；

(2) 确定 c 使得 $P(X > c) = P(X \leqslant c)$；

(3) 设 d 满足 $P(X > d) \geqslant 0.9$，问 d 至多为多少.

2.3.7　某地区 18 岁的女青年的血压(收缩压，以 mmHg 计)服从 $N(110, 12^2)$. 在该地区任选一名 18 岁的女青年，测量她的血压 X.

(1) 求 $P(X \leqslant 105), P(100 < X \leqslant 120)$；

(2) 确定最小的 x，使 $P(X > x) \leqslant 0.05$.

2.3.8　由某机器生产的螺栓的长度(cm)服从参数 $\mu = 10.05, \sigma = 0.06$ 的正态分布. 规定长度在范围 10.05 ± 0.12 内为合格品. 求一螺栓为不合格品的概率.

2.4　函数的分布

若 X 是随机变量，且已知其分布，如何求其函数 $Y = g(X)$ 的概率分布规律呢？这类问题既普遍又重要，在许多实际问题中经常遇到. 譬如在统计物理中，已知分子运动速度 v 的分布，求其动能 $E = \frac{1}{2} mv^2$ 的分布.

首先，我们得保证 Y 是随机变量. 为此，下面给出 Borel 函数的概念.

> **定义 2.4.1　Borel 函数**
>
> 设 $y = g(x)$ 是 $\mathbf{R}$ 到 $\mathbf{R}$ 上的函数，如果对一切 $B \in \mathcal{B}$ 均有 $\{x : g(x) \in B\} \in \mathcal{B}$，其中 $\mathcal{B}$ 是 $\mathbf{R}$ 上的 Borel 域，则称 $g(x)$ 是 (一元)Borel(可测) 函数.

Borel 函数实际上是 $(\mathbf{R}, \mathcal{B})$ 到 $(\mathbf{R}, \mathcal{B})$ 的可测函数，它是很广泛的一类函数. 我们所碰到的绝大部分函数都是 Borel 函数，比如(分段)连续函数和单调函数都是 Borel 函数.

> **命题 2.4.1　随机变量的函数**
>
> 若 X 是概率空间 $(\Omega, \mathcal{F}, P)$ 上的随机变量，$g(x)$ 是 $\mathbf{R}$ 上的 Borel 函数，则 $Y = g(X)$ 是 $(\Omega, \mathcal{F}, P)$ 上的随机变量.

证明：对任意的 $B \in \mathcal{B}$，记 $g^{-1}(B) = \{x : g(x) \in B\}$，即 $g^{-1}(B)$ 为 B 在 $g(\cdot)$ 下的原象集. 由定义 2.4.1 可知，$g^{-1}(B) \in \mathcal{B}$. 由于 X 是 $(\Omega, \mathcal{F}, P)$ 上的随机变量，根据随机变量的定义可知

$$\{w : g[X(w)] \in \mathcal{B}\} = \{w : X(w) \in g^{-1}(B)\} \in \mathcal{F}.$$

所以，$Y = g(X)$ 也是 $(\Omega, \mathcal{F}, P)$ 上的随机变量.

其次，如果 X 是离散型随机变量，$g(x)$ 是 Borel 函数，根据函数的定义可知 $g(X)$ 仍然是离散型随机变量. 如果 X 是连续型随机变量，$g(x)$ 是任意的 Borel 函数，则不能保证 $g(X)$ 是连续型随机变量. 但如果 $g(x)$ 是连续函数且 X 是连续型随机变量，那么 $g(X)$ 仍然是连续型随机变量.

最后,对于随机变量的函数 $Y=g(X)$ 来说,在求 Y 的分布(或概率)时,总体思路是将其转化为求"与 X 有关的事件"的概率,因为 X 的分布是已知的.

2.4.1 离散型随机变量函数的分布

由于离散型随机变量的函数仍然是离散型随机变量,因此求其分布相对容易.下面通过例题进行演示.

例 2.4.1 已知 X 的分布律如下,求 $Y=X^2$ 的分布律.

X	-1	0	1	2
p_i	1/4	1/4	1/4	1/4

解:由 X 的分布律易得

$Y=X^2$	1	0	1	4
X	-1	0	1	2
p_i	1/4	1/4	1/4	1/4

抽去中间一行,再对相同的项进行合并后即可得 Y 的分布律:

Y	0	1	4
p_i	1/4	1/2	1/4

一般情况下,根据具体的函数 $g(x)$,表中可能会有某些 $g(x_i)$ 相等,把相等的项进行合并后再重新排序即可.

例 2.4.2 已知 X 的分布律如下,求 $Y=\sin X$ 的分布律.

$$P\left(X=k \cdot \frac{\pi}{2}\right)=pq^k, \; k=0,1,2,\cdots;0<p<1,q=1-p.$$

解:首先,Y 的可能取值为 $-1,0,1$.其次,由可列可加性易得

$$P(Y=0)=P\left(\bigcup_{m=0}^{\infty}\left\{X=2m \cdot \frac{\pi}{2}\right\}\right)=\sum_{m=0}^{\infty}P\left(X=2m \cdot \frac{\pi}{2}\right)$$

$$=\sum_{m=0}^{\infty}pq^{2m}=p \cdot \frac{1}{1-q^2}=\frac{p}{1-q^2}.$$

同理可得

$$P(Y=1)=P\left(\bigcup_{m=0}^{\infty}\left\{X=(4m+1) \cdot \frac{\pi}{2}\right\}\right)=\sum_{m=0}^{\infty}pq^{4m+1}=\frac{pq}{1-q^4}.$$

最后,$P(Y=-1)=1-P(Y=0)-P(Y=1)=\dfrac{pq^3}{1-q^4}$. 于是 Y 的分布律为

Y	-1	0	1
p_i	$\dfrac{pq^3}{1-q^4}$	$\dfrac{p}{1-q^2}$	$\dfrac{pq}{1-q^4}$

2.4.2 连续型随机变量函数的分布

已知连续型随机变量 X 的密度函数为 $f_X(x)$,要求 $Y=g(X)$ 的分布函数 $F_Y(y)$ 或

密度函数 $f_Y(y)$（如果 Y 连续），其基本思路为如下：

(1) $F_Y(y) = P(Y \leqslant y) = P(g(X) \leqslant y) = \int_{g(x) \leqslant y} f_X(x) \mathrm{d}x$；

(2) $f_Y(y) = \dfrac{\mathrm{d}F_Y(y)}{\mathrm{d}y}$.

例 2.4.3　已知 X 的密度函数为

$$f_X(x) = \begin{cases} \dfrac{x}{8}, & 0 \leqslant x \leqslant 4; \\ 0, & \text{其他.} \end{cases}$$

求 $Y = 2X + 3$ 的密度函数 $f_Y(y)$.

解：首先易得

$$F_Y(y) = P(Y \leqslant y) = P(2X + 3 \leqslant y) = \int_{2x+3 \leqslant y} f_X(x) \mathrm{d}x.$$

由于 $y = 2x + 3$ 是单调函数，所以有 $x = h(y) = g^{-1}(y) = \dfrac{1}{2}(y-3)$. 于是，上式可写为

$F_Y(y) = \int_{-\infty}^{\frac{1}{2}(y-3)} f_X(x) \mathrm{d}x$. 当 $0 \leqslant h(y) \leqslant 4$，即 $3 \leqslant y \leqslant 11$ 时，有

$$f_Y(y) = \frac{\mathrm{d}F_Y(y)}{\mathrm{d}y} = \frac{\mathrm{d}F_Y(y)}{\mathrm{d}x} \frac{\mathrm{d}x}{\mathrm{d}y} = f_X(x) \Big|_{x=h(y)} \cdot h'(y) = \frac{\frac{1}{2}(y-3)}{8} \cdot \frac{1}{2} = \frac{y-3}{32}.$$

从而可得 Y 的密度函数为

$$f_Y(y) = \begin{cases} \dfrac{y-3}{32}, & 3 \leqslant y \leqslant 11; \\ 0, & \text{其他.} \end{cases}$$

对于连续型随机变量的单调函数来说，上述解题思路具有普遍性. 事实上，定理 2.3.1（正态分布的标准化）的证明思路也是如此. 这里将其总结成如下命题.

命题 2.4.2

设 X 是连续型随机变量，其密度函数为 $f_X(x)$. $y = g(x)$ 是 $\mathbf{R}$ 上的严格单调函数，其反函数 $x = h(y)$ 存在连续的导函数，则 $Y = g(X)$ 是连续型随机变量，且其密度函数为

$$f_Y(y) = f_X(x) \big|_{x=h(y)} \cdot |h'(y)|. \tag{2.4.1}$$

说明：(1) 在上述命题中约定：对使反函数无意义的 y，密度函数定义为 0.

(2) 若 $g(x)$ 在互不重叠的区间 I_1, I_2 上逐段严格单调，其反函数分别为 $h_1(y)$，$h_2(y)$，且均为连续函数. 那么，$Y = g(X)$ 也是连续型随机变量，且其密度函数为

$$f_Y(y) = f_X[h_1(y)] |h_1'(y)| + f_X[h_2(y)] |h_2'(y)|. \tag{2.4.2}$$

例 2.4.4　已知随机变量 $X \sim N(\mu, \sigma^2)$，求 $Y = \mathrm{e}^X$ 的密度函数.

解：当 $y > 0$ 时，$y = \mathrm{e}^x$ 在 $\mathbf{R}$ 上的严格单调，且反函数 $h(y) = \ln y$ 连续可导. 所以，由命题 2.4.2 和正态分布的密度函数（式(2.3.6)）可得

$$f_Y(y) = \frac{1}{\sqrt{2\pi}\sigma} \exp\left\{-\frac{(x-\mu)^2}{2\sigma^2}\right\}\Big|_{x=\ln y} \cdot \ln'(y) = \frac{1}{\sqrt{2\pi}\sigma y} \exp\left\{-\frac{(\ln y-\mu)^2}{2\sigma^2}\right\}.$$

当 $y \leqslant 0$ 时，$f_Y(y)$ 定义为 0. 于是有

$$f_Y(y) = \begin{cases} \dfrac{1}{\sqrt{2\pi}\sigma y} \exp\left\{-\dfrac{(\ln y-\mu)^2}{2\sigma^2}\right\}, & y > 0; \\ 0, & y \leqslant 0. \end{cases} \tag{2.4.3}$$

由于 Y 的对数即 $\ln Y = X$ 服从正态分布，所以称上式定义的随机变量服从**对数正态分布**，记为 $Y \sim \ln N(\mu, \sigma^2)$. 对数正态分布在金融计量学中被用来描述资产价格，从而建立起完美而合理的理论. 此外，部分商品的销售量和部分电子元件的寿命等也普遍使用对数正态分布进行描述.

例 2.4.5 已知随机变量 $X \sim N(0,1)$，求 $Y = X^2$ 的密度函数.

解： 当 $y \geqslant 0$ 时，易知

$$F_Y(y) = P(Y \leqslant y) = P(X^2 \leqslant y) = P(-\sqrt{y} \leqslant X \leqslant \sqrt{y}) = \int_{-\sqrt{y}}^{\sqrt{y}} f_X(x) \mathrm{d}x.$$

利用复合函数的求导法则可得

$$f_Y(y) = \frac{\mathrm{d}F_Y(y)}{\mathrm{d}y} = f_X(x)\big|_{x=\sqrt{y}} \cdot (\sqrt{y})' - f_X(x)\big|_{x=-\sqrt{y}} \cdot (-\sqrt{y})'$$

$$= \frac{1}{\sqrt{2\pi}} e^{-\frac{(\sqrt{y})^2}{2}} \cdot \frac{1}{2\sqrt{y}} + \frac{1}{\sqrt{2\pi}} e^{-\frac{(-\sqrt{y})^2}{2}} \cdot \frac{1}{2\sqrt{y}} = \frac{1}{\sqrt{2\pi}} y^{-\frac{1}{2}} e^{-\frac{y}{2}}.$$

当 $y < 0$ 时，$f_Y(y)$ 定义为 0. 于是有

$$f_Y(y) = \begin{cases} \dfrac{1}{\sqrt{2\pi}} y^{-\frac{1}{2}} e^{-\frac{y}{2}}, & y \geqslant 0; \\ 0, & y < 0. \end{cases} \tag{2.4.4}$$

上述例题中，由于 $y = x^2$ 在 $(-\infty, 0)$ 和 $[0, +\infty)$ 上逐段单调，因此可直接由式 (2.4.2) 求解 $f_Y(y)$. 同学们可自行验证. 此处使用最初的思路求解，是希望同学们灵活掌握计算技巧，而不要死记硬背公式.

定义 2.4.2　卡方分布

如果随机变量 Y 具有密度函数

$$f_Y(y) = \begin{cases} \dfrac{1}{2^{\frac{n}{2}} \Gamma\left(\dfrac{n}{2}\right)} y^{\frac{n}{2}-1} e^{-\frac{y}{2}}, & y \geqslant 0; \\ 0, & y < 0, \end{cases} \tag{2.4.5}$$

则称 Y 服从自由度为 n 的卡方分布，记为 $Y \sim \chi^2(n)$.

容易看出，式 (2.4.4) 是式 (2.4.5) 在 $n=1$ 时的情形. 因此，如果 $X \sim N(0,1)$，则 $X^2 \sim \chi^2(1)$. 卡方分布在数理统计学中有重要应用，"自由度"也会在那里给出解释，现在将其理解成分布的参数即可.

此外，通过例 2.4.4 和例 2.4.5 可以看出，常用的分布之间总能够建立一定的联系. 这在随机模拟和统计计算中非常有用，后面的例题中也会涉及，希望同学们在今后

的学习中注意不同分布之间的这些关系.

例 2.4.6　已知随机变量 $X \sim U(0,1)$,求 $Y = -2\ln X$ 的密度函数.

解:$y = -2\ln x$ 的反函数 $x = e^{-\frac{1}{2}y}$ 连续可导.由 X 服从 $(0,1)$ 上的均匀分布知

$$f_X(x) = \begin{cases} 1, & 0 < x < 1; \\ 0, & 其他. \end{cases}$$

于是,由式(2.4.1)可得

$$f_Y(y) = \begin{cases} 1 \cdot |(e^{-\frac{1}{2}y})'| = \dfrac{1}{2}e^{-\frac{1}{2}y}, & y \geqslant 0; \\ 0, & y < 0. \end{cases}$$

可以看出:$Y \sim Exp\left(\dfrac{1}{2}\right)$.

例 2.4.7　已知随机变量 $\theta \sim U\left(-\dfrac{\pi}{2}, \dfrac{\pi}{2}\right)$,求 $\psi = -2\tan\theta$ 的密度函数.

解:$y = \tan x$ 的反函数 $x = \arctan y$ 连续可导,且 $x' = \dfrac{1}{1+y^2}$.此外,θ 的密度函数为

$$f_\theta(x) = \begin{cases} \dfrac{1}{\pi}, & -\dfrac{\pi}{2} \leqslant \theta \leqslant \dfrac{\pi}{2}; \\ 0, & 其他. \end{cases}$$

于是,由式(2.4.1)可得 ψ 的密度函数为

$$f_\psi(y) = \dfrac{1}{\pi} \cdot \dfrac{1}{1+y^2} = \dfrac{1}{\pi(1+y^2)}, \quad -\infty < y < +\infty.$$

这正是柯西分布的密度函数.

命题 2.4.3

若随机变量 $X \sim N(\mu, \sigma^2)$,$Y = aX + b$ $(a \neq 0)$.则 $Y \sim N(a\mu + b, a^2\sigma^2)$.

证明:由命题 2.4.2 中的式(2.4.1)直接可得

$$f_Y(y) = \dfrac{1}{\sqrt{2\pi}\sigma}\exp\left\{-\dfrac{(x-\mu)^2}{2\sigma^2}\right\}\Big|_{x=\frac{y-b}{a}} \cdot \left|\dfrac{1}{a}\right| = \dfrac{1}{\sqrt{2\pi}|a|\sigma}\exp\left\{-\dfrac{[y-(a\mu+b)]^2}{2a^2\sigma^2}\right\}.$$

根据命题 2.4.3,立即可得

$$若 X \sim N(0,1),则 \sigma X + \mu \sim N(\mu, \sigma^2); \tag{2.4.6}$$

$$若 X \sim N(\mu, \sigma^2),则 \dfrac{X-\mu}{\sigma} \sim N(0,1). \tag{2.4.7}$$

式(2.4.7)正是定理 2.3.1 的结论.

定义 2.4.3

设 X 是任一随机变量,其分布函数为 $F(x)$.对任意的 $0 \leqslant y \leqslant 1$,令
$$F^{-1}(y) = \inf\{x : F(x) \geqslant y\},$$
则称 $F^{-1}(y)$ 为 $F(x)$ 的反函数.

对于任意的分布函数,分析中所定义的反函数是不一定存在的.但由于分布函数是

单调非降的,因此,上述定义的分布函数的"反函数"是始终存在且有意义的.对于连续型随机变量的分布函数来说,这里定义的反函数与普通定义的反函数是等价的.本节以下内容中涉及的反函数,都以此定义为准.

命题 2.4.4

已知随机变量 X 的分布函数 $F(x)$ 是连续函数,则 $Y = F(X) \sim U(0,1)$.

证明:当 $y < 0$ 时,$F(X) \leqslant y$ 为不可能事件,所以 $F_Y(y) = 0$. 当 $y > 1$ 时,$F(X) \leqslant y$ 为必然事件,所以 $F_Y(y) = 1$. 当 $0 \leqslant y \leqslant 1$ 时,

$$F_Y(y) = P(Y \leqslant y) = P(F(X) \leqslant y) = P(X \leqslant F^{-1}(y)) = F(F^{-1}(y)) = y.$$

这说明 $F_Y(y)$ 恰为 $U(0,1)$ 的分布函数,即 $Y \sim U(0,1)$.

说明:命题 2.4.4 要求分布函数必须是连续函数,否则结论是不成立的.

命题 2.4.5

已知随机变量 $Y \sim U(0,1)$,函数 $F(x)$ 满足定理 2.1.1 中所列三条性质,则存在随机变量 $X = F^{-1}(Y)$,且有 $X \sim F(x)$.

证明:取 $\Omega = [0,1]$,$\mathscr{F}$ 为 $[0,1]$ 中的全体 Borel 点集构成的 σ 域,P 为 $[0,1]$ 上的 Lebesgue 测度,则 $(\Omega, \mathscr{F}, P)$ 是一个概率空间. 对任意的 $w \in \Omega$,令 $Y(w) = w$,则 Y 为定义在 $(\Omega, \mathscr{F}, P)$ 上的随机变量. 且对一切 $0 \leqslant y \leqslant 1$,有

$$P(Y \leqslant y) = P(\{w : w \in [0, y]\}) = y.$$

因此,Y 服从 $[0,1]$ 上的均匀分布.

由于 $F(x)$ 是单调函数,因此由定义 2.4.3 所定义的反函数 $F^{-1}(y)$ 也是单调函数,从而是 Borel 函数. 令 $X = F^{-1}(Y)$,则 X 是 $(\Omega, \mathscr{F}, P)$ 上的随机变量.

由于 $Y \sim U(0,1)$,即当 $y \in [0,1]$ 时 $F_Y(y) = y$. 所以,

$$F_X(x) = P(X \leqslant x) = P(F^{-1}(Y) \leqslant x) = P(Y \leqslant F(x)) = F_Y(F(x)) = F(x).$$

即 $X = F^{-1}(Y)$ 的分布函数正好是 $F(x)$.

说明:一方面,命题 2.4.5 指出了满足定理 2.1.1 中所列三条性质的函数一定是某随机变量的分布函数,这实际上证明了**随机变量的存在性**.另一方面,该结论在随机模拟中具有重要的实际意义. 在 2.3 节中曾指出,任何计算机都能通过物理和数学的方法产生区间 $(0,1)$ 上均匀分布的随机数 y. 对于任意分布 $F(x)$,根据命题 2.4.5 可知,$x = F^{-1}(y)$ 就是服从 $F(x)$ 的一个随机数. 这样,任意分布的随机数都可以通过区间 $(0,1)$ 上均匀分布的随机数来生成.

下面,我们来讨论分布函数的**"反问题"**.前面的问题是:已知 X 的分布和函数 $y = g(x)$,求解 $Y = g(X)$ 的分布. "反问题"是:已知 X 的分布和 Y 的分布,能否找到一个函数 $y = g(x)$,使得 $Y = g(X)$ 中的 X 和 Y 恰好服从已知的分布. 显然,反问题具有更加重要的意义,但解决起来也是比较困难的.下面提供一个示例,希望起到抛砖引玉的作用.

例 2.4.8 已知 $X \sim U(0,1)$,$Y \sim Exp(\lambda)$,求函数 $y = g(x)$,使得 $Y = g(X)$ 中的 X 和 Y 恰好服从已知的分布.

解：由 X 和 Y 的取值范围可知，寻求的函数 $y=g(x)$ 必须是在区间 $(0,1)$ 上定义而在区间 $(0,+\infty)$ 上取值的函数．首先考虑严格单调函数，这样反函数存在，还是记为 $x=g^{-1}(y)$．

当 $y>0$ 时，我们知道 $F_Y(y)=1-e^{-\lambda y}$．另一方面，$Y=g(X)$ 且 $X\sim U(0,1)$，于是有
$$F_Y(y)=P(Y\leqslant y)=P(g(X)\leqslant y)=P(X\leqslant g^{-1}(y))=g^{-1}(y)=x.$$
所以有
$$1-e^{-\lambda y}=x,\ x\in(0,1),y\in(0,+\infty).$$
解上述方程可得 $y=-\dfrac{1}{\lambda}\ln(1-x)$．

注意到 $X\sim U(0,1)$，由对称性和均匀性可知 $1-X\sim U(0,1)$．因此，可取函数
$$y=-\frac{1}{\lambda}\ln x,\ x\in(0,1).$$

此时 $X\sim U(0,1)$，$Y\sim Exp(\lambda)$，且有 $Y=-\dfrac{1}{\lambda}\ln X$．

这样，我们就找到了一个满足所有条件的函数．回看例 2.4.6，发现其恰好是 $\lambda=\dfrac{1}{2}$ 的情形．

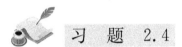

习　题　2.4

2.4.1　设随机变量 X 的分布律为

X	-2	-1	0	1	3
p_k	$\dfrac{1}{5}$	$\dfrac{1}{6}$	$\dfrac{1}{5}$	$\dfrac{1}{15}$	$\dfrac{11}{30}$

求 $Y=X^2$ 的分布律．

2.4.2　设顾客在某银行窗口等待服务的时间 X（以分计）服从指数分布，其密度函数为
$$f_X(x)=\begin{cases}\dfrac{1}{5}e^{-\frac{x}{5}}, & x>0;\\[2mm] 0, & \text{其他．}\end{cases}$$

某顾客在窗口等待服务，若超过 10 分钟，他就离开．他一个月要到银行 5 次．以 Y 表示一个月内他未等到服务而离开窗口的次数．写出 Y 的分布律，并求 $P(Y\geqslant1)$．

2.4.3　设随机变量 X 在区间 $(0,1)$ 上服从均匀分布．

(1) 求 $Y=e^X$ 的密度函数；

(2) 求 $Y=-2\ln X$ 的密度函数．

2.4.4　设 $X\sim N(0,1)$，分别求(1) $Y=e^X$，(2) $Y=2X^2+1$，(3) $Y=|X|$ 的密度函数．

2.4.5　(1) 设 X 的密度函数为 $f(x)$，$-\infty<x<+\infty$．求 $Y=X^3$ 的密度函数．

（2）设随机变量 X 的密度函数为

$$f(x)=\begin{cases}\mathrm{e}^{-x}, & x>0; \\ 0, & \text{其他}.\end{cases}$$

求 $Y=X^2$ 的密度函数.

2.4.6　设随机变量 X 的密度函数为

$$f(x)=\begin{cases}\dfrac{2x}{\pi^2}, & 0<x<\pi; \\ 0, & \text{其他}.\end{cases}$$

求 $Y=\sin X$ 的密度函数.

2.4.7　设电流 I 是一个随机变量，它均匀分布在 $9\sim11$ 安培之间. 若此电流通过 2 欧姆的电阻，在其上消耗的功率 $W=2I^2$. 求 W 的密度函数.

2.4.8　某物体的温度 $T(℉)$ 是一个随机变量，且有 $T\sim N(98.6,2)$，已知 $\Theta=\dfrac{5}{9}(T-32)$，试求 Θ 的密度函数.

第 3 章　随机向量

本章内容是将随机变量的概念由一维推广到多维. 把多个随机变量放到一起作为随机向量进行研究时, 不但需要关注其作为一个整体的概率分布规律, 还需要关注各个分量与整体之间的关系以及分量与分量之间的关系. 边缘分布、条件分布和独立性等概念的出现, 大大地丰富了研究内容. 条件分布和独立性是将第一章有关条件概率和事件的独立性概念推广到随机变量之间的情形, 因此在学习中可以适当进行类比. 这些内容对今后学习数理统计学、时间序列分析等课程非常重要. 随机向量函数的分布, 由于变量个数的增多, 函数形式越来越复杂, 因此其研究内容相比单个随机变量函数的分布来说更加丰富, 但研究的基本思路是类似的.

3.1　随机向量及其分布

在许多随机现象中, 每次试验的结果需要同时用几个数量指标作为整体来描述. 譬如, 在炮弹性能测试中, 炮弹的落点位置是地面上的一个点, 需要用二维坐标(X,Y)来确定. 又如考查儿童的身体发育情况时, 其身高、体重与头围的关系需要用三个指标(H,W,L)来表示. 这样, 对于随机试验 E 的样本空间 Ω 中的每个样本点 w, 试验的结果是一个向量:

$$\boldsymbol{X}(w)=(X_1(w),X_2(w),\cdots,X_n(w)).$$

那么 $\boldsymbol{X}(w)$ 就是定义在概率空间 $(\Omega,\mathscr{F},P)$ 上而在 $\mathbf{R}^n$ 中取值的映射, 称 $\boldsymbol{X}$ 是一个随机向量或 n 维随机变量.

本章主要以二维随机变量为例进行研究, 相关的定义和结论可以相应地推广到 n 维随机变量的情形.

3.1.1　二维随机变量及其分布

定义 3.1.1　二维随机变量

若 X 与 Y 分别是定义在 $(\Omega,\mathscr{F},P)$ 到 $(\mathbf{R},\mathcal{B})$ 上的可测映射, 即 X 和 Y 都是一维随机变量, 则称 (X,Y) 为二维随机变量.

为了今后研究和应用的方便, 我们给出二维随机变量的一些等价定义.

定义 3.1.2

设 (X,Y) 是定义在 $(\Omega,\mathscr{F},P)$ 到 $(\mathbf{R}^2,\mathcal{B}_2)$ 上的映射,如果对任意的 $x,y\in\mathbf{R}$,都有
$$\{w:X(w)\leqslant x,Y(w)\leqslant y\}\in\mathscr{F},$$
则称 (X,Y) 为二维随机变量.

定义 3.1.3

设 (X,Y) 是 $(\Omega,\mathscr{F},P)$ 到 $(\mathbf{R}^2,\mathcal{B}_2)$ 上的映射,如果对任意的 $B\in\mathcal{B}_2$,都有
$$\{w:(X(w),Y(w))\in B\}\in\mathscr{F},$$
则称 (X,Y) 为二维随机变量.

利用平面 $\mathbf{R}^2$ 上 Borel 域的知识,可以证明上述三个定义是完全等价的.

二维随机变量 (X,Y) 作为一个整体,有其自身的概率分布规律.借助定义 3.1.2,可以定义随机向量 (X,Y) 的概率分布.

定义 3.1.4　联合分布函数

设 (X,Y) 是二维随机变量,对任意的 $x,y\in\mathbf{R}$,令
$$F(x,y)=P(X\leqslant x,Y\leqslant y), \tag{3.1.1}$$
则称 $F(x,y)$ 为 (X,Y) 的分布函数,或称为 X 与 Y 的联合分布函数.

注意:X 与 Y 的联合分布函数 $F(x,y)$ 表示的是事件 $\{X\leqslant x\}$ 与事件 $\{Y\leqslant y\}$ 同时发生的概率.所以,定义 3.1.4 中的记号"$(X\leqslant x,Y\leqslant y)$"表示"$\{X\leqslant x\}$"与"$\{Y\leqslant y\}$"的交运算.这样表示比较直观和方便.

如果将二维随机变量 (X,Y) 看成是平面上随机点的坐标,那么联合分布函数 $F(x,y)$ 表示随机点 (X,Y) 落在无穷矩形区域 $(-\infty,x]\times(-\infty,y]$ 内的概率.

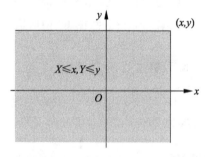

图 3.1.1　联合分布函数示意图

定理 3.1.1　联合分布函数的性质

随机向量 (X,Y) 的分布函数 $F(x,y)$ 具有下列性质:

(1) 单调性:$F(x,y)$ 分别关于 x 或 y 是单调不减的,即当 $x_1<x_2$ 时,有 $F(x_1,y)\leqslant F(x_2,y)$;当 $y_1<y_2$ 时,有 $F(x,y_1)\leqslant F(x,y_2)$.

> (2) 有界性:$\forall (x,y) \in \mathbf{R}^2$,有 $0 \leqslant F(x,y) \leqslant 1$,且
> $$F(-\infty,-\infty)=0, F(-\infty,y)=0, F(x,+\infty)=0, F(+\infty,+\infty)=1.$$
> (3) 右连续性:$F(x,y)$ 分别关于 x 或 y 是右连续的,即
> $$F(x+0,y)=F(x,y), \quad F(x,y+0)=F(x,y).$$
> (4) 非负性:对任意的 $x_1 < x_2, y_1 < y_2$,有
> $$F(x_2,y_2)-F(x_2,y_1)-F(x_1,y_2)+F(x_1,y_1) \geqslant 0.$$

证明:前三条性质与一维随机变量分布函数的性质类似,请同学们自证.

注意到

$$F(x_2,y_2)-F(x_2,y_1)-F(x_1,y_2)+F(x_1,y_1)=P(x_1 < X \leqslant x_2, y_1 < Y \leqslant y_2),$$

由概率的非负性可知第四条性质成立.

需要指出的是,对于二维随机变量的分布函数来说,性质(4)(非负性)是必需的,且由性质(4)可以推出性质(1)(单调性),但存在反例(例 3.1.1)说明,由单调性并不能保证性质(4)成立.这是多维场合与一维场合的不同之处.即性质(2)、(3)、(4)才是联合分布函数最基本的性质.反过来可以证明:满足性质(2)、(3)、(4)的二元函数一定是某二维随机变量的联合分布函数.

例 3.1.1 判断下列二元函数能否作为某二维随机变量的联合分布函数.

$$g(x,y)=\begin{cases} 0, & x+y < 1; \\ 1, & x+y \geqslant 1. \end{cases}$$

解:容易验证此函数满足定理 3.1.1 中的前 3 条性质,但是若取矩形 $(0,2] \times (0,2]$,则有

$$g(2,2)-g(2,0)-g(0,2)+g(0,0)=1-1-1+0=-1.$$

说明函数 $g(x,y)$ 不满足定理 3.1.1 中的第四条性质,这样就不能保证概率的非负性成立,因此不能用来作为二维随机变量的联合分布函数.

根据定义 3.1.1,随机向量 (X,Y) 的两个分量 X 与 Y 皆为一维的随机变量,它们有其自身的分布函数.设 (X,Y) 的分布函数为 $F(x,y)$,分别记 X 与 Y 的分布函数为 $F_X(x), F_Y(y)$,则易得

$$F_X(x)=P(X \leqslant x)=P(X \leqslant x, Y < +\infty)=F(x,+\infty),$$
$$F_Y(y)=P(Y \leqslant y)=P(X < +\infty, Y \leqslant y)=F(+\infty,y).$$

> **定义 3.1.5 边缘分布函数与联合分布函数的关系**
>
> 设 $F(x,y)$ 是二元分布函数,$F_X(x), F_Y(y)$ 分别是一元分布函数.如果它们之间存在下述关系:对任意的 $x,y \in \mathbf{R}$,有
> $$F_X(x)=F(x,+\infty), \quad F_Y(y)=F(+\infty,y). \tag{3.1.2}$$
> 则称 $F_X(x)$ 与 $F_Y(y)$ 为 $F(x,y)$ 的边缘分布函数.其中条件 (3.1.2) 称为分布族 $\{F(x,y),F_X(x),F_Y(y)\}$ 的相容性条件.

式(3.1.2)表明:联合分布函数不但反映了随机向量本身作为一个整体的概率分布规律,而且反映了各个分量的概率分布规律.而边缘分布函数只能反映出相应分量的概

率分布规律. 因此, 由联合分布函数可以得出边缘分布函数, 反之则不行. 虽然两个随机变量的边缘分布相同, 但是其联合分布却可能不相同.

例 3.1.2 已知随机向量 (X,Y) 的分布函数为

$$F(x,y) = A\left(\arctan\frac{x}{2} + B\right)\left(\arctan\frac{y}{3} + C\right).$$

求: (1) 常数 A, B, C 的值; (2) X 与 Y 的边缘分布函数.

解: (1) 由联合分布函数的性质: $F(+\infty, +\infty) = 1, F(x, -\infty) = 0, F(-\infty, y) = 0$ 可得

$$\begin{cases} A\left(\dfrac{\pi}{2} + B\right)\left(\dfrac{\pi}{2} + C\right) = 1, \\ A\left(\arctan\dfrac{x}{2} + B\right)\left(-\dfrac{\pi}{2} + C\right) = 0 \quad (\forall\, x \in \mathbf{R}) \\ A\left(-\dfrac{\pi}{2} + B\right)\left(\arctan\dfrac{y}{3} + C\right) = 0 \quad (\forall\, y \in \mathbf{R}) \end{cases}$$

由上述方程组可解得 $A = \dfrac{1}{\pi^2}, B = \dfrac{\pi}{2}, C = \dfrac{\pi}{2}$.

(2) 由式 (3.1.2) 可得 X 和 Y 的分布函数分别为

$$F_X(x) = F(x, +\infty) = \frac{1}{\pi}\left(\arctan\frac{x}{2} + \frac{\pi}{2}\right), x \in \mathbf{R}.$$

$$F_Y(y) = F(+\infty, y) = \frac{1}{\pi}\left(\arctan\frac{y}{3} + \frac{\pi}{2}\right), y \in \mathbf{R}.$$

与一维类似, 对随机向量的研究还是分为离散型和连续型两类分别进行研究.

3.1.2 离散型随机向量

定义 3.1.6 联合分布律

如果随机向量 (X,Y) 的可能取值 (x_i, y_j) 只有有限个或可数无穷多个 (至多可数), 则称 (X,Y) 为二维离散型随机变量, 并称

$$p_{ij} = P(X = x_i, Y = y_j), \ i, j = 1, 2, \cdots$$

为 (X,Y) 的联合分布律.

联合分布律常使用下列的二维表格来表示:

X \ Y	y_1	y_2	$\cdots$	y_j	$\cdots$
x_1	p_{11}	p_{12}	$\cdots$	p_{1j}	$\cdots$
x_2	p_{21}	p_{22}	$\cdots$	p_{2i}	$\cdots$
$\vdots$	$\vdots$	$\vdots$		$\vdots$	
x_i	p_{i1}	p_{i2}	$\cdots$	p_{ij}	$\cdots$
$\vdots$	$\vdots$	$\vdots$		$\vdots$	

联合分布律具有如下基本性质：

（1）**非负性**：$\forall i, j, p_{ij} \geqslant 0$；

（2）**规范性**：$\sum\limits_{i} \sum\limits_{j} p_{ij} = 1$.

如果已知离散型随机向量 (X, Y) 的联合分布律，则易得其分量 X 与 Y 的分布律. 注意到：

$$P(X = x_i) = P(X = x_i, Y < \infty) = P\left(X = x_i, \bigcup_{j=1}^{\infty} Y = y_j\right)$$

$$= \sum_{j=1}^{\infty} P(X = x_i, Y = y_j).$$

于是，可得到下述定义.

定义 3.1.7　边缘分布律

设离散型随机向量 (X, Y) 的联合分布律为 $p_{ij}, i, j = 1, 2, \cdots$，则称

$$p_{i\cdot} = \sum_{j=1}^{\infty} P_{ij}, \quad p_{\cdot j} = \sum_{i=1}^{\infty} P_{ij} \tag{3.1.3}$$

分别为其分量 X 与 Y 的边缘分布律.

可以看出，边缘分布律 $p_{i\cdot}$ 和 $p_{\cdot j}$ 就是对联合分布律 P_{ij} 所对应的二维列联表分别求其行和与列和. 如下表所示，这正是称其为"边缘分布律"的原因.

X ＼ Y	y_1	y_2	$\cdots$	y_j	$\cdots$	$p_{i\cdot}$
x_1	p_{11}	p_{12}	$\cdots$	p_{1j}	$\cdots$	$p_{1\cdot}$
x_2	p_{21}	p_{22}	$\cdots$	p_{2j}	$\cdots$	$p_{2\cdot}$
$\vdots$	$\vdots$	$\vdots$		$\vdots$		$\vdots$
x_i	p_{i1}	p_{i2}	$\cdots$	p_{ij}	$\cdots$	$p_{i\cdot}$
$\vdots$	$\vdots$	$\vdots$		$\vdots$		$\vdots$
$p_{\cdot j}$	$p_{\cdot 1}$	$p_{\cdot 2}$	$\cdots$	$p_{\cdot j}$	$\cdots$	1

例 3.1.3　设随机变量 X 在 $1, 2, 3, 4$ 四个整数中等可能地取值，随机变量 Y 在 $1, \cdots, X$ 中等可能地取值. 试求 X 与 Y 的联合分布律与边缘分布律.

解：显然 (X, Y) 为二维离散型随机变量，其中 X 服从等可能分布，即 X 的边缘分布律为 $p_{i\cdot} = P(X=i) = \dfrac{1}{4}, i = 1, 2, 3, 4$. 当 $X=i$ 时，根据题意有 $P(Y=j \mid X=i) = \dfrac{1}{i}, j = 1, \cdots, i$. 于是由乘法公式可得联合分布律为

$$p_{ij} = P(X=i, Y=j) = P(X=i)P(Y=j \mid X=i) = \frac{1}{4i},$$

其中，$i = 1, \cdots, 4; j = 1, \cdots, i$. X 与 Y 的联合分布律和边缘分布律的具体取值如下表.

X \ Y	1	2	3	4	$p_i.$
1	1/4	0	0	0	1/4
2	1/8	1/8	0	0	1/4
3	1/12	1/12	1/12	0	1/4
4	1/16	1/16	1/16	1/16	1/4
$p._j$	25/48	13/48	7/48	3/48	1

例 3.1.4 袋中有 2 个白球、3 个黑球. 从中任取一球, 连取两次. 设 X 表示第一次取出的白球数, Y 表示第二次取出的白球数. 分别在下列两种情况下求出 X 与 Y 的联合分布律与边缘分布律.

(1) 第一次取后不放回, 再取第二次;

(2) 第一次取后放回, 再取第二次.

解: 设 0 表示取出的是黑球, 1 表示取出的是白球, 则 X 与 Y 都只取 0, 1 两个值. 由乘法公式容易求出 X 与 Y 的联合分布律和边缘分布律分别如下:

不放回抽样

X \ Y	0	1	$p_i.$
0	$\frac{3}{5}\times\frac{2}{4}$	$\frac{3}{5}\times\frac{2}{4}$	$\frac{3}{5}$
1	$\frac{2}{5}\times\frac{3}{4}$	$\frac{2}{5}\times\frac{1}{4}$	$\frac{2}{5}$
$p._j$	$\frac{3}{5}$	$\frac{2}{5}$	1

放回抽样

X \ Y	0	1	$p_i.$
0	$\frac{3}{5}\times\frac{3}{5}$	$\frac{3}{5}\times\frac{2}{5}$	$\frac{3}{5}$
1	$\frac{2}{5}\times\frac{3}{5}$	$\frac{2}{5}\times\frac{2}{5}$	$\frac{2}{5}$
$p._j$	$\frac{3}{5}$	$\frac{2}{5}$	1

比较这两个表, 可说明如下问题:

① 这两个表的联合分布不同, 但边缘分布相同. 联合分布律不同的原因在于试验方法不一样, 一个是不放回抽样, 一个是放回抽样. 不同的抽样方式造成 X 与 Y 之间的相互关系不一样; 在不放回抽样时, Y 取值的概率会受到 X 取值的影响; 而在放回抽样时, 就没有这种影响. 这说明联合分布律确实反映出 X 与 Y 之间的某种联系, 这种联系是边缘分布律反映不出来的.

② 边缘分布一般来说不能决定联合分布. 只有在放回抽样中, 联合分布律是对应边缘分布律的乘积. 这是由于在放回抽样中两次试验是独立的, 从而使得对应的随机变量 X 与 Y 也相互独立, 此时边缘分布可以导出联合分布. 下一节讨论随机变量的独立性时会进行系统分析.

③ 在两个表中 X 与 Y 的边缘分布都相同. 不放回抽样中 X 与 Y 的边缘分布律相同是由于抽签原理; 放回抽样中 X 与 Y 的边缘分布律相同是因为试验的独立性.

对于离散型随机向量 (X, Y), 其分布律与其分布函数之间有如下对应关系:

$$F(x, y) = \sum_{x_i \leqslant x} \sum_{y_j \leqslant y} p_{ij}, \ \forall x, y \in \mathbf{R}. \tag{3.1.4}$$

例 3.1.5　同时抛掷一枚 5 分和一枚 1 分的均匀硬币,用 $X=0,1$ 分别表示 5 分硬币出现正面与反面;用 $Y=0,1$ 分别表示 1 分硬币出现正面与反面. 试求 (X,Y) 的分布律,并求其分布函数.

解:由题意易知, X 与 Y 的联合分布律如下:

X \ Y	0	1
0	1/4	1/4
1	1/4	1/4

于是由式(3.1.4)可得 X 与 Y 的联合分布函数如下:

$$F(x,y)=P(X\leqslant x,Y\leqslant y)=\begin{cases}0, & x<0 \text{ 或 } y<0;\\[2mm] \dfrac{1}{4}, & 0\leqslant x<1 \text{ 且 } 0\leqslant y<1;\\[2mm] \dfrac{1}{2}, & 0\leqslant x<1 \text{ 且 } y\geqslant 1 \text{ 或 }(0\leqslant y<1 \text{ 且 } x\geqslant 1);\\[2mm] 1, & x\geqslant 1 \text{ 且 } y\geqslant 1.\end{cases}$$

联合分布函数示意图如图 3.1.2 所示.

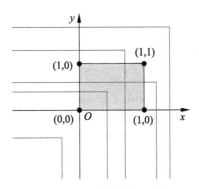

图 3.1.2　联合分布函数

下面,通过例题来讨论一些常见的多维离散型随机向量.

例 3.1.6(多维超几何分布)　袋中共装有 n 个标有编号的球,其中 i 号球有 n_i 个, $i=1,2,\cdots,k$,且有 $n=n_1+n_2+\cdots+n_k$. 现从中任取 m 个, $m\leqslant n$. 以 X_i 记取出的 i 号球的个数,则由古典概型的知识可知 $(X_1,X_2,\cdots,X_k)$ 的联合分布律为

$$P(X_1=m_1,X_2=m_2,\cdots,X_k=m_k)=\frac{C_{n_1}^{m_1}C_{n_2}^{m_2}\cdots C_{n_k}^{m_k}}{C_n^m}, \tag{3.1.5}$$

其中 $m_i\leqslant\min\{n_i,m\}$, $m_1+m_2+\cdots+m_k=m$. 这就是 $k-1$ 维超几何分布的分布律.

对于多维超几何分布,其边缘分布也是超几何分布. 为了计算的方便,下面以二维超几何分布为例来推导其边缘分布律. 根据式(3.1.5),可以写出二维超几何分布的联合分布律为

$$p_{ij} = P(X=i, Y=j) = \frac{C_{n_1}^i C_{n_2}^j C_{n-n_1-n_2}^{m-(i+j)}}{C_n^m}, \quad i,j=0,1,\cdots,m; i+j \leqslant m.$$

其中假定 $m \leqslant \min\{n_1, n_2\}$，否则 $i=0,1,\cdots,n_1; j=0,1,\cdots,n_2$. 由附录 Ⅱ 中的式（Ⅱ.3.2）易知 X 的边缘分布律为

$$p_{i\cdot} = P(X=i) = \sum_{j=0}^{m-i} p_{ij} = \sum_{j=0}^{m-i} P(X=i, Y=j)$$

$$= \frac{C_{n_1}^i}{C_n^m}(C_{n_2}^0 C_{n-n_1-n_2}^{m-i} + C_{n_2}^1 C_{n-n_1-n_2}^{m-i-1} + \cdots + C_{n_2}^{m-i} C_{n-n_1-n_2}^0)$$

$$= \frac{C_{n_1}^i C_{n-n_1}^{m-i}}{C_n^m}, \quad i=0,1,\cdots,m.$$

即 X 为一维超几何分布. 同理可知，Y 的边缘分布也是一维超几何分布，其分布律为

$$p_{\cdot j} = \sum_{i=0}^{m-j} p_{ij} = \frac{C_{n_2}^j C_{n-n_2}^{m-j}}{C_n^m}, \quad j=0,1,\cdots,m.$$

现在给出一个多维超几何分布的具体应用：从一个装有 3 支蓝色、2 支红色、3 支黑色圆珠笔的盒子里，任意抽取两支，若 X 与 Y 分别表示抽出的蓝笔数和红笔数，试求 X 与 Y 的联合分布律与边缘分布律.

解：根据前面的分析易知，X 与 Y 的联合分布律为

$$p_{ij} = P(X=i, Y=j) = \frac{C_3^i C_2^j C_3^{2-(i+j)}}{C_8^2}, \quad i,j=0,1,2; i+j \leqslant 2.$$

其具体取值和边缘分布律如下：

X \ Y	0	1	2	$p_{i\cdot}$
0	3/28	6/28	1/28	10/28
1	9/28	6/28	0	15/28
2	3/28	0	0	3/28
$p_{\cdot j}$	15/28	12/28	1/28	1

容易看出 X 是一维超几何分布，其分布律为

$$p_{i\cdot} = P(X=i) = \frac{C_3^i C_5^{2-i}}{C_8^2}, \quad i=0,1,2.$$

例 3.1.7（多项分布） 进行 n 次独立重复试验，每次试验都有 k 个可能结果：A_1，$A_2, \cdots, A_k$，且有 $p_i = P(A_i), i=1,2,\cdots,k; p_1+p_2+\cdots+p_k=1$. 以 X_i 记 n 次试验中事件 A_i 出现的次数，则 A_1 恰好出现 n_1 次、A_2 恰好出现 n_2 次、$\cdots\cdots$、A_k 恰好出现 n_k 次的概率为

$$P(X_1=n_1, X_2=n_2, \cdots, X_k=n_k) = \frac{n!}{n_1! \, n_2! \, \cdots n_k!} p_1^{n_1} p_2^{n_2} \cdots p_k^{n_k}, \quad (3.1.6)$$

其中 $n_i = 0,1,\cdots,n; n_1+n_2+\cdots+n_k=n$.

容易看出，式（3.1.6）是多项式 $(p_1+p_2+\cdots+p_k)^n$ 的展开式中的一项，故其和为 1，所以式（3.1.6）是一个分布律，此即 k 项分布的联合分布律. 它是二项分布的推

广,当 $k=2$ 时退化为二项分布.注意,k 项分布是 $k-1$ 维的多项分布.

多项分布式(3.1.6)的一维边缘分布是二项分布,即对于每个 i,$X_i \sim N(n,p_i)$,$i=1,2,\cdots,k$.为书写简便,下面只证明 $P(X_1=n_1)=C_n^{n_1} p_1^{n_1}(1-p_1)^{n-n_1}$,$n_1=0,1,\cdots,n$.

$$
\begin{aligned}
P(X_1=n_1) &= \sum_{n_2+\cdots+n_k=n-n_1} P(X_2=n_2,\cdots,X_k=n_k) \\
&= \sum_{n_2+\cdots+n_k=n-n_1} \frac{n!}{n_1!n_2!\cdots n_k!} p_1^{n_1} p_2^{n_2}\cdots p_k^{n_k} \\
&= \frac{n!}{n_1!(n-n_1)!} p_1^{n_1} \sum_{n_2+\cdots+n_k=n-n_1} \frac{(n-n_2)!}{n_2!\cdots n_k!} p_2^{n_2}\cdots p_k^{n_k} \\
&= C_n^{n_1} p_1^{n_1}(p_2+\cdots+p_k)^{n-n_1} \\
&= C_n^{n_1} p_1^{n_1}(1-p_1)^{n-n_1}, \quad n_1=0,1,\cdots,n.
\end{aligned}
$$

实际上,还可以继续利用多项式定理证明:多项分布式(3.1.6)的二维边缘分布是三项分布,等等.

例如:从一个装有 3 支蓝色、2 支红色、3 支黑色圆珠笔的盒子里,如果是有放回地任意抽取两支,还是以 X 与 Y 分别表示抽出的蓝笔数和红笔数,试求 X 与 Y 的联合分布律与边缘分布律.

解: 此为二维的多项分布,根据式(3.1.6)易知 X 与 Y 的联合分布律为

$$
p_{ij}=P(X=i,Y=j)=\frac{2!}{i!\,j!\,(2-i-j)!}\left(\frac{3}{8}\right)^i\left(\frac{2}{8}\right)^j\left(\frac{3}{8}\right)^{2-i-j},
$$

其中,$i,j=0,1,2$;$i+j\leqslant 2$.其具体取值和边缘分布律如下:

X \ Y	0	1	2	$p_i.$
0	9/64	12/64	4/64	25/64
1	18/64	12/64	0	30/64
2	9/64	0	0	9/64
$p.j$	9/16	6/16	1/16	1

容易看出 Y 的边缘分布律是二项分布,其分布律正是

$$
p._j=P(Y=j)=C_2^j\left(\frac{1}{4}\right)^j\left(\frac{3}{4}\right)^{2-j}, \quad j=0,1,2.
$$

3.1.3　连续型随机向量

> **定义 3.1.8　联合密度函数**
>
> 设随机向量 (X,Y) 的分布函数为 $F(x,y)$,如果存在非负函数 $f(x,y)$,使得
>
> $$F(x,y)=\int_{-\infty}^{x}\int_{-\infty}^{y} f(u,v)\mathrm{d}u\mathrm{d}v, \quad \forall x,y\in \mathbf{R} \qquad (3.1.7)$$
>
> 成立,则称 (X,Y) 为(二维)连续型随机向量,称 $f(x,y)$ 为 (X,Y) 的(概率)密度函数,或称为 X 与 Y 的联合密度函数.

同样地,联合密度函数 $f(x,y)$ 具有以下基本性质:

(1) **非负性**: $\forall x, y \in \mathbf{R}, f(x,y) \geqslant 0$;

(2) **规范性**:

$$\int_{-\infty}^{+\infty}\int_{-\infty}^{+\infty} f(x,y)\,\mathrm{d}x\mathrm{d}y = 1. \tag{3.1.8}$$

此外,由式(3.1.7)易知:

(3) 在 $f(x,y)$ 的连续点处,有

$$f(x,y) = \frac{\partial^2 F(x,y)}{\partial x \partial y}. \tag{3.1.9}$$

(4) 对于平面上的区域 D,(X,Y) 落入 D 内的概率为

$$P((X,Y) \in D) = \iint_D f(x,y)\,\mathrm{d}x\mathrm{d}y. \tag{3.1.10}$$

在几何上,$z = f(x,y)$ 表示空间的一个曲面.性质(2)表明:以平面 xOy 为底、以曲面 $z = f(x,y)$ 为顶的曲顶柱体的体积恰好等于 1;而性质(4)表明:(X,Y) 落入 D 内的概率等于以区域 D 为底、以曲面 $z = f(x,y)$ 为顶的曲顶柱体的体积.

在具体使用式(3.1.10)计算概率时,首先需要注意积分范围是 $f(x,y)$ 的支撑区域与区域 D 的交集部分,然后把二重积分转化为累次积分,最后计算出结果.其中"支撑区域"是指使得 $f(x,y) > 0$ 的点 (x,y) 所构成的区域.

如果已知连续型随机向量 (X,Y) 的联合密度函数 $f(x,y)$,则能够推导出两个分量 X 与 Y 的密度函数 $f_X(x)$ 与 $f_Y(y)$.根据联合分布与边缘分布的关系式(3.1.2),结合式(3.1.7)可得:

$$F_X(x) = F(x, +\infty) = \int_{-\infty}^{x}\int_{-\infty}^{+\infty} f(u,v)\,\mathrm{d}u\mathrm{d}v = \int_{-\infty}^{x}\left(\int_{-\infty}^{+\infty} f(u,v)\,\mathrm{d}v\right)\mathrm{d}u;$$

$$F_Y(y) = F(+\infty, y) = \int_{-\infty}^{+\infty}\int_{-\infty}^{y} f(u,v)\,\mathrm{d}u\mathrm{d}v = \int_{-\infty}^{y}\left(\int_{-\infty}^{+\infty} f(u,v)\,\mathrm{d}u\right)\mathrm{d}v;$$

分别对上两式求导即可得 $f_X(x)$ 与 $f_Y(y)$.

定义 3.1.9　边缘密度函数

设连续型随机向量 (X,Y) 的联合密度函数为 $f(x,y)$,则称

$$f_X(x) = \int_{-\infty}^{+\infty} f(x,y)\,\mathrm{d}y, \quad f_Y(y) = \int_{-\infty}^{+\infty} f(x,y)\,\mathrm{d}x \tag{3.1.11}$$

分别为其分量 X 与 Y 的边缘密度函数.

与离散情形类似,由联合密度函数可以得到边缘密度函数,反之却不一定可行.此外,在使用式(3.1.11)计算边缘密度函数时,特别要注意自变量的取值范围和积分变量的积分范围.

例 3.1.8　随机向量 (X,Y) 的密度函数为

$$f(x,y) = \begin{cases} 2\mathrm{e}^{-(2x+y)}, & x \geqslant 0, y \geqslant 0; \\ 0, & \text{其他}. \end{cases}$$

试求:(1) 联合分布函数 $F(x,y)$;(2) $P(Y \leqslant X)$;(3) 边缘密度函数 $f_X(x)$ 与 $f_Y(y)$.

解：(1) 由式(3.1.7)知

$$F(x,y) = \int_{-\infty}^{x}\int_{-\infty}^{y} f(u,v)\mathrm{d}u\mathrm{d}v$$

$$= \begin{cases} \displaystyle\int_{0}^{x}\int_{0}^{y} 2\mathrm{e}^{-(2u+v)}\mathrm{d}u\mathrm{d}v, & x \geqslant 0, y \geqslant 0; \\ 0, & \text{其他} \end{cases}$$

$$= \begin{cases} (1-\mathrm{e}^{-2x})(1-\mathrm{e}^{-y}), & x \geqslant 0, y \geqslant 0; \\ 0, & \text{其他}. \end{cases}$$

(2) 积分区域 D 如图 3.1.3 所示，于是由式(3.1.10)可得

$$P(Y \leqslant X) = \iint_{D} f(x,y)\mathrm{d}x\mathrm{d}y$$

$$= \int_{0}^{+\infty}\int_{0}^{x} 2\mathrm{e}^{-(2x+y)}\mathrm{d}y\mathrm{d}x$$

$$= \frac{1}{3}.$$

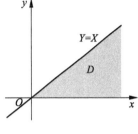

图 3.1.3　区域 D：$y \leqslant x$

(3) 由式(3.1.11)可得

$$f_X(x) = \int_{-\infty}^{+\infty} f(x,y)\mathrm{d}y = \begin{cases} \displaystyle\int_{0}^{+\infty} 2\mathrm{e}^{-(2x+y)}\mathrm{d}y, & x \geqslant 0, \\ 0, & x < 0 \end{cases}$$

$$= \begin{cases} 2\mathrm{e}^{-2x}, & x \geqslant 0, \\ 0, & x < 0. \end{cases}$$

$$f_Y(y) = \int_{-\infty}^{+\infty} f(x,y)\mathrm{d}x = \begin{cases} \displaystyle\int_{0}^{+\infty} 2\mathrm{e}^{-(2x+y)}\mathrm{d}x, & y \geqslant 0, \\ 0, & y < 0 \end{cases}$$

$$= \begin{cases} \mathrm{e}^{-y}, & y \geqslant 0, \\ 0, & y < 0. \end{cases}$$

这说明 X 与 Y 的边缘密度函数分别是参数为 2 和 1 的指数分布的密度函数，即 $X \sim Exp(2)$，$Y \sim Exp(1)$．

　　下面讨论两类在实际应用中常用的多维连续型随机向量：多维均匀分布与多维正态分布．

定义 3.1.10　多维均匀分布

　　设 D 为 $\mathbf{R}^n$ 中的有界区域，其度量为 S_D，则由密度函数

$$f(x_1,\cdots,x_n) = \begin{cases} \dfrac{1}{S_D}, & (x_1,\cdots,x_n) \in D; \\ 0, & \text{其他} \end{cases} \tag{3.1.12}$$

给出的分布称为 D 上的 n 维均匀分布，记为 $(X_1,X_2,\cdots,X_n) \sim U(D)$．

　　当 $n=2$ 时，式(3.1.12)所定义的分布就是平面上的二维均匀分布，度量 S_D 就是有界区域 D 的面积．设 G 是包含于 D 的子区域，则由式(3.1.10)可得

$$P((X,Y) \in G) = \iint_G f(x,y)\mathrm{d}x\mathrm{d}y = \iint_G \frac{1}{S_D}\mathrm{d}x\mathrm{d}y = \frac{S_G}{S_D}.$$

这正是几何概率的计算公式. 由此可见, 均匀分布描述的恰好是几何概型.

例 3.1.9 设平面区域 D 由 $y=x$ 和 $y=x^2$ 围成. (X,Y) 服从 D 上的均匀分布, 试求其联合密度函数与边缘密度函数.

解: 区域 D 如图 3.1.4 所示, 因为

$$S_D = \int_0^1 (x-x^2)\mathrm{d}x = \frac{1}{6},$$

所以 (X,Y) 的联合密度函数为

$$f(x,y) = \begin{cases} 6, & x^2 \leqslant y \leqslant x; \\ 0, & 其他. \end{cases}$$

再由式 (3.1.11) 可得

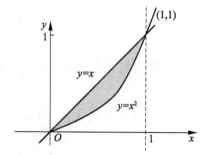

图 3.1.4　区域 D : $x^2 \leqslant y \leqslant x$

$$f_X(x) = \begin{cases} \displaystyle\int_{x^2}^x 6\mathrm{d}y, & 0 \leqslant x \leqslant 1; \\ 0, & 其他 \end{cases}$$

$$= \begin{cases} 6x(1-x), & 0 \leqslant x \leqslant 1; \\ 0, & 其他. \end{cases}$$

$$f_Y(y) = \begin{cases} \displaystyle\int_y^{\sqrt{y}} 6\mathrm{d}x, & 0 \leqslant y \leqslant 1; \\ 0, & 其他 \end{cases} = \begin{cases} 6(\sqrt{y}-y), & 0 \leqslant y \leqslant 1; \\ 0, & 其他. \end{cases}$$

上述结果说明, 二维均匀分布的边缘分布并不是一维的均匀分布. 但有一种特殊的情况: 如果 (X,Y) 服从 $D=[a,b]\times[c,d]$ 上的均匀分布, 则其密度函数为

$$f(x,y) = \begin{cases} \dfrac{1}{(b-a)(d-c)}, & a \leqslant x \leqslant b, c \leqslant y \leqslant d; \\ 0, & 其他. \end{cases}$$

此时, X 与 Y 的边缘密度函数分别为

$$f_X(x) = \begin{cases} \dfrac{1}{b-a}, & a \leqslant x \leqslant b; \\ 0, & 其他; \end{cases} \qquad f_Y(y) = \begin{cases} \dfrac{1}{d-c}, & c \leqslant y \leqslant d; \\ 0, & 其他, \end{cases}$$

即 X 与 Y 服从一维的均匀分布. 由此可得, 对于二维均匀分布来说, 只有其支撑区域形如 $[a,b]\times[c,d]$, 其边缘分布才是一维的均匀分布.

多维正态分布将在 4.5 节详细研究, 这里只讨论二维正态分布.

定义 3.1.11　二维正态分布

如果随机向量 (X,Y) 的密度函数为

$$f(x,y) = \frac{1}{2\pi\sigma_1\sigma_2\sqrt{1-\rho^2}} \exp\left\{-\frac{1}{2(1-\rho^2)}\left[\frac{(x-\mu_1)^2}{\sigma_1^2} - 2\rho\frac{x-\mu_1}{\sigma_1}\cdot\right.\right.$$

$$\left.\left.\frac{y-\mu_2}{\sigma_2} + \frac{(y-\mu_2)^2}{\sigma_2^2}\right]\right\}, \quad -\infty < x, y < +\infty, \tag{3.1.13}$$

其中,参数 $\mu_1,\mu_2\in\mathbf{R},\sigma_1,\sigma_2>0,-1\leqslant\rho\leqslant1$,则称$(X,Y)$服从二维正态分布,记为 $(X,Y)\sim N(\mu_1,\sigma_1^2;\mu_2,\sigma_2^2;\rho)$.

在下一章将会指出,参数 μ_1,σ_1^2 分别是分量 X 的数学期望与方差,参数 μ_2,σ_2^2 分别是分量 Y 的数学期望与方差,而参数 ρ 是 X 与 Y 的相关系数.二维正态分布的密度函数图形很像一顶四周无限延伸的草帽,其中心点在(μ_1,μ_2)处,其等高线是椭圆(见图 3.1.5).

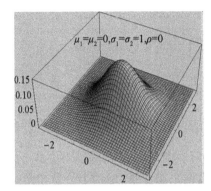 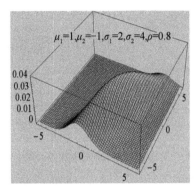

图 3.1.5　不同参数的二维正态曲面

命题 3.1.1　二维正态分布的边缘分布是一维正态分布

若$(X,Y)\sim N(\mu_1,\sigma_1^2;\mu_2,\sigma_2^2;\rho)$,则
$$X\sim N(\mu_1,\sigma_1^2),\quad Y\sim N(\mu_2,\sigma_2^2).$$

证明:只证 $X\sim N(\mu_1,\sigma_1^2)$,类似可证 $Y\sim N(\mu_2,\sigma_2^2)$.在式(3.1.13)中,令
$$\frac{x-\mu_1}{\sigma_1}=u,\quad\frac{y-\mu_2}{\sigma_2}=v,$$
则 $\mathrm{d}y=\sigma_2\mathrm{d}v$.

对式(3.1.13)中的指数部分关于 v 配方后可得
$$
\begin{aligned}
f_X(x)&=\int_{-\infty}^{+\infty}f(x,y)\mathrm{d}y\\
&=\frac{1}{2\pi\sigma_1\sqrt{1-\rho^2}}\int_{-\infty}^{+\infty}\exp\left\{-\frac{1}{2(1-\rho^2)}(u^2-2\rho uv+v^2)\right\}\mathrm{d}v\\
&=\frac{1}{\sqrt{2\pi}\sigma_1}\mathrm{e}^{-\frac{u^2}{2}}\cdot\frac{1}{\sqrt{2\pi(1-\rho^2)}}\int_{-\infty}^{+\infty}\exp\left\{-\frac{(v-\rho u)^2}{2(1-\rho^2)}\right\}\mathrm{d}v\\
&=\frac{1}{\sqrt{2\pi}\sigma_1}\mathrm{e}^{-\frac{u^2}{2}}=\frac{1}{\sqrt{2\pi}\sigma_1}\exp\left\{-\frac{(x-\mu_1)^2}{2\sigma_1^2}\right\}.
\end{aligned}
$$

其中第四步是因为积分下的被积函数恰好是正态分布 $N(\rho u,1-\rho^2)$ 的密度函数,因而积分为 1.这就证明了 $X\sim N(\mu_1,\sigma_1^2)$.

命题 3.1.1 说明:

(1) 二维正态分布的边缘分布与参数 ρ 无关.

（2）前四个参数相同、但第五个参数 ρ 不同的二维正态分布具有相同的边缘分布. 这也再次说明:联合分布可以确定边缘分布,但边缘分布不能确定联合分布.

（3）下面的例题表明:边缘分布均为一维正态分布的二维随机向量,都不一定是二维正态分布;即使是二维正态分布,也不能确定二维正态分布中的第五个参数 ρ.

例 3.1.10 设随机向量 (X,Y) 的联合密度函数为

$$f(x,y)=\frac{1}{2\pi}(1+xy)\mathrm{e}^{-\frac{x^2+y^2}{2}}, \ x,y\in\mathbf{R}.$$

试求 X 与 Y 的边缘密度函数.

解: 根据式(3.1.11)可得

$$f_X(x)=\int_{-\infty}^{+\infty}f(x,y)\mathrm{d}y=\frac{1}{2\pi}\int_{-\infty}^{+\infty}(1+xy)\mathrm{e}^{-\frac{x^2+y^2}{2}}\mathrm{d}y$$

$$=\frac{1}{2\pi}\mathrm{e}^{-\frac{x^2}{2}}\left[\int_{-\infty}^{+\infty}\mathrm{e}^{-\frac{y^2}{2}}\mathrm{d}y+x\int_{-\infty}^{+\infty}y\mathrm{e}^{-\frac{y^2}{2}}\mathrm{d}y\right]=\frac{1}{2\pi}\mathrm{e}^{-\frac{x^2}{2}}\int_{-\infty}^{+\infty}\mathrm{e}^{-\frac{y^2}{2}}\mathrm{d}y$$

$$=\frac{1}{\sqrt{2\pi}}\mathrm{e}^{-\frac{x^2}{2}}\cdot\frac{1}{\sqrt{2\pi}}\int_{-\infty}^{+\infty}\mathrm{e}^{-\frac{y^2}{2}}\mathrm{d}y=\frac{1}{\sqrt{2\pi}}\mathrm{e}^{-\frac{x^2}{2}},x\in\mathbf{R}.$$

这说明 $X\sim N(0,1)$. 根据对称性可知 $Y\sim N(0,1)$.

例 3.1.10 中的 $f(x,y)$ 表明 (X,Y) 不是二维正态变量,但两个分量却是一维正态变量.

习 题 3.1

3.1.1 二维随机变量 (X,Y) 的联合分布函数为

$$F(x,y)=\begin{cases}1-\mathrm{e}^{-x}-\mathrm{e}^{-y}+\mathrm{e}^{-x-y-\lambda xy}, & x\geqslant0,y\geqslant0;\\0, & \text{其他}.\end{cases}$$

这个分布被称为二维指数分布,其中参数 $\lambda>0$. 试求其边缘分布函数,并说说能够得到什么结论.

3.1.2 将一枚硬币掷 3 次,以 X 表示前 2 次中出现正面的次数,以 Y 表示 3 次中出现正面的次数. 求 X 和 Y 的联合分布律及 X 与 Y 的边缘分布律.

3.1.3 盒子里装有 3 个黑球、2 个红球、2 个白球,在其中任取 3 个球,以 X 表示取到黑球的个数,以 Y 表示取到红球的个数. 试求:(1) X 与 Y 的联合分布律;(2) X 和 Y 的边缘分布律;(3) $P(X=Y)$.

3.1.4 设随机变量 (X,Y) 的概率密度为

$$f(x,y)=\begin{cases}k(6-x-y), & 0<x<2,2<y<4;\\0, & \text{其他}.\end{cases}$$

(1) 确定常数 k;

(2) 求 $P\{X<1,Y<3\}$;

(3) 求 $P\{X<1.5\}$;

(4) 求 $P\{X+Y\leqslant 4\}$.

3.1.5 设二维随机变量 (X,Y) 的密度函数为

$$f(x,y)=\begin{cases}4xy, & 0\leqslant x\leqslant 1, 0\leqslant y\leqslant 1;\\ 0, & 其他.\end{cases}$$

求:(1) $P(0<X<0.5, 0.25<Y<1)$;(2) $P(X=Y)$;(3) $P(X<Y)$;(4) (X,Y) 的联合分布函数.

3.1.6 已知二维随机变量 (X,Y) 的联合密度函数,试分别求 X 与 Y 的边缘密度函数.

(1) $f(x,y)=\begin{cases}4.8y(2-x), & 0\leqslant x\leqslant 1, 0\leqslant y\leqslant x;\\ 0, & 其他.\end{cases}$

(2) $f(x,y)=\begin{cases}e^{-y}, & 0<x<y;\\ 0, & 其他.\end{cases}$

3.1.7 设二维随机变量 (X,Y) 的密度函数为

$$f(x,y)=\begin{cases}cx^2y, & x^2\leqslant y\leqslant 1;\\ 0, & 其他.\end{cases}$$

(1) 试确定常数 c;

(2) 求 X 与 Y 的边缘密度函数.

3.1.8 设二维随机变量 (X,Y) 的密度函数为

$$f(x,y)=\begin{cases}1, & 0<x<1, |y|<x;\\ 0, & 其他.\end{cases}$$

试求:(1)边缘密度函数 $f_X(x)$ 与 $f_Y(y)$;(2)$P(X<1/2)$ 与 $P(Y>1/2)$.

3.1.9 在长为 a 的线段中点的两边随机各选取一点,求两点间的距离小于 $a/3$ 的概率.

3.1.10 从 $(0,1)$ 中随机地取两个数,求其积不小于 $3/16$,且其和不大于 1 的概率.

3.1.11 设二维随机变量 (X,Y) 的联合密度函数为

$$f(x,y)=\begin{cases}1/2, & 0<x<1, 0<y<2;\\ 0, & 其他.\end{cases}$$

求 X 与 Y 中至少有一个小于 0.5 的概率.

3.2 条件分布与随机变量的独立性

随机向量的分量之间是否存在着某些关系呢? 如果它们彼此之间相互影响,就称变量之间具有**相依关系**,否则就称它们**相互独立**. 在许多实际问题中,随机变量的取值往往是相互影响的. 譬如,人的身高与体重之间有相依关系,一个地区的经济发展速度与消费和投资规模之间是相依的,生活水平又与经济发展速度是相依的,等等. 但也有一些实际问题,不同变量之间是不会相互影响的. 比如,人的收入水平与身高是没有关系的,人的素质显然也与身高是没有关系的,等等.

总体而言,相依关系是大量而普遍存在的,条件分布是研究变量之间相依关系的有力工具.今后将要学习的《随机过程》《时间序列分析》等,也是专门研究变量之间的相依关系.显然,如果变量之间是独立的,则问题会变得相对简单和容易,况且自然界和人类社会本身也存在着独立或近似独立的情形.本节内容将对相依和独立情况下变量之间的概率分布规律进行系统的研究.

3.2.1 条件分布

如果研究一个地区成年人的体重 X,那么根据该地区所有成年人的体重数据就可以得到 X 的分布 $F(x)$.但我们知道,身高 Y(单位:cm)对体重是有一定影响的.假设只考虑身高在 $165 \sim 175$ cm 之间的人群,在这个条件下也可以得到体重 X 的一个分布.不妨把"条件事件"记为 $B = \{165 \leqslant Y \leqslant 175\}$,则这个分布可以表示为

$$F(x \mid B) = P(X \leqslant x \mid B). \tag{3.2.1}$$

该分布就称为 X 的**条件分布**.显然,条件分布 $F(x \mid B)$ 与无条件分布 $F(x)$ 会有不同.

从式(3.2.1)可以看出,条件分布实际上是在事件 B 发生的条件下事件 $\{X \leqslant x\}$ 发生的条件概率.因此,条件概率的一切知识都适用于条件分布.比如,当条件事件 B 发生变化时,就得到的是不同的条件分布.

例 3.2.1 设随机变量 X 服从区间 $[0,1]$ 上的均匀分布.在已知 $X \geqslant 0.5$ 的情况下,求 X 的条件分布函数.

解:因为 $X \sim U(0,1)$,所以其分布函数为

$$F(x) = P(X \leqslant x) = \begin{cases} 0, & x < 0; \\ x, & 0 \leqslant x \leqslant 1; \\ 1, & x > 1. \end{cases}$$

记 $B = \{X \geqslant 0.5\}$.由于 B 已经发生,所以当 $0.5 \leqslant x \leqslant 1$ 时,根据条件概率的知识有

$$F(x \mid B) = P(X \leqslant x \mid X \geqslant 0.5) = \frac{P(0.5 \leqslant X \leqslant x)}{P(X \geqslant 0.5)} = \frac{x - 0.5}{0.5} = 2x - 1.$$

于是,可得 X 的条件分布函数为

$$F(x \mid B) = P(X \leqslant x \mid X \geqslant 0.5) = \begin{cases} 0, & x < 0.5; \\ 2x - 1, & 0.5 \leqslant x \leqslant 1; \\ 1, & x > 1. \end{cases}$$

能够看出,这个条件分布实际上是区间 $[0.5,1]$ 上的均匀分布.

对于二维随机向量 (X,Y),我们关心的是分量之间的相依关系.因此,对于分量 X 取条件分布 $F(x \mid B)$ 来说,条件事件 B 通常是与另一个分量 Y 相关的事件.比如,常取 $B = \{Y = y\}$ 或 $B = \{Y \leqslant y\}$.如果是后者,则有

$$F_X(x \mid Y \leqslant y) = P(X \leqslant x \mid Y \leqslant y) = \frac{P(X \leqslant x, Y \leqslant y)}{P(Y \leqslant y)} = \frac{F(x,y)}{F_Y(y)}. \tag{3.2.2}$$

根据对称性,也有

$$F_Y(y \mid X \leqslant x) = P(Y \leqslant y \mid X \leqslant x) = \frac{P(X \leqslant x, Y \leqslant y)}{P(X \leqslant x)} = \frac{F(x,y)}{F_X(x)}. \tag{3.2.3}$$

当然,在上述定义中,作为条件事件的概率要大于零才有意义.仿照乘法公式,根据式(3.2.2)和式(3.2.3),可得

$$F(x,y)=F_X(x)F_Y(y\,|\,X\leqslant x)=F_Y(y)F_X(x\,|\,Y\leqslant y). \tag{3.2.4}$$

上式说明二维随机向量(X,Y)的联合分布函数是由其中一个分量的边缘分布函数与另一个分量的条件分布函数共同决定的.这就是边缘分布不能决定联合分布的原因.再次说明:不同的条件,得到的是不同的条件分布.

由于离散型与连续型随机向量的主要研究工具是不同的,下面分别进行讨论.

1. 条件分布律

设二维离散型随机向量(X,Y)的联合分布律为

$$p_{ij}=P(X=x_i,Y=y_j), \quad i,j=1,2,\cdots.$$

根据条件概率和分布律的概念,容易给出下述定义.

定义 3.2.1　条件分布律

对于给定的y_j,如果$P(Y=y_j)=p_{\cdot j}>0$,则称

$$p_{i|j}:=P(X=x_i\,|\,Y=y_j)=\frac{P(X=x_i,Y=y_j)}{P(Y=y_j)}=\frac{p_{ij}}{p_{\cdot j}}, \quad i=1,2,\cdots \tag{3.2.5}$$

为$Y=y_j$的条件下X的条件分布律.

注意:条件分布律中的条件事件$\{Y=y_j\}$是固定不变的,X取遍所有的x_i.当条件发生改变,即Y取不同的y_j时,X的条件分布律也会发生改变.这正是说明X与Y是相互影响的,或者说X与Y有相依关系的体现.其次,条件分布律也是一种分布律.因此,条件分布律也具有分布律的所有性质.即对给定的$Y=y_j$,有

(1) $\forall i:p_{i|j}\geqslant0$, (2) $\sum_i p_{i|j}=1$.

根据分布律与分布函数之间的关系可得,给定$Y=y_j$的条件下,X的条件分布函数为

$$F_{X|Y}(x\,|\,y_j)=\sum_{x_i\leqslant x}P(X=x_i\,|\,Y=y_j)=\sum_{x_i\leqslant x}p_{i|j}. \tag{3.2.6}$$

需要指出的是,这里定义的条件分布与式(3.2.2)定义的条件分布是不同的,因为条件事件不同.前者是事件$\{Y=y_j\}$,而后者是事件$\{Y\leqslant y\}$.我们说过,不同的条件事件,可以得到不同的条件分布.此外,这里定义的条件分布没有式(3.2.4)那样的关系.

同理可得:

定义 3.2.2　条件分布律

对于给定的x_i,如果$P(X=x_i)=p_{i\cdot}>0$,则称

$$p_{j|i}:=P(Y=y_j\,|\,X=x_i)=\frac{P(X=x_i,Y=y_j)}{P(X=x_i)}=\frac{p_{ij}}{p_{i\cdot}},j=1,2,\cdots \tag{3.2.7}$$

为$X=x_i$的条件下Y的条件分布律.

记号 $p_{i|j}$，$p_{j|i}$ 中默认 i 对应 X 的取值，j 对应 Y 的取值，而不管它们的位置如何.

例 3.2.2　一射手进行射击，击中目标的概率为 $p(0<p<1)$，射击到击中目标两次为止. 设以 X 表示首次击中目标时所进行的射击次数，以 Y 表示总共进行的射击次数. 求 X 和 Y 的条件分布律.

解：根据定义，首先需要求 X 与 Y 的联合分布律，其次求 X 和 Y 边缘分布律，最后才能够求出 X 和 Y 的条件分布律.

根据题意，X 与 Y 的联合分布律为

$$p_{ij}=P(X=i,Y=j)=p^2(1-p)^{j-2}, \quad i=1,2,\cdots,j-1;j=2,3,\cdots.$$

于是可得到边缘分布律：

$$p_{i\cdot}=P(X=i)=\sum_{j=i+1}^{\infty}P(X=i,Y=j)=\sum_{j=i+1}^{\infty}p^2(1-p)^{j-2}$$

$$=p^2\sum_{j=i+1}^{\infty}(1-p)^{j-2}=p^2\cdot\frac{(1-p)^{i-1}}{1-(1-p)}=p(1-p)^{i-1}, \quad i=1,2,\cdots.$$

可以看出，X 的边缘分布律恰好是几何分布，这从题意中也可看出.

$$p_{\cdot j}=P(Y=j)=\sum_{i=1}^{j-1}P(X=i,Y=j)=\sum_{i=1}^{j-1}p^2(1-p)^{j-2}$$

$$=(j-1)p^2(1-p)^{j-2}=C_{j-1}^1 p^2(1-p)^{j-2}, \quad j=2,3,\cdots.$$

同样可看出 Y 服从 $r=2$ 的负二项分布，与题意一致.

现在求条件分布律：当 Y 在 $2,3,\cdots$ 中取值时，有

$$p_{i|j}=\frac{p_{ij}}{p_{\cdot j}}=\frac{p^2(1-p)^{j-2}}{(j-1)p^2(1-p)^{j-2}}=\frac{1}{j-1}, \quad i=1,2,\cdots,j-1.$$

这说明 X 的条件分布律服从等可能分布. $Y=j$ 给定，即一共射击了 j 次，最后一次是击中目标的，所以前面的 $j-1$ 次射击只需击中目标一次. 当然，在那一次击中显然是等可能的.

同理，当 X 在 $1,2,\cdots$ 中取值时，有

$$p_{j|i}=\frac{p_{ij}}{p_{i\cdot}}=\frac{p^2(1-p)^{j-2}}{p(1-p)^{i-1}}=p(1-p)^{j-i-1}, \quad j=i+1,i+2,\cdots.$$

即在 $X=i$ 给定的条件下，Y 的条件分布律服从几何分布. 这在 2.2 节几何分布与负二项分布的关系中已经指明了.

同学们在初看解答过程时，一定要注意各种情况下 i 和 j 取值范围的变化细节.

命题 3.2.1　离散场合的乘法公式、全概率公式和贝叶斯公式

设二维离散型随机向量 (X,Y) 的联合分布律为 p_{ij}，$i,j=1,2,\cdots$，则有

乘法公式：$p_{ij}=p_{i\cdot}\cdot p_{j|i}=p_{\cdot j}\cdot p_{i|j}$，

全概率公式：$p_{i\cdot}=\sum_{j}p_{ij}=\sum_{j}p_{\cdot j}\cdot p_{i|j}$，$p_{\cdot j}=\sum_{i}p_{ij}=\sum_{i}p_{i\cdot}\cdot p_{j|i}$.

贝叶斯公式：$p_{i|j}=\dfrac{p_{i\cdot}\cdot p_{j|i}}{\sum\limits_{i}p_{i\cdot}\cdot p_{j|i}}$，$p_{j|i}=\dfrac{p_{\cdot j}\cdot p_{i|j}}{\sum\limits_{j}p_{\cdot j}\cdot p_{i|j}}$.

想一想:在全概率公式和贝叶斯公式中,完备事件组分别是什么?

例 3.2.3　设一天内进入某超市的顾客人数 X 服从泊松分布 $Pos(\lambda)$,每位顾客是否购买某商品各自决定.对于某商品,假设每位顾客购买的概率为 p,求进入超市的顾客购买这种商品的人数 Y 的概率分布.

解:因为 $X \sim Pos(\lambda)$,所以

$$P(X=m)=\frac{\lambda^m}{m!}e^{-\lambda}, \ m=0,1,2,\cdots.$$

在进入超市的人数 $X=m$ 的条件下,购买这种商品的人数 Y 的条件分布应该服从二项分布 $B(m,p)$,即

$$P(Y=k \mid X=m)=C_m^k p^k (1-p)^{m-k}, \ k=0,1,2,\cdots,m.$$

于是,由全概率公式可得

$$\begin{aligned}
P(Y=k) &= \sum_{m=k}^{\infty} P(X=m) P(Y=k \mid X=m) \quad (\text{注意 } m \text{ 的取值范围})\\
&= \sum_{m=k}^{\infty} \frac{\lambda^m}{m!}e^{-\lambda} \cdot \frac{m!}{k!(m-k)!} p^k (1-p)^{m-k}\\
&= e^{-\lambda} \sum_{m=k}^{\infty} \frac{\lambda^m}{k!(m-k)!} p^k (1-p)^{m-k}\\
&= \frac{(\lambda p)^k}{k!} e^{-\lambda} \sum_{m=k}^{\infty} \frac{[\lambda(1-p)]^{m-k}}{(m-k)!}\\
&= \frac{(\lambda p)^k}{k!} e^{-\lambda} \cdot e^{\lambda(1-p)}\\
&= \frac{(\lambda p)^k}{k!} e^{-\lambda p}, \ k=0,1,2,\cdots.
\end{aligned}$$

即 Y 服从参数为 λp 的泊松分布.

2. 条件密度函数

设二维连续型随机向量 (X,Y) 的联合密度函数为 $f(x,y)$.对于连续型随机变量,由于取任何确定值的概率都是 0,即 $P(Y=y)=0$.因此,直接计算条件概率 $P(X \leqslant x \mid Y=y)$ 是行不通的.很自然地,可以想到

$$\begin{aligned}
P(X \leqslant x \mid Y=y) &= \lim_{\Delta y^+ \to 0} P(X \leqslant x \mid y \leqslant Y \leqslant y+\Delta y)\\
&= \lim_{\Delta y^+ \to 0} \frac{P(X \leqslant x, y \leqslant Y \leqslant y+\Delta y)}{P(y \leqslant Y \leqslant y+\Delta y)}\\
&= \lim_{\Delta y^+ \to 0} \frac{F(x,y+\Delta y)-F(x,y)}{F_Y(y+\Delta y)-F_Y(y)}\\
&= \lim_{\Delta y^+ \to 0} \frac{[F(x,y+\Delta y)-F(x,y)]/\Delta y}{[F_Y(y+\Delta y)-F_Y(y)]/\Delta y}\\
&= \frac{\partial F(x,y)/\partial y}{\partial F_Y(y)/\partial y} = \frac{\frac{\partial}{\partial y}\int_{-\infty}^{y}\left[\int_{-\infty}^{x} f(x,y)\mathrm{d}x\right]\mathrm{d}y}{f_Y(y)}\\
&= \frac{\int_{-\infty}^{x} f(x,y)\mathrm{d}x}{f_Y(y)} = \int_{-\infty}^{x} \frac{f(x,y)}{f_Y(y)}\mathrm{d}x.
\end{aligned}$$

这就是 $Y=y$ 时，X 的条件分布函数. 这也是在连续场合常用的条件分布函数，通常用记号 $F_{X|Y}|(x|y)$ 来表示. 但同样需要指出的是，这里定义的条件分布与式(3.2.2)定义的条件分布是不同的，也没有式(3.2.4)所述关系.

对上述条件分布函数求导，即可得条件密度函数.

定义 3.2.3　条件密度与条件分布

对一切使 $f_Y(y)>0$ 的 y，给定 $Y=y$ 的条件下，分别称

$$f_{X|Y}(x|y)=\frac{f(x,y)}{f_Y(y)} \tag{3.2.8}$$

$$F_{X|Y}(x|y)=\int_{-\infty}^{x}\frac{f(x,y)}{f_Y(y)}\mathrm{d}x \tag{3.2.9}$$

为 $Y=y$ 的条件下 X 的条件密度函数与条件分布函数.

条件密度函数仍然满足：$\forall x\in\mathbf{R},f_{X|Y}(x|y)\geqslant0$；$\int_{-\infty}^{+\infty}f_{X|Y}(x|y)\mathrm{d}x=1$.

定义 3.2.4　条件密度与条件分布

对一切使 $f_X(x)>0$ 的 x，给定 $X=x$ 的条件下，分别称

$$f_{Y|X}(y|x)=\frac{f(x,y)}{f_X(x)} \tag{3.2.10}$$

$$F_{Y|X}(y|x)=\int_{-\infty}^{y}\frac{f(x,y)}{f_X(x)}\mathrm{d}y \tag{3.2.11}$$

为 $X=x$ 的条件下 Y 的条件密度函数与条件分布函数.

例 3.2.4　设 (X,Y) 的联合密度函数为

$$f(x,y)=\begin{cases}\dfrac{3}{2}x, & 0<x<1,|y|<x;\\[2mm]0, & \text{其他}.\end{cases}$$

试分别求条件密度函数 $f_{X|Y}(x|y)$ 与 $f_{Y|X}(y|x)$.

解：根据式(3.1.11)可得边缘密度函数分别如下：

$$f_X(x)=\int_{-\infty}^{+\infty}f(x,y)\mathrm{d}y=\begin{cases}\displaystyle\int_{-x}^{x}\dfrac{3}{2}x\mathrm{d}y, & 0<x<1;\\[3mm]0, & \text{其他}\end{cases}$$

$$=\begin{cases}3x^2, & 0<x<1;\\0, & \text{其他}.\end{cases}$$

$$f_Y(y)=\int_{-\infty}^{+\infty}f(x,y)\mathrm{d}x=\begin{cases}\displaystyle\int_{y}^{1}\dfrac{3}{2}x\mathrm{d}x, & 0\leqslant y<1;\\[3mm]\displaystyle\int_{-y}^{1}\dfrac{3}{2}x\mathrm{d}x, & -1<y<0;\\[3mm]0, & \text{其他}\end{cases}$$

$$=\begin{cases}\dfrac{3}{4}(1-y^2), & -1<y<1;\\[2mm]0, & \text{其他}.\end{cases}$$

所以,当 $-1<y<1$ 时,由式(3.2.8)可得 X 的条件密度函数为

$$f_{X|Y}(x\,|\,y)=\frac{f(x,y)}{f_Y(y)}=\begin{cases}\dfrac{\dfrac{3}{2}x}{\dfrac{3}{4}(1-y^2)}, & |y|<x<1;\\[3mm] 0, & \text{其他}\end{cases}$$

$$=\begin{cases}\dfrac{2x}{1-y^2}, & |y|<x<1;\\[2mm] 0, & \text{其他.}\end{cases}$$

当 $0<x<1$ 时,由式(3.2.10)可得 Y 的条件密度函数为

$$F_{Y|X}(y\,|\,x)=\frac{f(x,y)}{f_X(x)}=\begin{cases}\dfrac{\dfrac{3}{2}x}{3x^2}, & |y|<x;\\[3mm] 0, & \text{其他}\end{cases}$$

$$=\begin{cases}\dfrac{1}{2x}, & |y|<x;\\[2mm] 0, & \text{其他.}\end{cases}$$

对于条件密度函数 $f_{X|Y}(x\,|\,y)$,需要注意:

(1)"$-1<y<1$"是 $f_{X|Y}(x\,|\,y)$ 存在的前提,必须标注在前面. $f_{X|Y}(x\,|\,y)$ 只是 x 的函数,其后只能标注 x 的范围.这个范围内包含的 y,是因为 X 的取值受 Y 取值的影响.对于联合密度函数 $f(x,y)$,x 和 y 都是变量,地位是"平等"的,所以其取值范围都标注在后面.

(2) $f_{X|Y}(x\,|\,y)$ 是 x 的函数,因此需要将其表达式中的 y 理解成常数.比如例题中的 $f_{Y|X}(y\,|\,x)$,在 $X=x(0<x<1)$ 时,Y 的条件分布服从区间 $(-x,x)$ 上的均匀分布,这里的 x 就是常数.

命题 3.2.2　连续场合的乘法公式、全概率公式和贝叶斯公式

设二维连续型随机向量 (X,Y) 的联合密度函数为 $f(x,y)$,则有

乘法公式:$f(x,y)=f_X(x)\cdot f_{Y|X}(y\,|\,x)=f_Y(y)\cdot f_{X|Y}(x\,|\,y)$.

全概率公式:$f_X(x)=\displaystyle\int_{-\infty}^{+\infty}f(x,y)\mathrm{d}y=\int_{-\infty}^{+\infty}f_Y(y)f_{X|Y}(x\,|\,y)\mathrm{d}y,$

$$f_Y(y)=\int_{-\infty}^{+\infty}f(x,y)\mathrm{d}x=\int_{-\infty}^{+\infty}f_X(x)f_{Y|X}(y\,|\,x)\mathrm{d}x.$$

贝叶斯公式:$f_{X|Y}(x\,|\,y)=\dfrac{f_X(x)f_{Y|X}(y\,|\,x)}{\displaystyle\int_{-\infty}^{+\infty}f_X(x)f_{Y|X}(y\,|\,x)\mathrm{d}x},$

$$f_{Y|X}(y\,|\,x)=\dfrac{f_Y(y)f_{X|Y}(x\,|\,y)}{\displaystyle\int_{-\infty}^{+\infty}f_Y(y)f_{X|Y}(x\,|\,y)\mathrm{d}y}.$$

例 3.2.5　随机变量 X 在区间 $[0,1]$ 上随机地取值;当观察到 $X=x(0\leqslant x\leqslant 1)$ 时,随机变量 Y 在区间 $[x,1]$ 上随机地取值.求 Y 的密度函数.

解：首先，$X \sim U(0,1)$，所以有

$$f_X(x) = \begin{cases} 1, & 0 \leqslant x \leqslant 1; \\ 0, & \text{其他}. \end{cases}$$

其次，当 $0 \leqslant x \leqslant 1$ 时，Y 的条件分布为 $[x,1]$ 上的均匀分布，所以有

$$f_{Y|X}(y|x) = \begin{cases} \dfrac{1}{1-x}, & x \leqslant y \leqslant 1; \\ 0, & \text{其他}. \end{cases}$$

现在，根据乘法公式可得，X 与 Y 的联合密度函数为

$$f(x,y) = f_X(x) f_{Y|X}(y|x) = \begin{cases} \dfrac{1}{1-x}, & 0 \leqslant x \leqslant y \leqslant 1; \\ 0, & \text{其他}. \end{cases}$$

于是，由边缘密度函数公式可得

$$f_Y(y) = \int_{-\infty}^{+\infty} f(x,y)\,\mathrm{d}x = \begin{cases} \displaystyle\int_0^y \dfrac{1}{1-x}\,\mathrm{d}x, & 0 \leqslant y \leqslant 1; \\ 0, & \text{其他} \end{cases}$$

$$= \begin{cases} -\ln(1-y), & 0 \leqslant y \leqslant 1; \\ 0, & \text{其他}. \end{cases}$$

> **命题 3.2.3　二维正态分布的条件分布是一维正态分布**
>
> 若 $(X,Y) \sim N(\mu_1, \sigma_1^2; \mu_2, \sigma_2^2; \rho)$，则
>
> $$(X|Y=y) \sim N\left(\mu_1 + \rho \frac{\sigma_1}{\sigma_2}(y-\mu_2),\ \sigma_1^2(1-\rho^2)\right),$$
>
> $$(Y|X=x) \sim N\left(\mu_2 + \rho \frac{\sigma_2}{\sigma_1}(x-\mu_1),\ \sigma_2^2(1-\rho^2)\right).$$

证明：根据 (X,Y) 联合密度函数 $f(x,y)$ 和 Y 的边缘密度函数 $f_Y(y)$，通过对指数部分配方，再由式 (3.2.8) 可得

$$f_{X|Y}(x|y) = \frac{\dfrac{1}{2\pi\sigma_1\sigma_2\sqrt{1-\rho^2}} \mathrm{e}^{-\frac{1}{2(1-\rho^2)}\left[\frac{(x-\mu_1)^2}{\sigma_1^2} - 2\rho\frac{(x-\mu_1)(y-\mu_2)}{\sigma_1\sigma_2} + \frac{(y-\mu_2)^2}{\sigma_2^2}\right]}}{\dfrac{1}{\sqrt{2\pi}\sigma_2} \mathrm{e}^{-\frac{(y-\mu_2)^2}{2\sigma_2^2}}}$$

$$= \frac{1}{\sqrt{2\pi}\sigma_1\sqrt{1-\rho^2}} \exp\left\{ -\frac{1}{2(1-\rho^2)}\left(\frac{x-\mu_1}{\sigma_1} - \rho \cdot \frac{y-\mu_2}{\sigma_2}\right)^2 \right\}$$

$$= \frac{1}{\sqrt{2\pi}\sigma_1\sqrt{1-\rho^2}} \exp\left\{ -\frac{1}{2\sigma_1^2(1-\rho^2)}\left\{ x - \left[\mu_1 + \rho\frac{\sigma_1}{\sigma_2}(y-\mu_2)\right] \right\}^2 \right\}.$$

这就证明了第一个结论. 同理可证第二个结论.

3.2.2　随机变量的独立性

前面说过，随机向量各分量的取值有的会相互影响，但有的也不会有影响. 譬如，人的身高会影响体重，但不会影响到其素质. 当两个随机变量的取值规律互不影响时，就

称它们是相互独立的. 由于分布函数可以全面描述随机变量的取值规律,因此可借助分布函数来给出随机变量独立性的定义.

> **定义 3.2.5　随机变量的独立性**
>
> 设随机向量 (X,Y) 的联合分布函数为 $F(x,y)$,边缘分布函数分别为 $F_X(x)$,$F_Y(y)$. 如果
> $$F(x,y)=F_X(x)F_Y(y) \tag{3.2.12}$$
> 对一切 $x,y\in\mathbf{R}$ 都成立,则称 X 与 Y 相互独立,简称独立.

由于 $\mathcal{B}=\sigma(\{(-\infty,y]:y\in\mathbf{R}\})$,即任意 Borel 集 $\mathcal{B}$ 都可由集类 $\{(-\infty,y]:y\in\mathbf{R}\}$ 生成. 因此,任取 $A,B\in\mathcal{B}$,根据定义 3.2.5 可知
$$X \text{ 与 } Y \text{ 相互独立} \Leftrightarrow P(X\in A,Y\in B)=P(X\in A)P(Y\in B). \tag{3.2.13}$$
根据上式,如果 X 与 Y 相互独立,则有
$$F_X(x|B)=F_X(x),$$
其中 $B\in\mathcal{B}$ 是仅与 Y 有关的任意事件. 即 X 的条件分布等于无条件分布.

如果取 $B=\{Y\leqslant y\}$,则由式(3.2.2)定义的条件分布 $F_X(x|Y\leqslant y)=F_X(x)$,此时式(3.2.4)就退化为式(3.2.12)了. 当然,在离散和连续场合,分别由式(3.2.6)和式(3.2.9)定义的条件分布也等于无条件分布.

> **定义 3.2.6　离散场合独立性的判定**
>
> 设 (X,Y) 是离散型随机向量,如果
> $$p_{ij}=p_{i\cdot}\cdot p_{\cdot j} \tag{3.2.14}$$
> 对一切 $i,j=1,2,\cdots$ 都成立,则称 X 与 Y 独立.

> **定义 3.2.7　连续场合独立性的判定**
>
> 设 (X,Y) 是连续型随机向量,如果
> $$f(x,y)=f_X(x)f_Y(y) \tag{3.2.15}$$
> 对一切 $x,y\in\mathbf{R}$ 几乎处处成立,则称 X 与 Y 独立.

实际上,上述两个定义是判断独立性的两个命题,可由定义 3.2.5 推导而得. 此外,式(3.2.15)中只要求"几乎处处"成立是因为在密度函数的不连续点处,其值可任意确定. 但所有不连续点所构成的集合,其测度为 0,因此不影响独立性的判断. 几乎处处成立的意思就是除零测集以外都成立.

从这些定义可以看出,在 **X 与 Y 相互独立**时,它们的联合分布可由边缘分布**唯一决定**.

例 3.2.6　已知离散型随机向量 (X,Y) 的分布律如下:

(X,Y)	$(1,1)$	$(1,2)$	$(1,3)$	$(2,1)$	$(2,2)$	$(2,3)$
p_{ij}	$1/6$	$1/9$	$1/18$	$1/3$	α	β

(1)求 α,β 应满足的条件;(2) 若 X 与 Y 独立,求 α,β 的值.

解:(1) 由分布律的性质可知:$\alpha \geqslant 0,\beta \geqslant 0$,且 $\dfrac{2}{3}+\alpha+\beta=1$.

(2) 将(X,Y)的分布律改写为下表:

X \ Y	1	2	3	$p_i.$
1	$1/6$	$1/9$	$1/18$	$1/3$
2	$1/3$	α	β	$p_2.$
$p._j$	$1/2$	$1/9+\alpha$	$p._3$	1

由于 X 与 Y 独立,所以有 $p_{12}=p_1. \ p._2$,即 $\dfrac{1}{9}=\dfrac{1}{3}\times\left(\dfrac{1}{9}+\alpha\right)$. 于是可得 $\alpha=\dfrac{2}{9}$. 再结合(1),可得 $\beta=\dfrac{1}{9}$.

例 3.2.7 已知(X,Y)的密度函数为

$$f(x,y)=\begin{cases} 2\mathrm{e}^{-(2x+y)}, & x\geqslant 0,y\geqslant 0; \\ 0, & \text{其他.} \end{cases}$$

试判断 X 与 Y 的独立性.

解:在例 3.1.8 中,已求得 X 与 Y 的边缘密度函数分别为

$$f_X(x)=\begin{cases} 2\mathrm{e}^{-2x}, & x\geqslant 0; \\ 0, & x<0; \end{cases} \qquad f_Y(y)=\begin{cases} \mathrm{e}^{-y}, & y\geqslant 0; \\ 0, & y<0. \end{cases}$$

容易看出 $f(x,y)=f_X(x)f_Y(y)$ 对一切 $x,y\in\mathbf{R}$ 都成立,因此 X 与 Y 独立.

例 3.2.8 设$(\Omega,\mathscr{F},P)$是任一概率空间,$A,B\in\mathscr{F}$ 是任意两个事件,I_A 与 I_B 是其对应的示性函数,即

$$I_A(w)=\begin{cases} 1, & w\in A; \\ 0, & w\notin A; \end{cases} \qquad I_B(w)=\begin{cases} 1, & w\in B; \\ 0, & w\notin B. \end{cases}$$

证明:事件 A 与 B 相互独立的充分必要条件是其示性函数 I_A 与 I_B 相互独立.

证明:易知 I_A 与 I_B 的联合分布律与边缘分布律如下:

I_A \ I_B	1	0	$p_i.$
1	$P(AB)$	$P(A\bar{B})$	$P(A)$
0	$P(\bar{A}B)$	$P(\bar{A}\bar{B})$	$P(\bar{A})$
$p._j$	$P(B)$	$P(\bar{B})$	1

从表中容易看出:如果 A 与 B 独立,即 $P(AB)=P(A)P(B)$,则有 $p_{ij}=p_i. \ p._j$ 对 $i,j=0,1$ 都成立,即 I_A 与 I_B 的联合分布律等于边缘分布律的乘积,所以 I_A 与 I_B 独

立. 反之, 如果 I_A 与 I_B 独立, 显然有 $P(AB)=P(A)P(B)$, 即 A 与 B 独立.

说明: 例 3.2.8 的结论可以推广到一般的二维两点分布.

设 (X,Y) 的分布律如下:

X ╲ Y	y_1	y_2	$p_i.$
x_1	p_{11}	p_{12}	$p_1.$
x_2	p_{21}	p_{22}	$p_2.$
$p._j$	$p._1$	$p._2$	1

如果 $p_{11}=p_1. \, p._1$, 或等价地 $p_{22}=p_2. \, p._2$, 则 X 与 Y 相互独立.

根据例 3.1.9 后的分析说明, 立即可得下述结论.

命题 3.2.4

若 (X,Y) 服从均匀分布 $U([a,b]\times[c,d])$, 则 X 与 Y 相互独立.

命题 3.2.5　二维正态变量独立的充要条件

若 (X,Y) 服从 $N(\mu_1,\sigma_1^2;\mu_2,\sigma_2^2;\rho)$, 则 X 与 Y 相互独立的充分必要条件是 $\rho=0$.

证明: 由式 (3.1.13) 知 (X,Y) 的联合密度函数为

$$f(x,y)=\frac{1}{2\pi\sigma_1\sigma_2\sqrt{1-\rho^2}}e^{-\frac{1}{2(1-\rho^2)}\left[\frac{(x-\mu_1)^2}{\sigma_1^2}-2\rho\frac{(x-\mu_1)(y-\mu_2)}{\sigma_1\sigma_2}+\frac{(y-\mu_2)^2}{\sigma_2^2}\right]},x,y\in\mathbf{R}.$$

由命题 3.1.1 知 $X\sim N(\mu_1,\sigma_1^2)$, $Y\sim N(\mu_2,\sigma_2^2)$, 所以其边缘密度函数的乘积为

$$f_X(x)\cdot f_Y(y)=\frac{1}{2\pi\sigma_1\sigma_2}\exp\left\{-\frac{(x-\mu_1)^2}{2\sigma_1^2}-\frac{(y-\mu_2)^2}{2\sigma_2^2}\right\},x,y\in\mathbf{R}.$$

比较上述两个式子, 可以发现 $f(x,y)=f_X(x)\cdot f_Y(y)\Leftrightarrow\rho=0$.

利用式 (3.2.13), 可以得到下述结论.

命题 3.2.6

若 X 与 Y 相互独立, 则对任意的 Borel 函数 $u(x),v(y)$, $U=u(X)$ 与 $V=v(Y)$ 也相互独立.

此外, 利用定义 3.2.7 判断两个连续型随机变量的独立性, 首先要计算出边缘密度函数, 再判断其乘积与联合密度函数是否相等. 通常情况下, 一个简易的做法是: 首先查看联合密度函数取值不为 0 的区域 (即支撑区域) 中, x 与 y 是否相互制约. 如果相互制约, 则对应的分量之间肯定不独立. 因为独立情况下, 联合密度要等于边缘密度的乘积, 而边缘密度的乘积中, 描述其支撑区域的 x 与 y 是不会相互制约的. 如果联合密度的支撑区域中, x 与 y 不形成相互制约, 再查看联合密度函数是否可以分解为两部分的乘积, 其中一部分仅与 x 有关, 另一部分仅与 y 有关. 如果能够分解, 则可判定这两个分量独立, 否则就不独立. 由于分解可能是任意的, 因此分解的两个部分就不一定恰好是各自的边缘密度. 想要得到边缘密度, 可以利用下面的结论进行处理.

命题 3.2.7

设连续型随机向量 (X,Y) 的联合密度函数为 $f(x,y)$，如果存在非负可积函数 $u(x),v(y)$，使得

$$f(x,y)=u(x)\cdot v(y)$$

对一切 $x,y\in\mathbf{R}$ 几乎处处成立，则 X 与 Y 相互独立。进一步，有

$$f_X(x)=u(x)\Big/\!\!\int_{-\infty}^{+\infty}u(x)\mathrm{d}x(\mathrm{a.s.}),\quad f_Y(y)=v(y)\Big/\!\!\int_{-\infty}^{+\infty}v(y)\mathrm{d}y(\mathrm{a.s.}).$$

例 3.2.9 随机向量 (X,Y) 的密度函数如下：

$$f_1(x,y)=\begin{cases}8xy, & 0<x<y<1;\\ 0, & \text{其他};\end{cases}\qquad f_2(x,y)=\begin{cases}4xy, & 0<x<1,0<y<1;\\ 0, & \text{其他}.\end{cases}$$

试分别判断 X 与 Y 的独立性。

解： 在 $f_1(x,y)$ 中，支撑区域即取值不为 0 的区域 $0<x<y<1$ 中，x 与 y 是相互制约的，所以其对应的分量 X 与 Y 肯定不独立。在 $f_2(x,y)$ 中，支撑区域中 x 与 y 没有相互制约。进一步，$f_2(x,y)$ 可以分解，比如

$$u(x)=\begin{cases}2x, & 0<x<1;\\ 0, & \text{其他};\end{cases}\qquad v(y)=\begin{cases}2y, & 0<y<1;\\ 0, & \text{其他}.\end{cases}$$

因此，X 与 Y 相互独立。当然，根据对称性，容易看出此处的分解恰好是 X 与 Y 的边缘密度。如果看不出来，则利用命题 3.2.7 进行处理。比如，若取 $u(x)=x,0<x<1$，则有 $\int_{-\infty}^{+\infty}u(x)\mathrm{d}x=\int_0^1 x\mathrm{d}x=\dfrac{1}{2}$，所以 X 的边缘密度为

$$f_X(x)=u(x)\Big/\!\!\int_{-\infty}^{+\infty}u(x)\mathrm{d}x=\begin{cases}2x, & 0<x<1;\\ 0, & \text{其他}.\end{cases}$$

现将有关随机变量独立性的一些命题推广到多维随机向量的情形，这些结论在第 5 章的极限理论和《数理统计学》中经常用到。为此，先将二维随机向量的一些概念推广到一般的 n 维随机向量。

随机向量 $(X_1,X_2,\cdots,X_n)$ 的联合分布函数为

$$F(x_1,x_2,\cdots,x_n)=P(X_1\leqslant x_1,X_2\leqslant x_2,\cdots,X_n\leqslant x_n),$$

其中 $(x_1,x_2,\cdots,x_n)\in\mathbf{R}^n$。根据联合分布函数，可得任意 $k(1\leqslant k<n)$ 维的边缘分布函数，反之则不一定。例如，$(X_1,\cdots,X_n)$ 关于 X_1 的一维边缘分布函数和关于 (X_1,X_2) 的二维边缘分布函数分别为

$$F_{X_1}(x_1)=F(x_1,+\infty,\cdots,+\infty),$$

$$F_{X_1,X_2}(x_1,x_2)=F(x_1,x_2,+\infty,\cdots,+\infty),$$

其中 $F_{X_1}(x_1)$ 又是 $F_{X_1,X_2}(x_1,x_2)$ 的边缘分布函数。

如果存在非负可积函数 $f(x_1,\cdots,x_n)$，使得对任意的实数 $x_1,\cdots,x_n$ 都有

$$F(x_1,\cdots,x_n)=\int_{-\infty}^{x_n}\cdots\int_{-\infty}^{x_1}f(x_1,\cdots,x_n)\mathrm{d}x_1\cdots\mathrm{d}x_n.$$

则称 $(X_1,\cdots,X_n)$ 为连续型随机向量，$f(x_1,\cdots,x_n)$ 为其（联合）密度函数。$(X_1,\cdots,X_n)$ 关于 X_1 的一维边缘密度函数和关于 (X_1,X_2) 的二维边缘密度函数分别为

$$f_{X_1}(x_1) = \int_{-\infty}^{+\infty} \cdots \int_{-\infty}^{+\infty} f(x_1, \cdots, x_n) \mathrm{d}x_2 \cdots \mathrm{d}x_n,$$

$$f_{X_1,X_2}(x_1, x_2) = \int_{-\infty}^{+\infty} \cdots \int_{-\infty}^{+\infty} f(x_1, \cdots, x_n) \mathrm{d}x_3 \cdots \mathrm{d}x_n,$$

其中 $f_{X_1}(x_1)$ 又是 $f_{X_1,X_2}(x_1, x_2)$ 的边缘密度函数. 其余边缘密度函数可类似得到.

如果 $X_1, \cdots, X_n$ 都是离散型随机变量,则 $(X_1, \cdots, X_n)$ 为离散型随机向量. 其联合分布律为

$$P(X_1 = x_1, X_2 = x_2, \cdots, X_n = x_n),$$

其中 x_i 为分量 X_i 的任意一个可能的取值,$i = 1, 2, \cdots, n$. 当然,仍然可以定义边缘分布律,且边缘分布律与联合分布律的关系仍然类似于二维离散型随机向量的情形.

定义 3.2.8　随机变量的独立性

对于随机向量 $(X_1, X_2, \cdots, X_n)$,如果

$$F(x_1, x_2, \cdots, x_n) = F_{X_1}(x_1) F_{X_2}(x_2) \cdots F_{X_n}(x_n)$$

对一切 $x_1, x_2, \cdots, x_n \in \mathbf{R}$ 都成立,则称 $X_1, X_2, \cdots, X_n$ 相互独立.

其等价定义为:对任意的 Borel 集 $A_1, A_2, \cdots, A_n$,如果

$$P(X_1 \in A_1, X_2 \in A_2, \cdots, X_n \in A_n) = P(X_1 \in A_1) P(X_2 \in A_2) \cdots P(X_n \in A_n),$$

$$(3.2.16)$$

则称 $X_1, X_2, \cdots, X_n$ 相互独立.

对于离散型随机向量 $(X_1, X_2, \cdots, X_n)$,如果

$$P(X_1 = x_1, X_2 = x_2, \cdots, X_n = x_n) = P(X_1 = x_1) P(X_2 = x_2) \cdots P(X_n = x_n),$$

其中 x_i 为分量 X_i 的一切可能取值,$i = 1, 2, \cdots, n$,则 $X_1, X_2, \cdots, X_n$ 相互独立.

对于连续型随机向量 $(X_1, X_2, \cdots, X_n)$,如果

$$f(x_1, x_2, \cdots, x_n) = f_{X_1}(x_1) f_{X_2}(x_2) \cdots f_{X_n}(x_n)$$

对一切 $x_1, x_2, \cdots, x_n \in \mathbf{R}$ 都几乎处处成立,则称 $X_1, X_2, \cdots, X_n$ 相互独立.

命题 3.2.8

如果随机变量 $X_1, X_2, \cdots, X_n$ 相互独立,则其中任意 $k(2 \leqslant k < n)$ 个随机变量也相互独立,即独立的随机向量的任意部分组也相互独立.

命题 3.2.6 可以相应地推广到多维情形:

命题 3.2.9

如果随机变量 $X_1, X_2, \cdots, X_n$ 相互独立,则对任意 n 个 Borel 函数 $u_1(x), u_2(x), \cdots, u_n(x), U_1 = u_1(X_1), U_2 = u_2(X_2), \cdots, U_n = u_n(X_n)$ 也相互独立.

定义 3.2.9　随机向量的独立性

对于 n 维随机向量 $\boldsymbol{X} = (X_1, \cdots, X_n)$ 与 m 维随机向量 $\boldsymbol{Y} = (Y_1, \cdots, Y_m)$,若

$$F(x_1, \cdots, x_n, y_1, \cdots, y_m) = F_X(x_1, \cdots, x_n) F_Y(y_1, \cdots, y_m),$$

则称 $\boldsymbol{X}$ 与 $\boldsymbol{Y}$ 相互独立.

对于离散型情形和连续型情形,可分别利用联合分布律和联合密度函数仿照上述定义给出判定结论.此外,命题 3.2.6 也可进行如下推广.

命题 3.2.10

若 n 维随机向量 $\boldsymbol{X}$ 与 m 维随机向量 $\boldsymbol{Y}$ 相互独立,则对任意的 n 维 Borel 函数 $u(x_1,\cdots,x_n)$ 与 m 维 Borel 函数 $v(y_1,\cdots,y_m)$,$U=u(\boldsymbol{X})$ 与 $V=v(\boldsymbol{Y})$ 也相互独立.

最后,再将独立性的概念推广到无穷维的情形:

定义 3.2.10 随机变量序列的独立性

对于随机变量序列 $X_1,X_2,\cdots$,如果其中的任意有限个相互独立,则称这个随机变量序列 $X_1,X_2,\cdots$ 相互独立.

习 题 3.2

3.2.1 以 X 记某医院一天出生的婴儿的个数,Y 记其中男婴的个数,设 X 和 Y 的联合分布律为

$$P\{X=n,Y=m\}=\frac{\mathrm{e}^{-14}(7.14)^m(6.86)^{n-m}}{m!\ (n-m)!},$$

$$m=0,1,2,\cdots,n;n=0,1,2,\cdots.$$

(1) 求边缘分布律;

(2) 求条件分布律;

(3) 写出当 $X=20$ 时,Y 的条件分布律.

3.2.2 在习题 3.1.7 中,求:

(1) 条件密度函数 $f_{X|Y}(x|y)$,并写出当 $Y=\dfrac{1}{2}$ 时 X 的条件密度函数;

(2) 条件密度函数 $f_{Y|X}(y|x)$,并分别写出当 $X=\dfrac{1}{3}$ 与 $X=\dfrac{1}{2}$ 时 Y 的条件密度函数;

(3) 条件概率 $P\left(Y\geqslant\dfrac{1}{4}\,\Big|\,X=\dfrac{1}{2}\right),P\left(Y\geqslant\dfrac{3}{4}\,\Big|\,X=\dfrac{1}{2}\right).$

3.2.3 设随机向量 (X,Y) 的密度函数为

$$f(x,y)=\begin{cases}1, & |y|<x,0<x<1;\\ 0, & 其他.\end{cases}$$

求条件密度函数 $f_{Y|X}(y|x),f_{X|Y}(x|y).$

3.2.4 设随机向量 (X,Y) 的分布函数为

$$F(x,y)=\begin{cases}(1-\mathrm{e}^{-\alpha x})y, & x\geqslant0,0\leqslant y\leqslant1;\\ 1-\mathrm{e}^{-\alpha x}, & x\geqslant0,y>1;\\ 0, & 其他.\end{cases}$$

其中 $\alpha > 0$. 证明 X 与 Y 相互独立.

3.2.5　设随机向量 (X,Y) 的分布律为

$$P(X=x,Y=y)=p^2(1-p)^{x+y-2},0<p<1,$$

其中 x,y 均为正整数. 问 X 与 Y 是否相互独立.

3.2.6　设 X 和 Y 是两个相互独立的随机变量,X 在区间 $(0,1)$ 上服从均匀分布,Y 的密度函数为

$$f_Y(y)=\begin{cases} \dfrac{1}{2}e^{-\frac{y}{2}}, & y>0; \\ 0, & y\leqslant 0. \end{cases}$$

(1) 求 X 和 Y 的联合密度函数;

(2) 设含有 a 的二次方程为 $a^2+2Xa+Y=0$,试求 a 有实根的概率.

3.3　随机向量函数的分布

设 $\boldsymbol{X}=(X_1,X_2,\cdots,X_n)$ 是随机向量,它是 $(\Omega,\mathscr{F},P)$ 到 $(\mathbf{R}^n,\mathscr{B}_n)$ 上的一个可测映射,其中 $\mathscr{B}_n$ 为 $\mathbf{R}^n$ 上的 Borel 域. 设 $g(x_1,x_2,\cdots,x_n)$ 是 n 元 Borel 函数,它是 $(\mathbf{R}^n,\mathscr{B}_n)$ 到 $(\mathbf{R},\mathscr{B})$ 的一个可测函数,则 $Y=g(X_1,X_2,\cdots,X_n)$ 是一个(一维的)随机变量,它是 $(\Omega,\mathscr{F},P)$ 到 $(\mathbf{R},\mathscr{B})$ 的一个可测函数.

这就是随机向量的函数,本节的内容是已知 $\boldsymbol{X}$ 的分布,如何求其函数 $Y=g(\boldsymbol{X})$ 的分布.

求随机向量函数的分布是一类技巧性很强的工作,不但在离散场合和连续场合的方法不同,对不同形式的函数也要采用不同的方法,甚至有些特殊形式的函数只能采取特定的方法.

3.3.1　离散型随机向量函数的分布

在离散场合,如果随机向量 $(X_1,X_2,\cdots,X_n)$ 的所有可能取值较少,则可将其函数 $Y=g(X_1,X_2,\cdots,X_n)$ 的取值一一列出,然后合并整理就可得出结果.

例 3.3.1　已知 (X,Y) 的分布律如下:

X \ Y	0	1	2
−1	1/12	1/12	3/12
0	2/12	1/12	0
1	2/12	0	2/12

试求:(1) $Z_1=X+Y$;(2) $Z_2=|X-Y|$;(3) $Z_3=\max\{X,Y\}$ 的分布律.

解:将 (X,Y) 的分布律改写为下表(其中取值概率为 0 的点已剔除),并将各个函数的取值对应列在同一表中:

(X,Y)	$(-1,0)$	$(-1,1)$	$(-1,2)$	$(0,0)$	$(0,1)$	$(1,0)$	$(1,2)$
p_{ij}	1/12	1/12	3/12	2/12	1/12	2/12	2/12
$X+Y$	-1	0	1	0	1	1	3
$\lvert X-Y\rvert$	1	2	3	0	1	1	1
$\max\{X,Y\}$	0	1	2	0	1	1	2

然后对结果合并整理即可得各个函数的分布律：

Z_1	-1	0	1	3
p_i	1/12	3/12	6/12	2/12

Z_2	0	1	2	3
p_i	2/12	6/12	1/12	3/12

Z_3	0	1	2
p_i	3/12	4/12	5/12

若随机向量 $(X_1,X_2,\cdots,X_n)$ 的所有可能取值较多时，一般可探寻其规律求解.

例 3.3.2 设 X 与 Y 是相互独立的取非负整数值的随机变量，其分布律分别如下：

$$X\sim\begin{pmatrix} 0 & 1 & 2 & \cdots & n & \cdots \\ a_0 & a_1 & a_2 & \cdots & a_n & \cdots \end{pmatrix}, \quad Y\sim\begin{pmatrix} 0 & 1 & 2 & \cdots & n & \cdots \\ b_0 & b_1 & b_2 & \cdots & b_n & \cdots \end{pmatrix}.$$

求 $X+Y$ 的分布律.

解： 对任意的整数 $n\geqslant 0$，由独立性可得

$$P(X+Y=n)=P\Big(\bigcup_{i=0}^{n}\{X=i,Y=n-i\}\Big)=\sum_{i=0}^{n}P(X=i,Y=n-i)$$

$$=\sum_{i=0}^{n}P(X=i)P(Y=n-i)=\sum_{i=0}^{n}a_i b_{n-i}.$$

上述结果通常称为离散场合的卷积公式，可看成是以 $\{a_n\}$ 和 $\{b_n\}$ 为系数的两个幂级数的乘积. 利用这个结果，我们可以证明下述结论.

命题 3.3.1　二项分布的可加性

设 $X\sim B(n,p)$，$Y\sim B(m,p)$，且 X 与 Y 相互独立，则 $X+Y\sim B(n+m,p)$.

证明： 首先，$X+Y$ 的可能取值为 $0,1,\cdots,n+m$. 其次，对任意的整数 $0\leqslant k\leqslant n+m$，由独立性可知

$$P(X+Y=k)=\sum_{i=0}^{k}P(X=i)P(Y=k-i)$$

$$=\sum_{i=0}^{k}\mathrm{C}_n^i p^i(1-p)^{n-i}\mathrm{C}_m^{k-i}p^{k-i}(1-p)^{m-k+i}$$

$$=p^k(1-p)^{n+m-k}\sum_{i=0}^{n}\mathrm{C}_n^i\mathrm{C}_m^{k-i}$$

$$= C_{n+m}^k p^k (1-p)^{n+m-k}.$$

注意：当 $i>n$ 或 $k-i>m$ 时，有 $C_n^i=0$ 和 $C_m^{k-i}=0$. 因此，上述推导过程对于 $i>n$ 或 $k-i>m$ 仍有意义. 此外，最后一步由附录 Ⅱ 中的式（Ⅱ.3.2）得到. 于是 $X+Y\sim B(n+m,p)$.

> **定义 3.3.1　可加性**
>
> 　　服从同一分布族的两个相互独立的随机变量，如果其和仍然服从同样的分布族，则称该分布族具有可加性，或称再生性.

说明：可加性是概率论中一个经常使用的概念，是某些概率分布族具有的重要性质. 定义中的**相互独立**和**同一个分布族**是可加性成立的前提，**其和服从同样的分布族**是可加性成立的结论. 在分布族的可加性中，通常伴随着某些对应参数的相加，这也是称其为"可加性"的原因. 例如，二项分布（族）具有可加性，是指独立的二项分布之和仍然是二项分布，且第一个参数是相应参数的和，因此常说"二项分布对第一个参数具有可加性". 由于只是对第一个参数具有可加性，所以第二个参数必须相同.

注意到在命题 3.3.1 的证明过程中使用了卷积公式，因此也常说"二项分布的卷积仍是二项分布"，且表示如下：
$$B(n,p) * B(m,p)=B(n+m,p).$$
关于卷积的概念，将在 4.4 节做进一步介绍，此处可理解为"寻求两个独立随机变量和的分布"的一种运算.

显然，可加性可以推广到有限个独立的随机变量之和的分布中去. 比如，相互独立的 n 个随机变量 $X_1,\cdots,X_n$ 皆服从二项分布（第二个参数必须都相同），则其和仍服从二项分布，即
$$B(n_1,p) * B(n_2,p) * \cdots * B(n_k,p)=B(n_1+n_2+\cdots+n_k,p).$$
特别地，当 $n_1=n_2=\cdots=n_k=1$ 时，有
$$B(1,p) * B(1,p) * \cdots * B(1,p)=B(k,p).$$
这表明：如果 $X_1,X_2,\cdots,X_n$ 独立同分布于 $B(1,p)$，则其和 $\sum_{i=1}^n X_i \sim B(n,p)$. 或者说，服从二项分布 $B(n,p)$ 的随机变量可以分解成 n 个相互独立的 0—1 分布的随机变量之和. 前者是已得到的结论，后者实际上是"可分性"的概念，这在 4.4 节将进行更详细的介绍.

二项分布具有可加性的直观意义是很明显的. 进行伯努利试验，每次试验成功的概率为 p 保持不变. X 表示前 n 次试验中试验成功的次数，而 Y 表示接下来的 m 次试验中成功的次数. 由于试验之间是独立的，那么 $X+Y$ 显然就是这 $n+m$ 次试验中总的成功次数. 这也可以解释为什么二项分布仅对第一个参数具有可加性，因为第二个参数在试验中是不能变的.

泊松分布和负二项分布也同样具有可加性.

命题 3.3.2   泊松分布和负二项分布的可加性

(1) 设 $X \sim Pos(\lambda_1)$，$Y \sim Pos(\lambda_2)$，且 X 与 Y 相互独立，则 $X+Y \sim Pos(\lambda_1+\lambda_2)$.

(2) 设 $X \sim NB(r_1,p)$，$Y \sim NB(r_2,p)$，且 X 与 Y 相互独立，则 $X+Y \sim NB(r_1+r_2,p)$.

请读者利用卷积公式自行证明命题 3.3.2，并理解其直观意义.

3.3.2   连续型随机向量函数的分布

设连续型随机向量 (X,Y) 的密度函数为 $f(x,y)$，$Z=g(X,Y)$，Z 的分布函数和密度函数分别记为 $F_Z(z)$ 和 $f_Z(z)$. 求解 $f_Z(z)$ 的大致思路如下：

(1) 根据 $z=g(x,y)$ 的取值情况，确定 z 的取值范围. 首先确定 $F_Z(z)=0$ 和 $F_Z(z)=1$ 的情况，对其余的 z，记 $D(z)=\{(x,y):g(x,y) \leqslant z\}$.

(2) 计算 $F_Z(z)=P(Z \leqslant z)=P(g(X,Y) \leqslant z)=\iint\limits_{D(z)} f(x,y)\mathrm{d}x\mathrm{d}y$，尽量将此积分求出来，或者表示成关于 z 的变上限函数.

(3) 对 z 求导，得到 $f_Z(z)=F'_Z(z)$.

例 3.3.3   设 (X,Y) 的联合密度函数为

$$f(x,y)=\begin{cases} 3x, & 0<y<x<1; \\ 0, & \text{其他}. \end{cases}$$

试求 $Z=X-Y$ 的密度函数.

解：联合密度函数 $f(x,y)$ 的支撑区域为 $0<y<x<1$，如图 3.3.1a 所示. 在该区域内，$0<x-y<1$. 因此，当 $z \leqslant 0$ 时，$F_Z(z)=0$；当 $z \geqslant 1$ 时，$F_Z(z)=1$. 当 $0<z<1$ 时，积分区域 $D(z)=\{(x,y):x-y \leqslant z\}$ 如图 3.3.1b 所示.

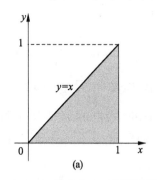 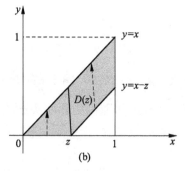

图 3.3.1   支撑区域 $f(x,y)>0$ 与积分区域 $x-y \leqslant z$

于是有

$$\begin{aligned} F_Z(z) &= P(X-Y \leqslant z) = \iint\limits_{x-y \leqslant z} f(x,y)\mathrm{d}x\mathrm{d}y \\ &= 3\left(\int_0^z x\mathrm{d}x \int_0^x \mathrm{d}y + \int_z^1 x\mathrm{d}x \int_{x-z}^x \mathrm{d}y\right) \\ &= 3\left(\int_0^z x^2\mathrm{d}x + \int_z^1 zx\mathrm{d}x\right) = \frac{3}{2}z - \frac{1}{2}z^3. \end{aligned}$$

求导即可得

$$f_Z(z) = F_Z'(z) = \begin{cases} \dfrac{3}{2}(1-z^2), & 0 < z < 1; \\ 0, & \text{其他.} \end{cases}$$

下面讨论两类常见函数的分布.

1. 和的分布

设 (X, Y) 的联合密度函数为 $f(x, y)$,则 $Z = X + Y$ 的分布函数为

$$F_Z(z) = P(X + Y \leqslant z) = \iint\limits_{x+y \leqslant z} f(x, y) \mathrm{d}x\mathrm{d}y - \int_{-\infty}^{+\infty} \left[\int_{-\infty}^{z-x} f(x, y) \mathrm{d}y \right] \mathrm{d}x.$$

对积分变量进行换元,令 $y = u - x$. 注意:此时 x 是常量,u 是变量. 所以,

$$F_Z(z) = \int_{-\infty}^{+\infty} \left[\int_{-\infty}^{z} f(x, u-x) \mathrm{d}u \right] \mathrm{d}x = \int_{-\infty}^{z} \left[\int_{-\infty}^{+\infty} f(x, u-x) \mathrm{d}x \right] \mathrm{d}u.$$

对其求导可得

$$f_Z(z) = \int_{-\infty}^{+\infty} f(x, z-x) \mathrm{d}x. \tag{3.3.1}$$

此即连续型场合和的密度函数公式. 根据对称性,有

$$f_Z(z) = \int_{-\infty}^{+\infty} f(z-y, y) \mathrm{d}y. \tag{3.3.2}$$

如果 X 与 Y 相互独立,其边缘密度函数分别为 $f_X(x)$,$f_Y(y)$,则上两式可化为

$$f_Z(z) = \int_{-\infty}^{+\infty} f_X(x) f_Y(z-x) \mathrm{d}x, \tag{3.3.3}$$

$$f_Z(z) = \int_{-\infty}^{+\infty} f_X(z-y) f_Y(y) \mathrm{d}y. \tag{3.3.4}$$

上述结果就是**连续场合的卷积公式**.

例 3.3.4　在一个电路中,电阻 R_1 和 R_2 串联连接. 设 R_1 和 R_2 相互独立,且其密度函数均为

$$f(x) = \begin{cases} \dfrac{10-x}{50}, & 0 \leqslant x \leqslant 10; \\ 0, & \text{其他.} \end{cases}$$

求总电阻 $R = R_1 + R_2$ 的概率密度.

解:根据卷积公式(3.3.3),R 的密度函数为

$$f_R(z) = \int_{-\infty}^{+\infty} f_{R_1}(x) f_{R_2}(z-x) \mathrm{d}x.$$

其中被积函数大于 0 的积分区域应满足

$$\begin{cases} 0 \leqslant x \leqslant 10, \\ 0 \leqslant z - x \leqslant 10, \end{cases} \quad \text{即} \quad \begin{cases} 0 \leqslant x \leqslant 10, \\ z - 10 \leqslant x \leqslant z. \end{cases}$$

易知 R 的取值范围为 $[0, 20]$. 如图 3.3.2 所示,当 $0 \leqslant z \leqslant 10$ 时,有

$$f_R(z) = \int_0^z \frac{10-x}{50} \cdot \frac{10-(z-x)}{50} \mathrm{d}x = \frac{600z - 60z^2 + z^3}{15000}.$$

当 $10 < z \leqslant 20$ 时,有

$$f_R(z) = \int_{z-10}^{10} \frac{10-x}{50} \cdot \frac{10-(z-x)}{50} dx = \frac{(20-z)^3}{15000}.$$

于是,R 的概率密度为

$$f_R(z) = \begin{cases} (600z - 60z^2 + z^3)/15000, & 0 \leqslant z \leqslant 10; \\ (20-z)^3/15000, & 10 < z \leqslant 20; \\ 0, & 其他. \end{cases}$$

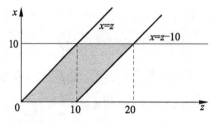

图 3.3.2　例 3.3.4 密度函数

命题 3.3.3　正态分布的可加性

设 $X \sim N(\mu_1, \sigma_1^2)$,$Y \sim N(\mu_2, \sigma_2^2)$,且 X 与 Y 相互独立,则

$$X + Y \sim N(\mu_1 + \mu_2, \sigma_1^2 + \sigma_2^2).$$

证明:记 $Z = X + Y$. 首先,Z 的取值范围为 $(-\infty, +\infty)$. 根据式(3.3.3),有

$$f_Z(z) = \frac{1}{2\pi\sigma_1\sigma_2} \int_{-\infty}^{+\infty} \exp\left\{-\frac{1}{2}\left[\frac{(x-\mu_1)^2}{\sigma_1^2} + \frac{(z-x-\mu_2)^2}{\sigma_2^2}\right]\right\} dx$$

$$= \frac{1}{2\pi\sigma_1\sigma_2} \int_{-\infty}^{+\infty} e^{-\frac{1}{2\sigma_1^2\sigma_2^2}\{\sigma_2^2(x-\mu_1)^2 + \sigma_1^2[z-\mu_1-\mu_2-(x-\mu_1)]^2\}} dx.$$

令 $u = x - \mu_1$,$v = z - (\mu_1 + \mu_2)$,则

$$f_Z(z) = \frac{1}{2\pi\sigma_1\sigma_2} \int_{-\infty}^{+\infty} \exp\left\{-\frac{1}{2\sigma_1^2\sigma_2^2}[\sigma_2^2 u^2 + \sigma_1^2(v-u)^2]\right\} du$$

$$= \frac{1}{2\pi\sigma_1\sigma_2} \int_{-\infty}^{+\infty} \exp\left\{-\frac{\sigma_1^2 + \sigma_2^2}{2\sigma_1^2\sigma_2^2}\left(u - \frac{\sigma_1^2}{\sigma_1^2 + \sigma_2^2}v\right)^2 - \frac{v^2}{2(\sigma_1^2 + \sigma_2^2)}\right\} du$$

$$= \frac{1}{\sqrt{2\pi}\sqrt{\sigma_1^2 + \sigma_2^2}} \exp\left\{-\frac{v^2}{2(\sigma_1^2 + \sigma_2^2)}\right\} \cdot \frac{\sqrt{\sigma_1^2 + \sigma_2^2}}{\sqrt{2\pi}\sigma_1\sigma_2} \int_{-\infty}^{+\infty} e^{-\frac{\sigma_1^2 + \sigma_2^2}{2\sigma_1^2\sigma_2^2}\left(u - \frac{\sigma_1^2}{\sigma_1^2 + \sigma_2^2}v\right)^2} du$$

$$= \frac{1}{\sqrt{2\pi}\sqrt{\sigma_1^2 + \sigma_2^2}} \exp\left\{-\frac{(z - \mu_1 - \mu_2)^2}{2(\sigma_1^2 + \sigma_2^2)}\right\}.$$

注意到上式恰好是正态密度函数,于是结论得证.

正态分布的可加性表明:两个独立的正态变量之和仍为正态变量,其分布中的两个参数都分别对应相加,即

$$N(\mu_1, \sigma_1^2) * N(\mu_2, \sigma_2^2) = N(\mu_1 + \mu_2, \sigma_1^2 + \sigma_2^2). \tag{3.3.5}$$

显然,这个结论可以推广到有限个独立正态变量之和的情形.

结合命题 2.4.3 和命题 3.3.3 可得:任意 n 个相互独立的正态变量的线性组合仍是正态变量,即若 $X_i \sim N(\mu_i, \sigma_i^2)$,$i = 1, 2, \cdots, n$;$a_1, a_2, \cdots, a_n$ 是不全为 0 的任意实数,则有

$$\sum_{i=1}^{n} a_i X_i \sim N\Big(\sum_{i=1}^{n} a_i \mu_i, \sum_{i=1}^{n} a_i^2 \sigma_i^2 \Big). \qquad (3.3.6)$$

关于正态分布的结论，请同学们自行进行总结. 在 4.5 节，我们会将这些结论系统地推广到 n 维正态分布.

例 3.3.5　设随机变量 X 与 Y 相互独立，且均服从指数分布 $Exp(\lambda)$. 试求 $Z = X + Y$ 的密度函数.

解：指数分布的密度函数见式(2.3.16). 当 $z \geqslant 0$ 时，由于 X 与 Y 相互独立，根据式(3.3.3)可得

$$f_Z(z) = \int_{-\infty}^{+\infty} f_X(x) f_Y(z-x)\, \mathrm{d}x = \int_0^z \lambda \mathrm{e}^{-\lambda x} \cdot \lambda \mathrm{e}^{-\lambda(z-x)}\, \mathrm{d}x = \lambda^2 z \mathrm{e}^{-\lambda z}.$$

于是 Z 的密度函数为

$$f_Z(z) = \begin{cases} \lambda^2 z \mathrm{e}^{-\lambda z}, & z \geqslant 0; \\ 0, & z < 0. \end{cases} \qquad (3.3.7)$$

为了探求上述结论的意义，这里给出伽玛分布的定义.

定义 3.3.2　伽玛分布

若随机变量 X 的密度函数为

$$f_X(x) = \begin{cases} \dfrac{\lambda \alpha}{\Gamma(\alpha)} x^{\alpha-1} \mathrm{e}^{-\lambda x}, & x \geqslant 0; \\ 0, & z < 0. \end{cases} \qquad (3.3.8)$$

则称 X 服从伽玛分布，记为 $X \sim Ga(\alpha, \lambda)$. 其中，参数 $\alpha > 0$ 为形状参数，$\lambda > 0$ 为尺度参数，$\Gamma(\,\cdot\,)$ 为伽玛函数.

在伽玛分布的密度函数中，令 $\alpha = 1$，则式(3.3.8)就退化为式(2.3.16). 这说明指数分布 $Exp(\lambda)$ 是一个特殊的伽玛分布 $Ga(1, \lambda)$. 如果式(3.3.8)中的 $\alpha = 2$，则得到式(3.3.7)，即：若 $X \sim Ga(1, \lambda)$，$Y \sim Ga(1, \lambda)$，且 X 与 Y 相互独立，则 $X + Y \sim Ga(2, \lambda)$. 这是不是说明伽玛分布关于形状参数 α 具有可加性呢？事实上，存在下述结论：

$$Ga(\alpha_1, \lambda) * Ga(\alpha_2, \lambda) = Ga(\alpha_1 + \alpha_2, \lambda). \qquad (3.3.9)$$

即两个尺度参数相同的独立的伽玛变量之和仍为伽玛变量，其尺度参数不变，形状参数相加.

反复运用式(3.3.9)，并注意到指数分布与伽玛分布之间的关系，于是有

$$\underbrace{Exp(\lambda) * Exp(\lambda) * \cdots * Exp(\lambda)}_{n \text{ 个}} = Ga(n, \lambda), \qquad (3.3.10)$$

即 n 个独立同分布的指数变量之和为伽玛变量.

在定义 2.4.2 中，我们定义了卡方分布. 如果在伽玛分布的密度函数中，令 $\alpha = \dfrac{n}{2}$，$\lambda = \dfrac{1}{2}$，则式(3.3.8)就退化为式(2.4.5). 这说明卡方分布 $\chi^2(n)$ 也是一个特殊的伽玛分布 $Ga\Big(\dfrac{n}{2}, \dfrac{1}{2}\Big)$，即

$$\chi^2(n) = Ga\left(\frac{n}{2}, \frac{1}{2}\right).$$

于是,根据伽玛分布的可加性立即可知,卡方分布具有可加性,即

$$\chi^2(n) * \chi^2(m) = \chi^2(n+m). \tag{3.3.11}$$

在例 2.4.5 中,我们证明了:若 $X \sim N(0,1)$,则 $X^2 \sim \chi^2(1)$.根据卡方分布的可加性,反复运用式(3.3.11)可知:若 $X_i \sim N(0,1)$,$i=1,2,\cdots,n$,且它们相互独立,则有

$$X_1^2 + X_2^2 + \cdots + X_n^2 \sim \chi^2(n). \tag{3.3.12}$$

即 n 个独立的标准正态变量的平方和服从自由度为 n 的卡方分布.卡方分布中的参数 n 之所以叫作"自由度",就是因为它表示其构造中能够自由变化的正态变量的个数.这些结论在《数理统计学》中非常重要.

2. 最值分布

设 X 与 Y 是相互独立的两个随机变量,其分布函数分别为 $F_X(x)$,$F_Y(y)$.令 $M=\max\{X,Y\}$,$N=\min\{X,Y\}$,则由独立性它们的分布函数分别如下:

$$F_{\max}(z) = P(M \leqslant z) = P(X \leqslant z, Y \leqslant z) = P(X \leqslant z)P(Y \leqslant z) = F_X(z)F_Y(z).$$
$$F_{\min}(z) = P(N \leqslant z) = 1 - P(N > z) = 1 - P(X > z, Y > z)$$
$$= 1 - P(X > z)P(Y > z) = 1 - [1 - F_X(z)][1 - F_Y(z)].$$

上述结论容易进行推广,即:设 $X_1,X_2,\cdots,X_n$ 是相互独立的随机变量,其分布函数为 $F_{X_i}(x)$,$i=1,2,\cdots,n$.令 $X_{(1)}=\min\{X_1,X_2,\cdots,X_n\}$,$X_{(n)}=\max\{X_1,X_2,\cdots,X_n\}$,则其分布函数分别为

$$F_{X_{(1)}}(x) = 1 - \prod_{i=1}^{n}[1 - F_{X_i}(x)]. \tag{3.3.13}$$

$$F_{X_{(n)}}(x) = \prod_{i=1}^{n} F_{X_i}(x). \tag{3.3.14}$$

在独立同分布的情况下,上述结论可以简化.这也是更常见的情形,下面以命题的形式给出.

命题 3.3.4 最值分布

设 $X_1,X_2,\cdots,X_n$ 是独立同分布的随机变量,其共同的分布函数为 $F(x)$,则有

$$F_{X_{(1)}}(x) = 1 - [1 - F(x)]^n, \quad F_{X_{(n)}}(x) = [F(x)]^n. \tag{3.3.15}$$

如果 $X_1,X_2,\cdots,X_n$ 是独立同分布的连续型随机变量,其共同的分布函数和密度函数为 $F(x)$,$f(x)$,则由式(3.3.15)可得

$$f_{X_{(1)}}(x) = n[1 - F(x)]^{n-1}f(x), \quad f_{X_n}(x) = nF^{n-1}(x)f(x). \tag{3.3.16}$$

例 3.3.6 一个电路系统 L 由两个相互独立的电器元件 L_1,L_2 连接而成,连接方式如图 3.3.3 所示,分为(a)串联、(b)并联、(c)备用(当 L_1 损坏时 L_2 开始工作)三种.设 L_1,L_2 的寿命分别为 (X,Y),并且 $X \sim Exp(\lambda_1)$,$Y \sim Exp(\lambda_2)$.试就三种连接方式分别求系统 L 的寿命的概率分布规律.

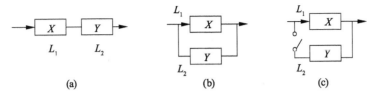

图 3.3.3　例 3.3.6 电器元件

解：X 与 Y 的密度函数分别为

$$f_X(x) = \begin{cases} \lambda_1 e^{-\lambda_1 x}, & x \geqslant 0; \\ 0, & x < 0; \end{cases} \qquad f_Y(y) = \begin{cases} \lambda_1 e^{-\lambda_2 y}, & y \geqslant 0; \\ 0, & y < 0. \end{cases}$$

其分布函数分别为

$$F_X(x) = \begin{cases} 1 - e^{-\lambda_1 x}, & x \geqslant 0; \\ 0, & x < 0; \end{cases} \qquad f_Y(y) = \begin{cases} 1 - e^{-\lambda_2 y}, & y \geqslant 0; \\ 0, & y < 0. \end{cases}$$

（1）串联方式下，当 L_1, L_2 中有一个损坏时系统 L 就停止工作，因此系统 L 的寿命应为 $Z = \min\{X, Y\}$. 于是，由式（3.3.13）可得

$$F_{\min}(z) = 1 - [1 - F_X(z)][1 - F_Y(z)] = \begin{cases} 1 - e^{-(\lambda_1 + \lambda_2)z}, & z \geqslant 0; \\ 0, & z < 0. \end{cases}$$

这说明：此时系统 L 的寿命仍服从指数分布 $Exp(\lambda_1 + \lambda_2)$. 注意，这不是指数分布的可加性.

（2）并联方式下，当且仅当 L_1, L_2 全都损坏时系统 L 才停止工作，因此 L 的寿命为 $Z = \max\{X, Y\}$. 于是，由式（3.3.14）可得

$$F_{\max}(x) = F_X(z)F_Y(z) = \begin{cases} (1 - e^{-\lambda_1 z})(1 - e^{-\lambda_2 z}), & z \geqslant 0; \\ 0, & z < 0. \end{cases}$$

（3）备用方式下，系统 L 的寿命应为元件 L_1, L_2 的寿命之和，即 $Z = X + Y$. 于是，由式（3.3.4）可知：当 $z \geqslant 0$ 时，有

$$f_Z(z) = \int_{-\infty}^{+\infty} f_X(z - y)f_Y(y)\,\mathrm{d}y = \int_0^z \lambda_1 e^{-\lambda_1(z - y)}\lambda_2 e^{-\lambda_2 y}\,\mathrm{d}y$$

$$= \lambda_1 \lambda_2 e^{-\lambda_1 z} \int_0^z e^{-(\lambda_2 - \lambda_1)y}\,\mathrm{d}y = \frac{\lambda_1 \lambda_2}{\lambda_2 - \lambda_1}(e^{-\lambda_1 z} - e^{-\lambda_2 z}).$$

于是，Z 的密度函数为

$$f_Z(z) = \begin{cases} \dfrac{\lambda_1 \lambda_2}{\lambda_2 - \lambda_1}(e^{-\lambda_1 z} - e^{-\lambda_2 z}), & z \geqslant 0; \\ 0, & z < 0. \end{cases}$$

例 3.3.7　设 $X_1, X_2, \cdots, X_n$ 是独立同分布的连续型随机变量，其共同的分布函数和密度函数为 $F(x), f(x)$. 证明：$P(X_n > \max\{X_1, X_2, \cdots, X_{n-1}\}) = \dfrac{1}{n}$.

解：由于 $X_1, X_2, \cdots, X_n$ 相互独立，所以 $(X_1, X_2, \cdots, X_n)$ 的联合密度函数为 $f(x_1)$ $f(x_2)\cdots f(x_n)$. 于是，

$$P(X_n > \max\{X_1, X_2, \cdots, X_{n-1}\})$$
$$= P(X_n > X_1)P(X_n > X_2)\cdots P(X_n > X_{n-1})$$

$$= \int\limits_{x_1 \leqslant x_n} \int\limits_{x_2 \leqslant x_n} \cdots \int\limits_{x_{n-1} \leqslant x_n} f(x_1) f(x_2) \cdots f(x_n) \mathrm{d}x_1 \mathrm{d}x_2 \cdots \mathrm{d}x_n$$

$$= \int_{-\infty}^{+\infty} f(x_n) \mathrm{d}x_n \int_{-\infty}^{x_n} f(x_{n-1}) \mathrm{d}x_{n-1} \cdots \int_{-\infty}^{x_n} f(x_1) \mathrm{d}x_1$$

$$= \int_{-\infty}^{+\infty} F^{n-1}(x_n) f(x_n) \mathrm{d}x_n = \int_{-\infty}^{+\infty} F^{n-1}(x_n) \mathrm{d}F(x_n)$$

$$= \frac{1}{n} F^n(x_n) \Big|_{-\infty}^{+\infty} = \frac{1}{n}.$$

3.3.3　随机向量的变换

对于随机向量的函数,有时候需要研究几个函数组成的随机向量.

设 $\boldsymbol{X} = (X_1, X_2, \cdots, X_n)$ 是随机向量,考虑它的 m 个函数

$$Y_1 = g_1(X_1, X_2, \cdots, X_n),$$
$$Y_2 = g_2(X_1, X_2, \cdots, X_n),$$
$$\cdots\cdots$$
$$Y_m = g_m(X_1, X_2, \cdots, X_n).$$

如果 $g_1, g_2, \cdots, g_m$ 都是 Borel 函数,则 $\boldsymbol{Y} = (Y_1, Y_2, \cdots, Y_m)$ 是随机向量.通常称为由 n 维随机向量 $\boldsymbol{X}$ 到 m 维随机向量 $\boldsymbol{Y}$ 的变换.

我们重点讨论二维连续型随机向量 (X, Y) 变换成二维连续型随机向量 (U, V) 的情形.下面的结论类似于命题 2.4.2,也可推广到任意的 $n = m$ 的场合.

命题 3.3.5　随机向量变换

设 (X, Y) 的联合密度函数为 $f(x, y)$,如果函数 $\begin{cases} u = u(x, y), \\ v = v(x, y) \end{cases}$ 有连续偏导数,且

存在唯一的反函数 $\begin{cases} x = x(u, v), \\ y = y(u, v). \end{cases}$ 其雅可比行列式

$$J = \frac{\partial(x, y)}{\partial(u, v)} = \begin{vmatrix} \dfrac{\partial x}{\partial u} & \dfrac{\partial x}{\partial v} \\ \dfrac{\partial y}{\partial u} & \dfrac{\partial y}{\partial v} \end{vmatrix} = \left[\frac{\partial(u, v)}{\partial(x, u)} \right]^{-1} = \left[\begin{vmatrix} \dfrac{\partial u}{\partial x} & \dfrac{\partial u}{\partial y} \\ \dfrac{\partial v}{\partial x} & \dfrac{\partial v}{\partial y} \end{vmatrix} \right]^{-1} \neq 0,$$

则 $\begin{cases} U = u(X, Y), \\ V = v(X, Y) \end{cases}$ 为连续型随机向量,且其联合密度函数为

$$q(u, v) = f[x(u, v), y(u, v)] |J(u, v)|. \tag{3.3.17}$$

上述命题实际上就是二重积分的变量变换法,其证明可参阅本书参考文献[9].

例 3.3.8　设 X 与 Y 相互独立,且皆服从指数分布 $Exp(\lambda)$.试求 $U = X + Y$ 与 $V = \dfrac{X}{X+Y}$ 的联合密度函数,并判断其独立性.

解:因为 X 与 Y 独立,所以其联合密度函数为

$$f(x,y)=\begin{cases}\lambda^2 e^{-\lambda(x+y)}, & x\geqslant 0, y\geqslant 0;\\ 0, & \text{其他}.\end{cases}$$

由于 $X\geqslant 0, Y\geqslant 0$，所以 $U\geqslant 0, 0\leqslant V\leqslant 1$. 又

$$\begin{cases}u=x+y,\\ v=\dfrac{x}{x+y}\end{cases}\Leftrightarrow\begin{cases}x=uv,\\ y=u(1-v).\end{cases}$$

其雅可比行列式为

$$J=\frac{\partial(x,y)}{\partial(u,v)}=\begin{vmatrix}v & u\\ 1-v & -u\end{vmatrix}=-u.$$

于是，根据式(3.3.17)可知 U 与 V 的联合密度函数为

$$q(u,v)=f[uv,u(1-v)]|-u|=\begin{cases}\lambda^2 u e^{-\lambda u}, & u\geqslant 0, 0\leqslant v\leqslant 1;\\ 0, & \text{其他}.\end{cases}$$

注意到 $q(u,v)$ 的变量可分离，根据命题 3.2.7 可知 U 与 V 相互独立，且易知

$$f_U(u)=\begin{cases}\lambda^2 u e^{-\lambda u}, & u\geqslant 0;\\ 0, & \text{其他};\end{cases}\qquad f_V(v)=\begin{cases}1, & 0\leqslant v\leqslant 1;\\ 0, & \text{其他}.\end{cases}$$

可以看出，U 服从伽玛分布 $Ga(2,\lambda)$，而 V 服从区间 $[0,1]$ 上的均匀分布. 前者正是例 3.3.5 的结论.

　　例 3.3.8 告诉我们：即使由相同的随机向量构成的不同函数，也可能是相互独立的. 这种情况在概率论和数理统计中比较重要. 但要注意，一般情况下，由相同的随机向量构成的不同函数是否独立，都需要进行具体判断.

　　如果命题 3.3.5 的条件得不到满足，则不能直接应用式(3.3.17)求解. 这时要采用一般方法：先求联合分布函数，再求联合密度函数.

　　例 3.3.9　已知 X 与 Y 相互独立，且皆服从标准正态分布 $N(0,1)$. 试求 $U=X^2+Y^2$ 与 $V=\dfrac{Y}{X}$ 的联合密度函数，并判断其独立性.

　　解：因为 X 与 Y 独立，所以其联合密度函数为

$$f(x,y)=\frac{1}{2\pi}e^{-\frac{x^2+y^2}{2}}, \quad -\infty<x,y<+\infty.$$

注意 $U\geqslant 0, V\in\mathbf{R}$，但 $v=\dfrac{y}{x}$ 的反函数不存在. 设 U 与 V 的联合分布函数为 $G(u,v)$，联合密度函数为 $g(u,v)$，则当 $u\geqslant 0, v\in\mathbf{R}$ 时，有

$$G(u,v)=P\left(X^2+Y^2\leqslant u,\frac{Y}{X}\leqslant v\right)$$

$$=\iint\limits_{x^2+y^2\leqslant u,\frac{y}{x}\leqslant v}f(x,y)\mathrm{d}x\mathrm{d}y$$

$$=2\iint\limits_{\substack{x^2+y^2\leqslant u,\\ x>0,\frac{y}{x}\leqslant v}}\frac{1}{2\pi}e^{-\frac{x^2+y^2}{2}}\mathrm{d}x\mathrm{d}y.$$

对上式进行极坐标变换 $x=\rho\cos\theta, y=\rho\sin\theta$，其中 $\rho\geqslant 0, \theta\in\left(-\dfrac{\pi}{2},\dfrac{\pi}{2}\right)$，则有 $x^2+y^2=$

$\rho^2 \leqslant u$，即 $\rho \leqslant \sqrt{u}$；$\dfrac{y}{x} = \tan \theta \leqslant v$，即 $\theta \leqslant \arctan v$. 于是有

$$G(u,v) = \frac{1}{\pi} \int_{-\frac{\pi}{2}}^{\arctan v} \mathrm{d}\theta \int_0^{\sqrt{u}} \rho \, \mathrm{e}^{-\frac{\rho^2}{2}} \, \mathrm{d}\rho = \frac{1}{\pi} \left(\arctan v + \frac{\pi}{2} \right) (1 - \mathrm{e}^{-\frac{u}{2}}).$$

对上式求二阶混合偏导即可得

$$g(u,v) = \frac{1}{2} \mathrm{e}^{-\frac{u}{2}} \cdot \frac{1}{\pi(1+v^2)}, \quad u \geqslant 0, \ -\infty < v < +\infty.$$

此即 U 与 V 的联合密度函数. 同样地，由于 $g(u,v)$ 为可分离变量，所以 U 与 V 相互独立，且易知 U 服从指数分布 $Exp\left(\dfrac{1}{2}\right)$，而 V 服从柯西分布.

但如果能够对函数进行处理，使其满足命题 3.3.5 的条件，则可直接应用式 (3.3.17) 求解. 请比较例 3.3.10 中的两种不同处理方式.

例 3.3.10 已知 X 与 Y 相互独立，且皆服从标准正态分布 $N(0,1)$. 试求 $U = \sqrt{X^2 + Y^2}$ 与 $V = \arctan \dfrac{Y}{X}$ 的联合密度函数，并判断其独立性.

解：由于 X 与 Y 取值任意实数，因此 $U \geqslant 0$，$V \in \left(-\dfrac{\pi}{2}, \dfrac{\pi}{2}\right)$，同样，$V$ 的反函数不存在. 所以

$$
\begin{aligned}
G(u,v) &= P\left(\sqrt{X^2 + Y^2} \leqslant u, \arctan \frac{Y}{X} \leqslant v \right) \\
&= 2 \iint\limits_{\substack{\sqrt{x^2+y^2} \leqslant u, \\ x>0, \arctan \frac{y}{x} \leqslant v}} \frac{1}{2\pi} \mathrm{e}^{-\frac{x^2+y^2}{2}} \, \mathrm{d}x \mathrm{d}y \\
&= \frac{1}{\pi} \int_{-\frac{\pi}{2}}^{v} \mathrm{d}\theta \int_0^u \rho \, \mathrm{e}^{-\frac{\rho^2}{2}} \, \mathrm{d}\rho.
\end{aligned}
$$

其中最后一步实施了与上例相同的极坐标变换. 上式是关于两个积分变量的变上限函数，所以其二阶混合偏导为

$$g(u,v) = \frac{1}{\pi} \cdot u \mathrm{e}^{-\frac{u^2}{2}}, \quad u \geqslant 0, \ v \in \left(-\frac{\pi}{2}, \frac{\pi}{2}\right).$$

同样地，U 与 V 相互独立，且 V 服从区间 $\left(-\dfrac{\pi}{2}, \dfrac{\pi}{2}\right)$ 上的均匀分布，而 U 服从的分布称为**瑞利分布**，其中参数 $\sigma = 1$.

如果随机变量 X 的密度函数为

$$f(x) = \begin{cases} \dfrac{x}{\sigma^2} \exp\left\{ -\dfrac{x^2}{2\sigma^2} \right\}, & x \geqslant 0; \\ 0, & \text{其他} \end{cases} \quad (\sigma > 0), \tag{3.3.18}$$

则称 X 服从瑞利分布，记为 $X \sim R(\sigma)$.

瑞利分布主要应用于信号处理，是最常见的用于描述平坦衰落信号接收包络或独立多径分量接收包络统计时变特性的一种分布类型.

在例 3.3.10 中，如果这样来定义函数

$$\begin{cases} \rho = \sqrt{x^2 + y^2}, \ \rho \geqslant 0; \\ \theta = \arctan \dfrac{y}{x}, \ \theta \in \left(-\dfrac{\pi}{2}, \dfrac{3\pi}{2}\right). \end{cases}$$

并规定:当 $x > 0$ 时,$\theta \in \left(-\dfrac{\pi}{2}, \dfrac{\pi}{2}\right)$;当 $x < 0$ 时,$\theta \in \left(\dfrac{\pi}{2}, \dfrac{3\pi}{2}\right)$. 此时,函数 ρ, θ 存在唯一的反函数

$$\begin{cases} x = \rho \cos \theta, \\ y = \rho \sin \theta. \end{cases}$$

其雅可比行列式为

$$J = \begin{vmatrix} \cos \theta & -\rho \sin \theta \\ \sin \theta & \rho \cos \theta \end{vmatrix} = \rho \neq 0.$$

因此满足命题 3.3.5 的条件,所以可由式(3.3.17)得到 $\rho = \sqrt{X^2 + Y^2}$ 与 $\theta = \arctan \dfrac{Y}{X}$ 的联合密度函数为

$$g(\rho, \theta) = |J| f(\rho \cos \theta, \rho \sin \theta) = \frac{1}{2\pi} \cdot \rho \mathrm{e}^{-\frac{\rho^2}{2}}, \ \theta \in \left(-\frac{\pi}{2}, \frac{3\pi}{2}\right), \rho \geqslant 0.$$

显然,ρ 服从 $\left(-\dfrac{\pi}{2}, \dfrac{3\pi}{2}\right)$ 上的均匀分布,V 仍然服从参数为 1 的瑞利分布,且 U 与 V 相互独立.

说明:例 3.3.10 之所以选择了不同的方法进行求解,是因为在第一种情况中所给的函数不满足命题 3.3.5 的条件,因此只能使用一般的方法按照例 3.3.9 的思路求解;而在第二种情况中对所给函数的取值范围进行了调整,使其满足了命题 3.3.5 的条件,因此可直接应用式(3.3.17)求解. 但由于两种情况中所给的函数有所差别,因此最终的联合密度函数也有所不同,这是需要注意的细节. 前者的分量 $V \sim U\left(-\dfrac{\pi}{2}, \dfrac{\pi}{2}\right)$,而后者的分量 $\theta \sim U\left(-\dfrac{\pi}{2}, \dfrac{3\pi}{2}\right)$.

此外,可以对例 3.3.10 中的函数 $v = \arctan \dfrac{y}{x}$ 的值域进行延拓,从而使得反函数存在. 但在例 3.3.9 中,函数 $v = \dfrac{y}{x}$ 的值域已经是 **R** 了,因此不能进行延拓.

例 3.3.11 设 $X \sim Ga(\alpha_1, \lambda), Y \sim Ga(\alpha_2, \lambda)$,且 X 与 Y 相互独立. 试求 $U = X + Y$ 与 $V = \dfrac{X}{X+Y}$ 的联合密度函数,并判断其独立性.

解: 易知 $U \geqslant 0, 0 \leqslant V \leqslant 1$,由 $\begin{cases} u = x + y, \\ v = \dfrac{x}{x+y}, \end{cases}$ 可得 $\begin{cases} x = uv, \\ y = u(1-v). \end{cases}$

其雅可比行列式 $J = -u$. 伽玛分布的密度函数见式(3.3.8).

由式(3.3.17)可知 U 与 V 的联合密度函数为

$$q(u, v) = |-u| \cdot \frac{\lambda^{\alpha_1}}{\Gamma(\alpha_1)} (uv)^{\alpha_1 - 1} \mathrm{e}^{-\lambda(uv)} \cdot \frac{\lambda^{\alpha_2}}{\Gamma(\alpha_2)} [u(1-v)]^{\alpha_2 - 1} \mathrm{e}^{-\lambda[u(1-v)]}$$

$$= \frac{\lambda^{\alpha_1+\alpha_2}}{\Gamma(\alpha_1)\Gamma(\alpha_2)} u(uv)^{\alpha_1-1} [u(1-v)]^{\alpha_2-1} e^{-\lambda u}$$

$$= \frac{\lambda^{\alpha_1+\alpha_2}}{\Gamma(\alpha_1+\alpha_2)} u^{\alpha_1+\alpha_2-1} e^{-\lambda u} \cdot \frac{\Gamma(\alpha_1+\alpha_2)}{\Gamma(\alpha_1)\Gamma(\alpha_2)} v^{\alpha_1-1} (1-v)^{\alpha_2-1}.$$

由于 $q(u,v)$ 为可分离变量,所以 U 与 V 相互独立,且有

$$f_U(u) = \begin{cases} \dfrac{\lambda^{\alpha_1+\alpha_2}}{\Gamma(\alpha_1+\alpha_2)} u^{\alpha_1+\alpha_2-1} e^{-\lambda u}, & u \geqslant 0; \\ 0, & \text{其他.} \end{cases}$$

即 $U \sim Ga(\alpha_1+\alpha_2,\lambda)$,这再次证明了伽玛分布具有可加性.

$$f_V(v) = \begin{cases} \dfrac{\Gamma(\alpha_1+\alpha_2)}{\Gamma(\alpha_1)\Gamma(\alpha_2)} v^{\alpha_1-1} (1-v)^{\alpha_2-1}, & 0 \leqslant v \leqslant 1; \\ 0, & \text{其他.} \end{cases} \tag{3.3.19}$$

由式(3.3.19)定义的分布称为**贝塔分布**,记为 $Be(\alpha_1,\alpha_2)$,它是区间 $[0,1]$ 上均匀分布的推广. 此处 $V \sim Be(\alpha_1,\alpha_2)$,表明了伽玛分布与贝塔分布之间的关系.

例 3.3.12 设 $X \sim \chi^2(m)$,$Y \sim \chi^2(n)$,且 X 与 Y 相互独立. 试求 $U=X+Y$ 与 $V=\dfrac{X/m}{Y/n}$ 的联合密度函数,并判断其独立性.

解: 由卡方分布的密度函数式(2.4.5)知 X 与 Y 的联合密度函数为

$$f(x,y) = \frac{1}{2^{\frac{m+n}{2}}\Gamma\left(\frac{m}{2}\right)\Gamma\left(\frac{n}{2}\right)} x^{\frac{m}{2}-1} y^{\frac{n}{2}-1} e^{-\frac{x+y}{2}}, x \geqslant 0, y \geqslant 0.$$

注意到

$$J^{-1} = \begin{vmatrix} \dfrac{\partial u}{\partial x} & \dfrac{\partial u}{\partial y} \\ \dfrac{\partial v}{\partial x} & \dfrac{\partial v}{\partial y} \end{vmatrix} = \begin{vmatrix} 1 & 1 \\ \dfrac{n}{my} & -\dfrac{nx}{my^2} \end{vmatrix} = -\frac{n(x+y)}{my^2}.$$

由 $\begin{cases} u=x+y, \\ v=\dfrac{x/m}{y/n} \end{cases}$ 知 $u \geqslant 0, v \geqslant 0$,且有 $\begin{cases} x=\dfrac{muv}{n+mv}, \\ y=\dfrac{nu}{n+mv}. \end{cases}$ 于是有

$$|J| = \frac{m}{n} \cdot \frac{y^2}{x+y} = \frac{m}{n} \cdot \frac{1}{u} \cdot \frac{n^2u^2}{(n+mv)^2} = \frac{m}{n} \cdot \frac{u}{\left(1+\dfrac{m}{n}v\right)^2}.$$

于是,当 $u \geqslant 0, v \geqslant 0$ 时,U 与 V 的联合密度函数为

$$q(u,v) = \frac{1}{2^{\frac{m+n}{2}}\Gamma\left(\frac{m}{2}\right)\Gamma\left(\frac{n}{2}\right)} \left(\frac{muv}{n+mv}\right)^{\frac{m}{2}-1} \left(\frac{nu}{n+mv}\right)^{\frac{n}{2}-1} e^{-\frac{u}{2}} \cdot \frac{m}{n} \frac{u}{\left(1+\dfrac{m}{n}v\right)^2}$$

$$= \frac{1}{2^{\frac{m+n}{2}}\Gamma\left(\frac{m}{2}\right)\Gamma\left(\frac{n}{2}\right)} e^{-\frac{u}{2}} u^{\frac{m+n}{2}-1} \cdot v^{\frac{m}{2}-1} \left(\frac{m}{n}\right)^{\frac{m}{2}} \left(1+\frac{m}{n}v\right)^{-\frac{m}{2}}$$

$$= \frac{2^{-\frac{m+n}{2}}}{\Gamma\left(\frac{m+n}{2}\right)} u^{\frac{m+n}{2}-1} e^{-\frac{u}{2}} \cdot \frac{\Gamma\left(\frac{m+n}{2}\right)\dfrac{m}{n}}{\Gamma\left(\frac{m}{2}\right)\Gamma\left(\frac{n}{2}\right)} \left(\frac{m}{n}v\right)^{\frac{m}{2}-1} \left(1+\frac{m}{n}v\right)^{-\frac{m+n}{2}}.$$

由于 $q(u,v)$ 为可分离变量,所以 U 与 V 相互独立,且有

$$f_U(u) = \begin{cases} \dfrac{1}{2^{\frac{m+n}{2}} \Gamma\left(\dfrac{m+n}{2}\right)} u^{\frac{m+n}{2}-1} e^{-\frac{u}{2}}, & u \geq 0; \\ 0, & u < 0. \end{cases}$$

即 $U \sim X^2(m+n)$,这再次证明了卡方分布的可加性.

$$f_V(v) = \begin{cases} \dfrac{\Gamma\left(\dfrac{m+n}{2}\right)\dfrac{m}{n}}{\Gamma\left(\dfrac{m}{2}\right)\Gamma\left(\dfrac{n}{2}\right)} \left(\dfrac{m}{n}v\right)^{\frac{m}{2}-1} \left(1+\dfrac{m}{n}v\right)^{-\frac{m+n}{2}}, & v \geq 0; \\ 0, & v < 0. \end{cases} \tag{3.3.20}$$

由式(3.3.20)定义的分布称为 **F 分布**,记为 $F(m,n)$,它有两个自由度,且自由度的位置不能交换.此处 $V \sim F(m,n)$,揭示了 F 分布与卡方分布之间的关系.

在利用命题 3.3.5 求解随机向量的变换的分布时,必须满足 $m=n$,即函数个数与变量个数要相等,这样才能够建立变换之间的一一对应关系.但在实际应用中,有时会遇见 $m<n$,即函数个数少于变量个数的情况.为了继续使用命题 3.3.5 求解其分布,这时可以人为地增补一个函数使之成为一一对应的情况,求出联合分布后再求边缘分布即可解决问题.这种方法称为**增补变量法**.

例 3.3.13　已知 $X \sim N(0,1)$,$Y \sim \chi^2(n)$,且相互独立.试求 $T = \dfrac{X}{\sqrt{Y/n}}$ 的密度函数.

解:为求得 T 的密度函数,引进增补变量 $S=Y$,并先求 (S,T) 的联合密度函数.由 X 与 Y 相互独立可知,其联合密度函数为

$$f(x,y) = \frac{1}{\sqrt{2\pi}} e^{-\frac{x^2}{2}} \frac{1}{2^{\frac{n}{2}}\Gamma\left(\dfrac{n}{2}\right)} y^{\frac{n}{2}-1} e^{-\frac{y}{2}}, \quad x \in \mathbf{R}, y \geq 0.$$

因为 $\begin{cases} s=y \geq 0, \\ t = \dfrac{x}{\sqrt{y/n}} \in \mathbf{R}, \end{cases}$ 所以 $\begin{cases} x = t\sqrt{\dfrac{s}{n}}, \\ y = s. \end{cases}$

其雅可比行列式为

$$J = \begin{vmatrix} \dfrac{\partial x}{\partial s} & \dfrac{\partial x}{\partial t} \\ \dfrac{\partial y}{\partial s} & \dfrac{\partial y}{\partial t} \end{vmatrix} = \begin{vmatrix} \dfrac{t}{2\sqrt{ns}} & \sqrt{\dfrac{s}{n}} \\ 1 & 0 \end{vmatrix} = -\left(\dfrac{s}{n}\right)^{\frac{1}{2}}.$$

故 S 与 T 的联合密度函数为

$$q(s,t) = \left(\frac{s}{n}\right)^{\frac{1}{2}} \frac{1}{\sqrt{2\pi}} e^{-\frac{t^2 s}{2n}} \frac{1}{2^{\frac{n}{2}}\Gamma\left(\dfrac{n}{2}\right)} s^{\frac{n}{2}-1} e^{-\frac{s}{2}}$$

$$= \frac{1}{2^{\frac{n+1}{2}}\sqrt{n\pi}\,\Gamma\left(\dfrac{n}{2}\right)} s^{\frac{n+1}{2}-1} e^{-\frac{1}{2}\left(1+\frac{t^2}{n}\right)s}, \quad s \geq 0, t \in \mathbf{R}.$$

易知 S 与 T 是不独立的,所以由边缘密度函数公式(3.1.11)可得 T 的密度函数为

$$f_T(t) = \int_0^{+\infty} q(s,t)\mathrm{d}s = \frac{1}{2^{\frac{n+1}{2}}\sqrt{n\pi}\,\Gamma\left(\frac{n}{2}\right)}\int_0^{+\infty} s^{\frac{n+1}{2}-1}\mathrm{e}^{-\frac{1}{2}\left(1+\frac{t^2}{n}\right)s}\mathrm{d}s$$

$$= \frac{\left(1+\frac{t^2}{n}\right)^{-\frac{n+1}{2}}}{\sqrt{n\pi}\,\Gamma\left(\frac{n}{2}\right)}\int_0^{+\infty} u^{\frac{n+1}{2}-1}\mathrm{e}^{-u}\mathrm{d}u \quad \left(\text{其中 } u = \frac{1}{2}\left(1+\frac{t^2}{n}\right)\right).$$

$$= \frac{\Gamma\left(\frac{n+1}{2}\right)}{\sqrt{n\pi}\,\Gamma\left(\frac{n}{2}\right)}\left(1+\frac{t^2}{n}\right)^{-\frac{n+1}{2}},\ t\in\mathbf{R}.$$

若随机变量 X 的密度函数为

$$f(x) = \frac{\Gamma\left(\frac{n+1}{2}\right)}{\sqrt{n\pi}\,\Gamma\left(\frac{n}{2}\right)}\left(1+\frac{x^2}{n}\right)^{-\frac{n+1}{2}},\ x\in\mathbf{R}. \tag{3.3.21}$$

则称 X 服从自由度为 n 的 **t 分布**,记为 $X\sim t(n)$. 上述例题揭示了 t 分布与正态分布和卡方分布之间的关系.

正态分布、卡方分布、F 分布和 t 分布是数理统计学中最常用的四个分布.

例 3.3.14(商的分布) 设 X 与 Y 相互独立,其密度函数分别为 $f_X(x)$ 和 $f_Y(y)$. 证明:$Z=X/Y$ 的密度函数为

$$f_Z(z) = \int_{-\infty}^{+\infty} f_X(zy)f_Y(y)\,|y|\,\mathrm{d}y. \tag{3.3.22}$$

证明: 取恒等映射 $Y=Y$,则 $\begin{cases} z=x/y, \\ y=y \end{cases}$ 的反函数为 $\begin{cases} x=zy, \\ y=y. \end{cases}$

其雅可比行列式为

$$J = \begin{vmatrix} \dfrac{\partial x}{\partial z} & \dfrac{\partial x}{\partial y} \\ \dfrac{\partial y}{\partial z} & \dfrac{\partial y}{\partial y} \end{vmatrix} = \begin{vmatrix} y & z \\ 0 & 1 \end{vmatrix} = y.$$

所以 Z 与 Y 的联合密度函数为

$$q(z,y) = f_X(zy)f_Y(y)\,|y|.$$

利用边缘密度函数公式对上式关于 y 积分即可得式(3.3.22).

同理易得**乘积的分布**:设 X 与 Y 相互独立,其密度函数分别为 $f_X(x)$ 和 $f_Y(y)$,则 $Z=XY$ 的密度函数为

$$f_Z(z) = \int_{-\infty}^{+\infty} f_X\left(\frac{z}{y}\right)f_Y(y)\,\frac{1}{|y|}\mathrm{d}y. \tag{3.3.23}$$

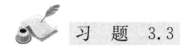

习　题　3.3

3.3.1　设 X 和 Y 是相互独立的随机变量,其密度函数分别为

$$f_X(x)=\begin{cases}\lambda e^{-\lambda x}, & x>0;\\ 0, & x\leqslant 0;\end{cases}\qquad f_Y(y)=\begin{cases}\mu e^{-\mu y}, & y>0;\\ 0, & y\leqslant 0.\end{cases}$$

其中 $\lambda>0,\mu>0$ 是常数.引入随机变量

$$Z=\begin{cases}1, & X\leqslant Y;\\ 0, & X>Y.\end{cases}$$

(1) 求条件概率密度 $f_{X|Y}(x|y)$;(2) 求 Z 的分布律和分布函数.

3.3.2　设 X 和 Y 是相互独立的随机变量,其密度函数分别为

$$f_X(x)=\begin{cases}1, & 0\leqslant x\leqslant 1;\\ 0, & \text{其他};\end{cases}\qquad f_Y(y)=\begin{cases}e^{-y}, & y>0;\\ 0, & \text{其他}.\end{cases}$$

求随机变量 $Z=X+Y$ 的概率密度.

3.3.3　某种商品一周的需求量是一个随机变量,其密度函数为

$$f(t)=\begin{cases}te^{-t}, & t>0;\\ 0, & t\leqslant 0.\end{cases}$$

设各周的需要量是相互独立的.分别求两周和三周的需求量的密度函数.

3.3.4　设随机变量 (X,Y) 的密度函数为

$$f(x,y)=\begin{cases}\dfrac{1}{2}(x+y)e^{-(x+y)}, & x>0,y>0;\\ 0, & \text{其他}.\end{cases}$$

(1) 问 X 和 Y 是否相互独立?

(2) 求 $Z=X+Y$ 的密度函数.

3.3.5　设随机变量 (X,Y) 的密度函数为

$$f(x,y)=\begin{cases}be^{-(x+y)}, & 0<x<1,0<y<+\infty;\\ 0, & \text{其他}.\end{cases}$$

(1) 试确定常数 b;

(2) 求边缘密度函数 $f_X(x),f_Y(y)$;

(3) 求函数 $U=\max\{X,Y\}$ 的分布函数.

3.3.6　设某种型号的电子元件的寿命(以小时计)近似地服从 $N(160,20^2)$.随机地选取 4 只,求其中没有一只寿命小于 180 小时的概率.

3.3.7　设随机变量 X,Y 的分布律为

X \ Y	0	1	2	3	4	5
0	0.00	0.01	0.03	0.05	0.07	0.09
1	0.01	0.02	0.04	0.05	0.06	0.08
2	0.01	0.03	0.05	0.05	0.05	0.06
3	0.01	0.02	0.04	0.06	0.06	0.05

求:(1) $P(X=2|Y=2)$,$P(Y=3|X=0)$;

(2) $V=\max\{X,Y\}$ 的分布律;

(3) $U=\min\{X,Y\}$ 的分布律;

(4) $W=X+Y$ 的分布律.

3.3.8 对某种电子装置的输出测量了 5 次,得到的结果为 X_1,X_2,X_3,X_4,X_5. 设它们是相互独立的随机变量且都服从参数 $\sigma=2$ 的瑞利分布.

求:(1) $Z=\max\{X_1,X_2,X_3,X_4,X_5\}$ 的分布函数;(2) $P(Z>4)$.

3.3.9 设 X,Y 是相互独立的随机变量,其分布律分别为
$$P(X=k)=p(k),\ k=0,1,2,\cdots,$$
$$P(Y=r)=q(r),\ r=0,1,2,\cdots.$$
证明随机变量 $Z=X+Y$ 的分布律为
$$P(Z=i)=\sum_{k=0}^{i}p(k)q(i-k),\ i=0,1,2,\cdots.$$

3.3.10 设 X,Y 是相互独立的随机变量,$X\sim Pos(\lambda_1)$,$Y\sim Pos(n_2,p)$. 证明 $Z=X+Y\sim Pos(\lambda_1+\lambda_2)$.

3.3.11 设 X,Y 是相互独立的随机变量,$X\sim B(n_1,p)$,$Y\sim B(n_2,p)$. 证明 $Z=X+Y\sim B(n_1+n_2,p)$.

第4章 数字特征

本章主要讨论随机变量（或分布函数）的数字特征与特征函数,它们都是概率分布的某种表征.这些讨论不但深化了对随机变量的认识,同时也为以后的研究做了必要的准备.

数字特征是描述随机变量取值特征的有效工具,它虽然不像分布函数那样完整地描述随机变量,但却具有许多优点:集中地反映出随机变量变化的一些平均特征——事实上数字特征大多是某种平均;其次,大部分最重要的分布都由一两个数字特征完全确定,而数字特征较易求得;最后,最常用的也是最重要的几个数字特征——数学期望、方差和相关系数——都有明确的统计意义,同时又具有良好的性质.这些都决定了数字特征在概率论与数理统计中的重要地位.

特征函数与分布函数一一对应,它虽然不像分布函数那样具有直观的概率意义,但却有好得多的分析性质,因此它是解决某些分布问题的有力工具.在数字特征的计算、独立随机变量的和与概率极限理论中,特征函数都有极其重要的应用.

本章用特征函数作为工具研究了多元正态分布,建立了它的许多重要性质,这些良好性质从一个方面决定了正态分布在概率论、随机过程和数理统计学中的主角地位.关于正态分布重要性的另一方面——常见性——将在第5章中心极限定理中深入讨论.正态分布的大量特性只有在多元场合才能完全显现,因此可以说,只有懂得多元正态分布才算真正懂得正态分布.

4.1 数学期望

在日常生活中,"期望"常指有根据的希望.在概率论中,数学期望源于历史上一个著名的"分赌本"问题.

例 4.1.1 17 世纪,法国贵族 De Mere 向法国数学家 Pascal 提出一个使他苦恼许久的分赌本问题:甲乙两人赌技相同,各出赌注 50 法郎,无平局.约定:谁先赢 3 局,谁得全部赌本 100 法郎.当甲赢了 2 局、乙赢了 1 局时,因故中止赌博.问这 100 法郎如何分配才算公平?

这个问题引起了大家的兴趣:如果平分,对甲不公平;如果全部分给甲,对乙不公平.合理的分法是:按照一定的比例,甲多分些,乙少分些.关键在于,按照怎样的比例来划分?

(1) 基于已赢的局数:甲赢 2 局、乙赢 1 局,因此甲得 100 法郎中的 2/3,乙得

100 法郎中的 1/3.

(2) 1654 年 Pascal 提出如下的分法：设想赌博继续进行下去，则甲最终所得可看成是一个随机变量 X，其取值为 0 或 100. 如果继续赌博，最多再赌两局则可结束，其结果不外乎三种情况：甲胜甲胜、乙胜甲胜、乙胜乙胜. 前两种情况出现则甲最终获胜并赢取全部赌本 100 法郎，其获胜的可能性为 3/4；而只有最后一种情况出现才是乙最终获胜并赢取全部赌本，甲相应地获得 0 法郎，其可能性为 1/4. 即 X 的分布律为

X	0	100
p_k	0.25	0.75

据此，Pascal 认为，甲的"期望"所得应为 $0 \times 0.25 + 100 \times 0.75 = 75$（法郎）. 即甲得 75 法郎，乙得 25 法郎. 这种分法不仅考虑了已赌局数，而且还包含对继续赌下去的一种"期望"，因此比(1)更合理.

这就是数学期望这个名称的由来. 它是一种特殊的加权平均. 加权平均的一般定义如下：

对于一组数 $x_i, i = 1, 2, \cdots, n$，分别赋予其权重 $w_i, i = 1, 2, \cdots, n$，则

$$\bar{x}_w = \sum_{i=1}^{n} w_i x_i \tag{4.1.1}$$

称为 $x_1, x_2, \cdots, x_n$ 关于权重 $w_1, w_2, \cdots, w_n$ 的**加权平均**. 通常要求权重满足：

$$\forall i, w_i \geqslant 0, \quad \sum_{i=1}^{n} w_i = 1.$$

显然，在某些情况下，加权平均更加合理. 例如为测量泰山的高度，可以安排几个测量队从不同的地点进行测量. 由于各个地点的地理条件不同，况且存在一定的随机误差，因此最后的结果采用某种加权平均更好.

如果权重取为 $\dfrac{1}{n}$，其中 n 为这组数的个数，则 $\dfrac{1}{n} \sum_{i=1}^{n} x_i$ 就是我们日常所用的（算术）平均值. 所以，加权平均是均值这个概念的推广. 如果一组数是试验观测所得，其权重通常取为观测值 x_i 出现的频率 f_i，则其加权平均为 $\sum_{i=1}^{n} f_i x_i$. 显然，权重的大小直接影响平均的结果，因此"权"的选择是加权平均中最重要的问题. 但无论权重如何确定，加权平均值总是在原始数据的"中间"，因此它反映了这组数据的**中心趋势**.

将频率作为权重是常见的一种选择. 但频率是不稳定的，而且只能在试验后获得，这给应用带来不便. 当然，可以人为地确定权重，但由于缺乏客观性，不管是事前还是事后确定，都有可能带来争议. 我们知道：概率是频率的稳定值，而且概率是事物的客观属性，试验前后是不变的. 此外，对于一个随机变量来说，其概率分布规律是满足关于权重的两个要求的. 因此，选择概率作为权重进行加权平均十分合理.

4.1.1 数学期望的定义

定义 4.1.1 离散型随机变量的数学期望

设 X 是离散型随机变量,其分布律为 $P(X=x_i)=p_i, i=1,2,\cdots$. 如果 $\sum\limits_{i=1}^{\infty}|x_i|p_i<\infty$,则称

$$E(X)=\sum_{i=1}^{\infty}x_ip_i \qquad (4.1.2)$$

为随机变量 X(或相应分布)的数学期望,简称期望. 如果级数 $\sum\limits_{i=1}^{\infty}|x_i|p_i$ 不收敛,则称 X 的数学期望不存在. 为书写方便,在不引起混淆的情况下,期望简记为 EX.

定义中要求级数绝对收敛的目的在于使数学期望唯一. 因为随机变量的取值可正可负,取值顺序可先可后,如果此无穷级数绝对收敛,则可保证其和不受取值顺序变动的影响. 显然,"期望"也不应该受到顺序的影响. 如果随机变量的可能取值只有有限项,则其数学期望总是存在的.

随机变量的数学期望,可以简单概括为**取值与其概率之积的累加**. 连续型随机变量数学期望的定义和含义完全类似于离散型随机变量场合,只需要将分布律改为密度函数,求和改为求积即可.

定义 4.1.2 连续型随机变量的数学期望

设 X 是连续型随机变量,其密度函数为 $f(x)$. 如果 $\int_{-\infty}^{+\infty}|x|f(x)\mathrm{d}x<\infty$,则称

$$EX=\int_{-\infty}^{+\infty}xf(x)\mathrm{d}x \qquad (4.1.3)$$

为随机变量 X(或相应分布)的数学期望. 如果 $\int_{-\infty}^{+\infty}|x|f(x)\mathrm{d}x$ 不收敛,则称 X 的数学期望不存在.

例 4.1.2 求几个常用分布的数学期望.

(1) 两点分布 $B(1,p)$ 的数学期望为

$$EX=1\cdot p+0\cdot(1-p)=p.$$

(2) 二项分布 $B(n,p)$ 的数学期望为

$$EX=\sum_{k=0}^{n}k\cdot C_n^kp^k(1-p)^{n-k}=\sum_{k=1}^{n}\frac{n!}{(k-1)!(n-k)!}p^k(1-p)^{n-k}$$

$$=np\sum_{i=0}^{n-1}\frac{(n-1)!}{i!(n-1-k)!}p^i(1-p)^{n-1-i}=np(p+1-p)^{n-1}=np.$$

(3) 泊松分布 $Pos(\lambda)$ 的数学期望为

$$EX=\sum_{k=0}^{\infty}k\cdot\frac{\lambda^k}{k!}\mathrm{e}^{-\lambda}=\lambda\mathrm{e}^{-\lambda}\sum_{k=1}^{\infty}\frac{\lambda^{k-1}}{(k-1)!}=\lambda\mathrm{e}^{-\lambda}\sum_{i=0}^{\infty}\frac{\lambda^i}{i!}=\lambda.$$

(4) 均匀分布 $U(a,b)$ 的数学期望为

$$EX = \int_{-\infty}^{+\infty} xf(x)\mathrm{d}x = \frac{1}{b-a}\int_a^b x\mathrm{d}x = \frac{a+b}{2}.$$

(5) 对于正态分布 $N(\mu,\sigma^2)$，记正态变量 X 的密度函数为 $f(x)$，因为

$$\int_{-\infty}^{+\infty} |x|\, f(x)\mathrm{d}x \leqslant \int_{-\infty}^{+\infty} |\mu|\, f(x)\mathrm{d}x + \int_{-\infty}^{+\infty} |x-\mu|\, f(x)\mathrm{d}x$$

$$= |\mu| + \frac{1}{\sqrt{2\pi}\sigma}\int_{-\infty}^{+\infty} |x-\mu|\, \exp\left\{-\frac{(x-\mu)^2}{2\sigma^2}\right\}\mathrm{d}x$$

$$= |\mu| + \frac{\sigma}{\sqrt{2\pi}}\int_{-\infty}^{+\infty} |u|\, \mathrm{e}^{-\frac{u^2}{2}}\mathrm{d}x = |\mu| + \frac{2\sigma}{\sqrt{2\pi}}\int_0^{+\infty} u\mathrm{e}^{-\frac{u^2}{2}}\mathrm{d}x$$

$$= |\mu| + \frac{2\sigma}{\sqrt{2\pi}} < \infty.$$

故 EX 存在. 于是

$$EX = \int_{-\infty}^{+\infty} xf(x)\mathrm{d}x = \int_{-\infty}^{+\infty} \mu f(x)\mathrm{d}x + \int_{-\infty}^{+\infty} (x-\mu)f(x)\mathrm{d}x$$

$$= \mu + \frac{1}{\sqrt{2\pi}\sigma}\int_{-\infty}^{+\infty} (x-\mu)\exp\left\{-\frac{(x-\mu)^2}{2\sigma^2}\right\}\mathrm{d}(x-\mu) = \mu.$$

(6) 指数分布 $Exp(\lambda)$ 的数学期望为

$$EX = \int_{-\infty}^{+\infty} xf(x)\mathrm{d}x = \lambda\int_0^{+\infty} x\mathrm{e}^{-\lambda x}\mathrm{d}x = -\int_0^{+\infty} x\mathrm{d}\mathrm{e}^{-\lambda x} = \int_0^{+\infty} \mathrm{e}^{-\lambda x}\mathrm{d}x = \frac{1}{\lambda}.$$

例 4.1.3　(1) 随机变量 X 的取值为 $x_k = (-1)^k\dfrac{2^k}{k}, k=1,2,\cdots$，对应的概率为 $p_k = \dfrac{1}{2^k}$. 利用式(4.1.2)可得

$$\sum_{k=1}^{\infty} x_k p_k = \sum_{k=1}^{\infty} (-1)^k \frac{1}{k} = -\ln 2,$$

但 $\displaystyle\sum_{k=1}^{\infty} |x_k|\, p_k = \sum_{k=1}^{\infty} \frac{1}{k} = \infty$，即级数 $\displaystyle\sum_{k=1}^{\infty} x_k p_k$ 收敛但不绝对收敛，故 EX 不存在.

(2) 随机变量 X 的密度函数为 $f(x) = \dfrac{1}{\pi(1+x^2)}, x\in\mathbf{R}$，由于

$$\int_{-\infty}^{+\infty} |x|\, f(x)\mathrm{d}x = \frac{2}{\pi}\int_0^{+\infty} \frac{x}{1+x^2}\mathrm{d}x = \frac{2}{\pi}\ln(1+x^2)\Big|_0^{+\infty} = \infty.$$

故柯西分布的数学期望不存在.

例 4.1.4　某人有 10 万元现金，想投资某项目，预估成功的机会为 30%，可得利润 8 万元，失败的机会为 70%，将损失 2 万元. 若存入银行，同期间的利率为 5%，问是否投资该项目？

解：设 X 为投资利润，则其分布律为

X	8	-2
p_k	0.3	0.7

于是，投资的期望收益为 $EX = 8\times 0.3 - 2\times 0.7 = 1$（万元）. 由于存入银行的利息为

$10 \times 0.05 = 0.5$(万元),故应选择投资.

投资总具有一定的风险,因此在进行投资决策时,计算其期望收益是可供参考的决策方法之一.当然,投资有风险,这时要看投资者是否愿意承担风险.在例 4.1.4 中,如果投资者选择投资项目,虽然期望收益超过存入银行的利息,但投资项目的最终结果有可能获得 8 万元的利润,但更可能损失 2 万元的资本.投资总希望得到尽可能高的收益,又想尽量规避风险,问题是如何进行折中.

金融数学中,10 万元的资本金存入银行产生的 0.5 万元利息称为投资项目的**机会成本**,投资项目的期望收益 1 万元减去机会成本 0.5 万元后剩余的 0.5 万元是投资此项目可获得的**超额收益**.无论投资项目的风险多小,只有预期的超额收益非负时,理性的投资者才会选择投资项目,因为超额收益才是对投资者愿意承担风险的补偿.但赌博和博彩却不是这样的.

例 4.1.5　(1) 在我国南方曾流行一种"捉水鸡"的押宝游戏(赌博的一种),其规则如下:拿红色和黑色的车、马、炮、将、士、象共 12 枚棋子,台面上写有对应颜色和身份的 12 个字;庄家每次摸出一枚棋子放入密闭的盒子中,赌客将钱押在某个字上;押定后庄家揭开盒子露出这枚棋子,凡押中者(字和颜色都对)收回赌本且以比例 1∶10 得到赏金,不中者其押金归庄家所有.

假设赌客每次押 1 元赌注,则 X 的分布律为

X	0	11
p_k	$\dfrac{11}{12}$	$\dfrac{1}{12}$

显然其期望所得为 $\dfrac{11}{12}$ 元.由于期望所得还不够支出成本,明显对庄家有利,因此这是不公平的赌博.事实上,无论多复杂的赌博,本质上均如此.

(2) 假设发行彩票 1000 万张,每张 2 元.设有一等奖 1 个,奖金 500 万元;二等奖 100 个,奖金 1 万元;三等奖 1000 个,奖金 1000 元;四等奖 1 万个,奖金 100 元;五等奖 20 万个,奖金 10 元.

同样计算每张彩票的期望所得.此时 X 的分布律为

X	5×10^6	10^4	10^3	100	10	0
p_k	$\dfrac{1}{10^7}$	$\dfrac{1}{10^5}$	$\dfrac{1}{10^4}$	$\dfrac{1}{10^3}$	$\dfrac{2}{100}$	$*$

数学期望为

$$EX = 5 \times 10^6/10^7 + 10^4/10^5 + 10^3/10^4 + 100/10^3 + 10 \times 2/100 + 0 \cdot * = 1(元),$$

即投入 2 元平均能够收回一半.这实质上也是一种对购买者不利的非公平博弈,所以历来被称作博彩.常见的福利彩票、体育彩票均如此.在我国,彩票的发行严格由民政部门或体彩中心管理,只有收益主要用于公益事业时才允许发行.

无论是赌博还是博彩(政府允许的赌博),其机会成本均可以看成是 0.由于入不敷出,因此其超额收益肯定都是小于 0 的.这与理性投资是相悖的.对于赌博,我们应当拒

绝和禁止;对于彩票,可以适当献点爱心,拒绝疯狂购买.

例 4.1.6 为规避未来的某种不确定性,人们常常找一家保险公司购买保险.保险公司创造一个满足某些要求的群体,使其整个索赔费用是合理且可预测的,并在这个过程中得到利润.那么,如何对保费进行精算呢?

在保险学中,收取保费的原则是:被保险人缴纳的"纯保险费"与其所得到的赔偿金的期望值相等.假设出险的概率为 p,共有 n 个人参保,则每人缴纳的纯保险费 a 与赔偿金 b 应满足

$$na = \sum_{k=0}^{n} C_n^k p^k (1-p)^{n-k} kb = b \cdot np,$$

即 $a=bp$.保险的种类繁多,但其原则不变.该原则说明纯保险费与参保人数是无关的,但考虑到保险的管理和销售等成本,具体每份保险的保费是不同的.

例 4.1.7 在一个人数为 n 的人群中普查某种疾病,为此需要检验血样.如果每个人的血样分别检验,则需要检验 n 次.为了减少工作量,可以把 k 个人的血样混合后检验.如果混合血样呈阴性,则说明这 k 个人的血样均呈阴性;如果混合血样呈阳性,则说明这 k 个人中至少有 1 个人的血样呈阳性,再检验每个人的血样以具体确认哪些人的血样是阳性的.假设这种疾病的发病率为 p 且无传染性,试问如何确定 k 能使平均检验次数达到最少?

解:令 X 表示 k 个人一组时每个人需要验血的次数,则其分布律为

X	$1/k$	$1+1/k$
p_k	$(1-p)^k$	$1-(1-p)^k$

所以每人平均验血的次数为

$$EX = \frac{1}{k}(1-p)^k + \left(1+\frac{1}{k}\right)[1-(1-p)^k] = 1 + \frac{1}{k} - (1-p)^k.$$

由此可见,只要选择的 k 满足 $1+\frac{1}{k}-(1-p)^k < 1$,即 $(1-p)^k > \frac{1}{k}$ 就可减少验血次数.譬如,当 $p=0.1$ 时对不同的 k,EX 的值如表 4.1.1 所示.从中可以看出,当 $k \geqslant 34$ 时,平均验血次数超过 1,即会增加工作量;而当 $k \leqslant 33$ 时,平均验血次数在不同程度上减少了.特别是在 $k=4$ 时,平均验血次数最少,工作量可减少约 40%.

表 4.1.1　$p=0.1$ 时 k 对应的 EX

k	2	3	4	5	8	10	30	33	34	$\cdots$
EX	0.691	0.604	0.594	0.610	0.695	0.751	0.991	0.999	1.002	$\cdots$

对于一般的发病率 p,可将平均验血次数 EX 看成是分组人数 k 的函数,求其导数并令导数等于 0 可得 $k^2(1-p)^k \ln(1-p)+1=0$.这是一个超越方程,可使用 MATLAB 的符号计算功能求出 k 关于 p 的近似解,再四舍五入取整就能够得到不同发病率所对应的最佳分组人数 k_0.部分结果见表 4.1.2.从表中可知:发病率 p 越小,分组检验的效益越大.譬如在 $p=0.01$ 时,取 11 人为一组进行验血,则工作量可减少 80% 左右.这正是美

国在第二次世界大战期间大量征兵时,对新兵验血所采用的措施.

表 4.1.2 不同发病率对应的最佳分组人物

p	0.14	0.10	0.08	0.06	0.04	0.02	0.01
k_0	3	4	4	5	6	8	11
EX	0.697	0.594	0.534	0.466	0.384	0.274	0.205

定义 4.1.1 和定义 4.1.2 仅仅给出了离散型和连续型随机变量数学期望的定义,下面讨论对一切随机变量都适用的数学期望的定义.这种定义有两个:一个是在随机变量 X 的值域空间 $(\mathbf{R}, \mathcal{B}, F_X)$ 上关于分布函数 $F(x)$ 的 Riemann-Stieltjes 积分(简称 R−S 积分)给出的定义,另一个是在概率空间 $(\Omega, \mathcal{F}, P)$ 上关于概率测度 P 的 Lebesgue 积分给出的定义.前者在计算中常用,而后者在理论研究中比较重要.

> **定义 4.1.3 数学期望的一般定义 I**
>
> 设随机变量 X 的分布函数为 $F(x)$,如果 $\int_{-\infty}^{+\infty} |x| \, \mathrm{d}F(x) < \infty$,则称 X 的数学期望存在,且
> $$EX = \int_{-\infty}^{+\infty} x \, \mathrm{d}F(x). \tag{4.1.4}$$

说明:根据 R−S 积分的定义可知,式(4.1.2)和式(4.1.3)只是式(4.1.4)的两种特殊情况,即定义 4.1.3 将离散型和连续型随机变量的数学期望统一成一个表达式.不仅如此,式(4.1.4)还可以用来计算奇异型随机变量的数学期望.

例 4.1.8 随机变量 X 的分布函数为

$$F(x) = \begin{cases} 0, & x < -1; \\ \dfrac{5x+7}{16}, & -1 \leqslant x < 1; \\ 1, & x \geqslant 1. \end{cases}$$

试求 X 的数学期望 EX.

解:在例 2.1.5 中,$F(x)$ 可分解为

$$F(x) = \frac{3}{8} F_1(x) + \frac{5}{8} F_2(x),$$

其中 $F_1(x)$ 是离散型随机变量的分布函数,相应的分布律为 $\begin{pmatrix} -1 & 1 \\ 1/3 & 2/3 \end{pmatrix}$;$F_2(x)$ 是区间 $(-1,1)$ 上均匀分布的分布函数.由 R−S 积分的双线性性质可得

$$EX = \int_{-\infty}^{+\infty} x \, \mathrm{d}F(x) = \frac{3}{8} \int_{-\infty}^{+\infty} x \, \mathrm{d}F_1(x) + \frac{5}{8} \int_{-\infty}^{+\infty} x \, \mathrm{d}F_2(x)$$

$$= \frac{3}{8} \times \left(-1 \times \frac{1}{3} + 1 \times \frac{2}{3} \right) + \frac{5}{8} \times \frac{1}{2} \int_{-1}^{1} x \, \mathrm{d}x = \frac{1}{8}.$$

定义 4.1.4　数学期望的一般定义 II

设 X 为 $(\Omega, \mathscr{F}, P)$ 上的随机变量，如果 $\int_{\Omega} |X(\omega)| P(\mathrm{d}\omega) < \infty$，则称 X 的数学期望存在，且

$$EX = \int_{\Omega} X(\omega) P(\mathrm{d}\omega) = \int_{\Omega} X \mathrm{d}P. \tag{4.1.5}$$

例 4.1.9　随机变量 I_A 是事件 A 的示性函数，即 $I_A(\omega) = \begin{cases} 1, & \omega \in A, \\ 0, & \omega \notin A. \end{cases}$ 则由定义

4.1.4 知 $E(I_A) = \int_{\Omega} I_A \mathrm{d}P = P(A)$，即示性函数 I_A 的数学期望就等于事件 A 的概率.

下面不加证明地给出积分变换定理在概率论中的常用形式. 该定理说明数学期望的两种一般定义，即定义 4.1.3 和定义 4.1.4 是等价的.

定理 4.1.1　积分变换定理

设 X 是由概率空间 $(\Omega, \mathscr{F}, P)$ 到 $(\mathbf{R}, \mathcal{B}, F_X)$ 上的可测函数，则有

$$\int_{\Omega} X(\omega) P(\mathrm{d}\omega) = \int_{-\infty}^{+\infty} x \mathrm{d}F(x). \tag{4.1.6}$$

4.1.2　随机变量函数的数学期望

定理 4.1.2　函数的期望

设 X 是随机变量，$g(x)$ 是一个 Borel 函数，则

$$Eg(X) = \int_{-\infty}^{+\infty} g(x) \mathrm{d}F(x). \tag{4.1.7}$$

证明：由于 $g(X)$ 是概率空间上的随机变量，因此由式 (4.1.5) 知 $Eg(X) = \int_{\Omega} g(X(\omega)) P(\mathrm{d}\omega)$. 根据积分变换定理 4.1.1 即可得证.

显然，当 X 是离散型随机变量时，其函数 $g(X)$ 的期望为

$$Eg(X) = \sum_{k=1}^{\infty} g(x_k) p_k. \tag{4.1.8}$$

当 X 是连续型随机变量时，其函数 $g(X)$ 的期望为

$$Eg(X) = \int_{-\infty}^{+\infty} g(x) f(x) \mathrm{d}x. \tag{4.1.9}$$

从式 (4.1.8) 可以看出，随机变量函数的期望等于**取值的函数值与其概率之积的累加**. 值得注意的是，求解随机变量函数的数学期望时，原则上可以先求出随机变量函数的分布，再利用数学期望的定义进行计算. 但实际应用中，求解随机变量函数的分布往往不是一件容易的事. 定理 4.1.2 的重要意义在于，不必计算函数的分布，直接利用 X 的分布通过式 (4.1.7) 就可以计算出函数的期望.

例 4.1.10　设风速 V 在区间 $(0, a)$ 上服从均匀分布，假若飞机机翼受到的正压力

W 是 V 的函数 $W=kV^2$ ($k>0$ 为常数). 试求机翼平均受到的正压力.

解：已知 V 的密度函数为

$$f(v)=\begin{cases} \dfrac{1}{a}, & 0<v<a; \\ 0, & \text{其他.} \end{cases}$$

于是由式(4.1.9)有

$$EW=\int_{-\infty}^{+\infty}kv^2f(v)\mathrm{d}v=\frac{1}{a}\int_0^a kv^2\mathrm{d}v=\frac{1}{3}ka^2.$$

例 4.1.11 某公司经销某种农用肥料，根据历史资料表明：这种肥料的市场需求量 X（单位：吨）服从参数为 λ 的指数分布，其密度函数为

$$f(x)=\begin{cases} \lambda\mathrm{e}^{-\lambda x}, & x\geq 0; \\ 0, & x<0. \end{cases}$$

假若每售出 1 吨该肥料，公司可获利 m 千元；若积压 1 吨，则公司需损失 n 千元保管费. 问公司应如何组织货源，可使平均收益最大.

解：设公司组织该货源 a 吨，且记 Y 为 a 吨货源下的收益额（单位：千元），显然 Y 是 X 的函数，即 $Y=Q(X)$. 易知

$$Q(X)=\begin{cases} ma, & X\geq a; \\ mX-n(a-X), & X<a. \end{cases}$$

于是由式(4.1.9)可得

$$EY=\int_{-\infty}^{+\infty}Q(x)f(x)\mathrm{d}x=\int_0^{+\infty}Q(x)\lambda\mathrm{e}^{-\lambda x}\mathrm{d}x$$

$$=\int_0^a[mx-n(a-x)]\lambda\mathrm{e}^{-\lambda x}\mathrm{d}x+\int_a^{+\infty}ma\lambda\mathrm{e}^{-\lambda x}\mathrm{d}x$$

$$=\frac{m+n}{\lambda}-\frac{m+n}{\lambda}\mathrm{e}^{-\lambda a}-na.$$

令 $\dfrac{\mathrm{d}}{\mathrm{d}a}EY=(m+n)\mathrm{e}^{-\lambda a}-n=0$，得

$$a=\frac{1}{\lambda}[\ln(m+n)-\ln n].$$

由于 $\dfrac{\mathrm{d}^2}{\mathrm{d}a^2}EY=-\lambda(m+n)\mathrm{e}^{-\lambda a}<0$，故当 $a=\dfrac{1}{\lambda}[\ln(m+n)-\ln n]$ 时，EY 取得极大值，且为最大值.

例如，$\lambda=\dfrac{1}{500}$，$m=600$，$n=300$，则 $a\approx 549.3$. 即公司组织货源约 549 吨可使平均收益最大.

例 4.1.12 某人与另三人参与一个项目的竞标，标价单位为万元，价格高者获胜. 若该人中标，他将以 10 万元的价格转让给他人. 假设另三人的竞标价是相互独立的，且都在 7～11 万元之间均匀分布. 问该人应如何报价才能使获益的数学期望最大.

解：设 X_1,X_2,X_3 为另三人的报价，则 X_1,X_2,X_3 独立同分布，其分布函数为

$$F_X(x) = \begin{cases} 0, & x < 7; \\ \dfrac{x-7}{4}, & 7 \leqslant x \leqslant 11; \\ 1, & x > 11. \end{cases}$$

以 Y 记三人的最高出价,即 $Y = \max\{X_1, X_2, X_3\}$. 根据式(3.3.15)知 Y 的分布函数为

$$F_Y(y) = \begin{cases} 0, & y < 7; \\ \left(\dfrac{y-7}{4}\right)^3, & 7 \leqslant y \leqslant 11, \\ 1, & y > 11. \end{cases}$$

若该人的报价为 a,则有 $7 \leqslant a \leqslant 11$,且该人能够竞得这一项目的概率为

$$p = P(Y < a) = F_Y(a) = \left(\frac{a-7}{4}\right)^3.$$

以 $Q(a)$ 记该人能够获得的收益,则 $Q(a)$ 是一个随机变量,其分布律为

$Q(a)$	$10-a$	0
p_k	$\left(\dfrac{a-7}{4}\right)^3$	$1 - \left(\dfrac{a-7}{4}\right)^3$

于是,该人获益的数学期望为 $EQ(a) = \left(\dfrac{a-7}{4}\right)^3 (10-a)$. 令

$$\frac{\mathrm{d}}{\mathrm{d}a} EQ(a) = \frac{1}{4^3}\left[(a-7)^2(37-4a)\right] = 0,$$

可得 $a_1 = \dfrac{37}{4}, a_2 = 7$(舍去). 进一步容易判断,当 $a = \dfrac{37}{4}$ 万元时,该人获益的数学期望最大.

定理 4.1.2 还可以推广到二维或多维随机变量的函数的情形:

设 $g(x, y)$ 是一个二维 Borel 函数,(X, Y) 的分布函数为 $F(x, y)$,则函数 $Z = g(X, Y)$ 的期望为

$$Eg(X, Y) = \int_{-\infty}^{+\infty}\int_{-\infty}^{+\infty} g(x, y)\mathrm{d}F(x, y). \tag{4.1.10}$$

如果 (X, Y) 是二维离散型随机向量,则有

$$Eg(X, Y) = \sum_{i=1}^{\infty}\sum_{j=1}^{\infty} g(x_i, y_j) p_{ij}; \tag{4.1.11}$$

如果 (X, Y) 是二维连续型随机向量,则有

$$Eg(X, Y) = \int_{-\infty}^{+\infty}\int_{-\infty}^{+\infty} g(x, y)f(x, y)\mathrm{d}x\mathrm{d}y. \tag{4.1.12}$$

随机变量函数的数学期望应用非常广泛,其他数字特征如**方差、协方差、矩**等都是某些特定的随机变量函数的期望.

例 4.1.13　设在区间 $[0, a]$ 上任取两点,求两点之间的平均长度.

解:设两个点在 x 轴上的坐标分别为 X 与 Y,则 X 与 Y 相互独立,皆服从 $[0, a]$ 上的均匀分布. 所以,其联合密度函数为

$$f(x,y) = \begin{cases} \dfrac{1}{a^2}, & 0 \leqslant x \leqslant a, 0 \leqslant y \leqslant a; \\ 0, & \text{其他}. \end{cases}$$

于是,由式(4.1.12)可得

$$E|X-Y| = \int_0^a \int_0^a |x-y| \frac{1}{a^2} \mathrm{d}x\mathrm{d}y = \frac{2}{a^2} \int_0^a \mathrm{d}x \int_0^x (x-y)\mathrm{d}y = \frac{a}{3}.$$

例 4.1.14　设 X 与 Y 相互独立,且皆服从正态分布 $N(0,\sigma^2)$. 证明:$E\max\{|X|, |Y|\} = \dfrac{2\sigma}{\sqrt{\pi}}$.

证明:X 与 Y 的联合密度函数为

$$f(x,y) = \frac{1}{2\pi\sigma^2} \exp\left\{-\frac{x^2+y^2}{2\sigma^2}\right\}, \quad -\infty < x, y < +\infty.$$

利用平面直角坐标系四个象限的对角线将平面分成八部分,根据对称性只要计算其中一部分(如第一象限 $x > y$ 的部分)再乘以 8 即可. 所以,由式(4.1.12)可得

$$E\max\{|X|, |Y|\} = \frac{8}{2\pi\sigma^2} \int_0^\infty \int_0^x x \mathrm{e}^{(x^2+y^2)/2\sigma^2} \mathrm{d}x\mathrm{d}y.$$

作变量代换 $\dfrac{x}{\sigma} = \rho\cos\theta, \dfrac{y}{\sigma} = \rho\sin\theta, \rho \geqslant 0, 0 \leqslant \theta < \dfrac{\pi}{4}$. 代入上式可得

$$E\max\{|X|, |Y|\} = \frac{8}{2\pi\sigma^2} \int_0^{\frac{\pi}{4}} \cos\theta\mathrm{d}\theta \int_0^\infty \sigma^3 \rho^2 \mathrm{e}^{-\rho^2/2} \mathrm{d}\rho$$

$$= \frac{8}{2\pi} \sin\frac{\pi}{4} \int_0^\infty \rho^2 \mathrm{e}^{-\rho^2/2} \mathrm{d}\rho = \frac{2\sigma}{\sqrt{\pi}}.$$

4.1.3　数学期望的性质

现在给出数学期望的几个重要性质,在计算中经常用到它们. 假设下面所给的随机变量的数学期望均存在.

性质 4.1.1　设 C 是常数(可理解为退化分布),则有 $EC = C$.

性质 4.1.2　设 X 是随机变量,C 是常数,则有 $ECX = CEX$.

性质 4.1.3　设 X, Y 是任意的两个随机变量,则有 $E(X+Y) = EX + EY$.

性质 4.1.4　设 X, Y 是两个相互独立的随机变量,则有 $EXY = EX \cdot EY$.

说明:性质 4.1.3 可以推广到任意有限个随机变量之和的情况,性质 4.1.4 也可以推广到任意有限个相互独立的随机变量之积的情况. 前三个性质的证明是容易的,请读者自证. 下面证明性质 4.1.4.

证明:设 X, Y 的分布函数为 $F(x,y)$,其边缘分布函数分别为 $F_X(x), F_Y(y)$. 由式(4.1.10)和独立性(乘积测度和 Fubini 定理,见本书参考文献[5]或[6])可得

$$EXY = \int_{-\infty}^{+\infty} \int_{-\infty}^{+\infty} xy\mathrm{d}F(x,y) = \int_{-\infty}^{+\infty} \int_{-\infty}^{+\infty} xy\mathrm{d}F_X(x)\mathrm{d}F_Y(y)$$

$$= \left(\int_{-\infty}^{+\infty} x\mathrm{d}F_X(x)\right)\left(\int_{-\infty}^{+\infty} y\mathrm{d}F_Y(y)\right) = EX \cdot EY.$$

例 4.1.15　求几何分布与负二项分布的数学期望.

解：设随机变量 X 服从几何分布 $Ge(p)$，则

$$EX = \sum_{k=1}^{\infty} k(1-p)^{k-1}p = p\sum_{k=1}^{\infty} k(1-p)^{k-1} = p\sum_{k=1}^{\infty}(x^k)'\Big|_{x=1-p}$$

$$= p\Big(\sum_{k=1}^{\infty} x^k\Big)'\Big|_{x=1-p} = p\Big(\frac{x}{1-x}\Big)'\Big|_{x=1-p} = \frac{p}{[1-(1-p)]^2} = \frac{1}{p}.$$

再设 $X_1,\cdots,X_r$ 相互独立，且服从相同的几何分布 $Ge(p)$. 根据负二项分布与几何分布的关系，我们知道 $X = \sum_{i=1}^{r} X_i \sim NB(r,p)$. 于是，由性质 4.1.3 可得 $EX = \dfrac{r}{p}$.

根据例 4.1.2 的结果，两点分布 $B(1,p)$ 的数学期望为 p. 设 $X_1,\cdots,X_n$ 相互独立，且服从相同的两点分布 $B(1,p)$，则 $X = \sum_{i=1}^{n} X_i \sim B(n,p)$，且 $EX = \sum_{i=1}^{n} EX_i = np$.

例 4.1.16　一民航大巴载有 20 位旅客自机场开出. 途中有 10 个车站可以下车，如达到某个车站无人下车就不停车. 假设每位旅客在各个车站下车是等可能的，且各位旅客是否下车相互独立. 以 X 表示停车的次数，求 EX.

解：引入随机变量 $X_i, i=1,\cdots,10$，其中，

$$X_i = \begin{cases} 0, & \text{在第 } i \text{ 个站没有人下车，即不停车；} \\ 1, & \text{在第 } i \text{ 个站有人下车.} \end{cases}$$

易知 $X = \sum_{i=1}^{10} X_i$，且有

X_i	0	1
p_k	$\left(\dfrac{9}{10}\right)^{20}$	$1-\left(\dfrac{9}{10}\right)^{20}$

因此 $EX_i = P(X_i=1) = 1-\left(\dfrac{9}{10}\right)^{20}$，从而 $EX = 10\left[1-\left(\dfrac{9}{10}\right)^{20}\right] \approx 8.784$. 即机场大巴在途中平均停车 9 次.

4.1.4　条件数学期望

条件分布的数学期望（若存在）称为条件数学期望，简称条件期望，它是**取值与其条件概率之积的累加**. 下面的定义中均假设条件期望存在.

> **定义 4.1.5　离散型随机变量的条件期望**
>
> 设 (X,Y) 是二维离散型随机变量，其联合分布律为 p_{ij}. 如果 $p_{\cdot j}>0$，则称
>
> $$E(X|Y=y_j) = \sum_i x_i p_{i|j} = \frac{1}{p_{\cdot j}}\sum_i x_i p_{ij} \qquad (4.1.13)$$
>
> 为随机变量 X 在 $Y=y_j$ 条件下的条件期望，简记为 $E(X|y_j)$. 同理有
>
> $$E(Y|x_i) = \sum_j y_j p_{j|i} = \frac{1}{p_{i\cdot}}\sum_j y_j p_{ij} \qquad (4.1.14)$$

例 4.1.17　设离散型随机向量 (X,Y) 的分布律为

X \ Y	0	1	$p_i.$
0	1/4	1/4	1/2
1	1/6	1/8	7/24
2	1/8	1/12	5/24
$p._j$	13/24	11/24	1

求 $E(X|Y=0)$ 与 $E(Y|X=1)$.

解: 分别由式(4.1.13)和式(4.1.14)可得

$$E(X|Y=0) = \frac{1}{13/24}\left(0 \times \frac{1}{4} + 1 \times \frac{1}{6} + 2 \times \frac{1}{8}\right) = \frac{10}{13},$$

$$E(Y|X=1) = \frac{1}{7/24}\left(0 \times \frac{1}{6} + 1 \times \frac{1}{8}\right) = \frac{3}{7}.$$

定义 4.1.6 连续型随机变量的条件期望

设 (X,Y) 是二维连续型随机变量,其联合密度函数为 $f(x,y)$. 同样地,

$$E(X|y) = \int_{-\infty}^{+\infty} x f_{X|Y}(x|y)\mathrm{d}x = \frac{1}{f_Y(y)}\int_{-\infty}^{+\infty} x f(x,y)\mathrm{d}x, \quad (4.1.15)$$

$$E(Y|x) = \int_{-\infty}^{+\infty} y f_{Y|X}(y|x)\mathrm{d}y = \frac{1}{f_X(x)}\int_{-\infty}^{+\infty} y f(x,y)\mathrm{d}y. \quad (4.1.16)$$

例 4.1.18 设连续型随机向量 (X,Y) 的密度函数为

$$f(x,y) = \frac{1}{y}\mathrm{e}^{\frac{x}{y}}\mathrm{e}^{-y}, \quad 0 < x, y < +\infty.$$

求 $E(X|y)$.

解: 先求 $f_Y(y)$. 对 $y > 0$,有

$$f_Y(y) = \int_{-\infty}^{+\infty} f(x,y)\mathrm{d}x = \int_0^{+\infty} \frac{1}{y}\mathrm{e}^{\frac{x}{y}}\mathrm{e}^{-y}\mathrm{d}x = \mathrm{e}^{-y}.$$

故当 $y > 0$ 时,由式(4.1.15)可得

$$E(X|y) = \frac{1}{\mathrm{e}^{-y}}\int_0^\infty x \frac{1}{y}\mathrm{e}^{\frac{x}{y}}\mathrm{e}^{-y}\mathrm{d}x = y\int_0^\infty u\mathrm{e}^{-u}\mathrm{d}u = y.$$

例 4.1.19 设 (X,Y) 服从二维正态分布 $N(\mu_1,\sigma_1^2;\mu_2,\sigma_2^2;\rho)$,由命题 3.2.3 可知,在 $Y=y$ 的条件下,X 的条件分布为 $N\left(\mu_1 + \rho\frac{\sigma_1}{\sigma_2}(y-\mu_2),\sigma_1^2(1-\rho^2)\right)$. 因此,

$$E(X|y) = \mu_1 + \rho\frac{\sigma_1}{\sigma_2}(y-\mu_2). \quad (4.1.17)$$

注意:条件期望 $E(X|y)$ 是 y 的函数,它与无条件期望 EX 的区别不仅在于计算公式不同,而且其含义也是不同的. 譬如,X 表示中国成年人的身高,则 EX 表示中国成年人的平均身高. 如果 Y 表示中国成年人的足长,则 $E(X|y)$ 表示足长为 y 的这部分成年人的平均身高. 我国相关单位研究获得 $E(X|y)=6.876y$,该公式在公安部门破案过程中起着重要的作用. 例如,测得案犯留下的足印长为 25.3 cm,则据此公式可推算出案犯身高约为 174 cm. 其实,该公式的获得并不复杂. 一般认为,成年人的身高和足长 (X,Y) 服

从二维正态分布 $N(\mu_1,\sigma_1^2;\mu_2,\sigma_2^2;\rho)$,其条件期望正是式(4.1.17).从式(4.1.17)可以看出,$E(X|y)$ 是 y 的线性函数,因此使用统计中的参数估计方式从大量实际数据中得出相关参数的估计后就可以获得上述公式.

对于一般的二维随机变量 (X,Y),如果其联合分布函数为 $F(x,y)$,则可仿照定义4.1.3 给出条件期望的一般定义.此外,因为条件期望是条件分布的数学期望,所以在条件不发生变化的情况下,条件期望具有数学期望的一切性质.此处从略,读者可以自行写出.

由于条件期望 $E(X|y)$ 是 y 的函数,对不同的 y,$E(X|y)$ 的值会随着变化.如果记 $g(y)=E(X|y)$,则 $g(Y)$ 是一个随机变量,通常记为 $E(X|Y)$.关于条件期望 $E(X|Y)$,还有以下结论.

> **定理 4.1.3　重期望公式**
>
> 设 (X,Y) 是二维随机变量,如果 EX 存在,则
> $$EX=E(E(X|Y)). \tag{4.1.18}$$

证明: 此处只给出连续型场合的证明,离散型场合可类似证明.由式(4.1.9)和式(4.1.15),有

$$
\begin{aligned}
E(E(X|Y)) &= \int_{-\infty}^{+\infty} E(X|y)f_Y(y)\mathrm{d}y = \int_{-\infty}^{+\infty}\left[\frac{1}{f_Y(y)}\int_{-\infty}^{+\infty} xf(x,y)\mathrm{d}x\right]f_Y(y)\mathrm{d}y \\
&= \int_{-\infty}^{+\infty}\int_{-\infty}^{+\infty} xf(x,y)\mathrm{d}x\mathrm{d}y = \int_{-\infty}^{+\infty} x\left[\int_{-\infty}^{+\infty} f(x,y)\mathrm{d}y\right]\mathrm{d}x \\
&= \int_{-\infty}^{+\infty} xf_X(x)\mathrm{d}x = EX.
\end{aligned}
$$

如果 X 是随机变量,且 EX 存在,Y 是离散型随机变量,则式(4.1.18)可写为

$$EX = \sum_j E(X|y_j)P(Y=y_j).$$

更一般地,有下面的结论.

> **定理 4.1.4　全期望公式**
>
> 设 $B_j,j=1,2,\cdots$ 是样本空间 Ω 的一个分割,且若 $P(B_j)>0$,则
> $$EX = \sum_j E(X|B_j)P(B_j). \tag{4.1.19}$$

全期望公式与全概率公式有异曲同工之妙.譬如,要求全国在校大学生的平均身高,由于范围太大可能会遇到困难,可以先求出各个省区市在校大学生的平均身高,再对各省区市的平均身高进行加权平均,权重就是各省区市在校大学生人数占全国在校大学生总人数的比例.

另外,设随机变量 X 与 Y 相互独立,如果 EX 存在,容易得知 $E(X|Y)=EX$.此即**独立情形下,条件期望等于无条件期望**.这与独立情形下的条件概率等于无条件概率和独立情形下的条件分布等于无条件分布也是异曲同工的.

例 4.1.20　电力公司每月可以供应某企业的电力(单位:10^4 kW) $X \sim U(10,30)$，而该企业每月实际需要的电力 $X \sim U(10,20)$. 如果企业能从电力公司得到足够的电力，则每 10^4 kW 电可以创造 30 万元的利润. 如果企业从电力公司得不到足够的电力，则不足部分自己发电解决，由自己解决的电力每 10^4 kW 电只有 10 万元的利润. 试求该企业每个月的平均利润.

解: 设企业每个月的利润为 Z 万元，则按题意有

$$Z = \begin{cases} 30Y, & Y \leqslant X; \\ 30X + 10(Y-X), & Y > X. \end{cases}$$

由于 Z 的分布未知，直接求解 Z 的期望是困难的，可借助重期望公式(4.1.18)来求解 EZ. 在 $X = x$ 给定时，Z 仅是 Y 的函数. 于是，当 $10 \leqslant x \leqslant 20$ 时，有

$$\begin{aligned} E(Z|x) &= \int_{10}^{x} 30y f_Y(y)\mathrm{d}y + \int_{x}^{20} (10y + 20x) f_Y(y)\mathrm{d}y \\ &= \int_{10}^{x} 30y \frac{1}{10}\mathrm{d}y + \int_{x}^{20} (10y + 20x) \frac{1}{10}\mathrm{d}y \\ &= \frac{3}{2}(x^2 - 100) + \frac{1}{2}(20^2 - x^2) + 2x(20 - x) \\ &= 50 + 40x - x^2. \end{aligned}$$

当 $20 < x \leqslant 30$ 时，有

$$E(Z|x) = \int_{10}^{20} 30y f_Y(y)\mathrm{d}y = \int_{10}^{20} 30y \frac{1}{10}\mathrm{d}y = 450.$$

现在用 X 的分布对条件期望 $E(Z|X)$ 再求一次期望，即得

$$\begin{aligned} E(Z) &= E(E(Z|X)) = \int_{10}^{20} E(Z|x) f_X(x)\mathrm{d}x + \int_{20}^{30} E(Z|x) f_X(x)\mathrm{d}x \\ &= \frac{1}{20}\int_{10}^{20} (50 + 40x - x^2)\mathrm{d}x + \frac{1}{20}\int_{20}^{30} 450\mathrm{d}x \\ &= 25 + 300 - \frac{700}{6} + 225 \approx 433. \end{aligned}$$

所以，该企业每个月的平均利润为 433 万元.

例 4.1.21　袋子中有编号为 $1,2,\cdots,n$ 的 n 个球，从中任取一球. 若取到 1 号球，则得 1 分，且停止取球；若取到 i 号球($i \geqslant 2$)，则得 i 分，且将此球放回后重新取球. 如此下去，试求得到的评价总分数.

解: 记 X 为得到的总分数，分析可知 X 的可能取值是可数无穷多的，且其分布律很难求出，所以无法直接求解 EX. 为此设 Y 为第一次取到的球的号码，则有

$$P(Y=1) = P(Y=2) = \cdots = P(Y=n) = \frac{1}{n}.$$

而根据规则可知

$$E(X|Y=1) = 1,$$
$$E(X|Y=i) = i + EX, \quad i = 2,\cdots,n.$$

于是，由全期望公式(4.1.19)可得

$$EX = \sum_{i=1}^{n} E(X|Y=i)P(Y=i) = \frac{1}{n}[1+2+\cdots+n+(n-1)EX],$$

解此方程可得 $EX = \dfrac{n(n+1)}{2}$.

例 4.1.22(随机个随机变量和的数学期望) 设 $X_1, X_2, \cdots$ 为一列独立同分布的随机变量序列,随机变量 N 只取非负整数值,且 N 与 $\{X_n\}$ 独立. 约定 $N=0$ 时,$X_0=0$. 证明:$E\left(\sum\limits_{i=0}^{N} X_i\right) = EX_1 \cdot EN$.

证明:由全期望公式(4.1.19)知

$$E\left(\sum_{i=0}^{N} X_i\right) = E\left[E\left(\sum_{i=0}^{N} X_i \mid N\right)\right]$$

$$= \sum_{n=0}^{+\infty} E\left(\sum_{i=0}^{N} X_i \mid N=n\right)P(N=n)$$

$$= \sum_{n=0}^{+\infty} E\left(\sum_{i=0}^{N} X_i\right)P(N=n)$$

$$= \sum_{n=0}^{+\infty} nEX_1 P(N=n)$$

$$= EX_1 \cdot \sum_{n=0}^{+\infty} nP(N=n) = EX_1 \cdot EN.$$

利用例 4.1.22 的结论可以解决很多实际问题,下面是两个示例.

(1) 设一天内到达某超市的顾客人数 $N \sim Pos(\lambda)$,进入超市的第 i 个顾客的购物金额为 X_i(元),约定 $N=0$ 时,$X_0=0$. 假设 X_i 独立同分布,且 $EX_i=m$(元). 如果 N 与 X_i 也是独立的,则超市一天的平均营业额为

$$E\left(\sum_{i=0}^{N} X_i\right) = EX_1 \cdot EN = \lambda m \text{(元)}.$$

(2) 一只昆虫一次产卵数 $N \sim Pos(\lambda)$,每个卵能成活的概率为 p. 设 X_i 表示第 i 个卵是否成活,显然 $X_i \sim B(1,p)$. 于是,一只昆虫一次产卵后平均成活的卵数为

$$E\left(\sum_{i=1}^{N} X_i\right) = EX_1 \cdot EN = \lambda p.$$

习 题 4.1

4.1.1 随机变量 X 的分布律为 $P\left(X=(-1)^{i+1}\dfrac{3^i}{i}\right) = \dfrac{2}{3^i}$,$i=1,2,\cdots$,说明 X 的数学期望不存在.

4.1.2 某产品的次品率为 0.1(诸产品是否为次品是相互独立的),检验员每天检验 4 次,每次随机地取 10 件产品进行检验,如发现其中的次品数多于 1,就去调整设备. 以 X 表示一天中调整设备的次数,试求 $E(X)$.

4.1.3 设在某一规定的时间间隔里,某电气设备用于最大负荷的时间 X(以分计)

是一个随机变量,其概率密度为

$$f(x)=\begin{cases} \dfrac{x}{1500^2}, & 0\leqslant x\leqslant 1500; \\[2mm] -\dfrac{x-3000}{1500^2}, & 1500<x\leqslant 3000; \\[2mm] 0, & 其他. \end{cases}$$

求 $E(X)$.

4.1.4 设随机变量 X 的分布律为

X	-2	0	2
p_k	0.4	0.3	0.3

求 $E(X),E(X^2),E(3X^2+5)$.

4.1.5 设随机变量 X 的概率密度为

$$f(x)=\begin{cases} \mathrm{e}^{-x}, & x\geqslant 0; \\ 0, & x>0. \end{cases}$$

求:(1) $Y_1=2X$;(2) $Y_2=\mathrm{e}^{-2x}$ 的数学期望.

4.1.6 设 (X,Y) 的分布律为

Y＼X	1	2	3
-1	0.2	0.1	0.0
0	0.1	0.0	0.3
1	0.1	0.1	0.1

(1) 求 $E(X),E(Y)$;(2) 设 $Z=\dfrac{Y}{X}$,求 $E(Z)$;(3) 设 $Z=(X-Y)^2$,求 $E(Z)$.

4.1.7 设 (X,Y) 的密度函数为

$$f(x,y)=\begin{cases} 12y^2, & 0\leqslant y\leqslant x\leqslant 1; \\ 0, & 其他. \end{cases}$$

求 $E(X),E(Y),E(XY),E(X^2+Y^2)$.

4.1.8 一工厂生产的某种设备的寿命 X(以年计)服从指数分布,密度函数为

$$f(x)=\begin{cases} \dfrac{1}{4}\mathrm{e}^{-\frac{x}{4}}, & x\geqslant 0; \\[2mm] 0, & x<0. \end{cases}$$

工厂规定,出售的设备若在售出一年之内损坏可予以调换.若工厂售出一台设备赢利 100 元,调换一台设备厂方需花费 300 元.试求厂方出售一台设备净赢利的数学期望.

4.1.9 某车间生产的圆盘的直径在区间 (a,b) 上服从均匀分布.试求圆盘面积的数学期望.

4.1.10 设电压(单位:伏特)$X\sim N(0,9)$.将电压施加于一台检波器,其输出电压为 $Y=5X^2$,求输出电压 Y 的均值.

4.1.11 设随机变量 X_1,X_2 的概率密度函数分别为

$$f_1(x)=\begin{cases}2\mathrm{e}^{-2x}, & x\geqslant0;\\ 0, & x<0;\end{cases}\qquad f_2(x)=\begin{cases}4\mathrm{e}^{-4x}, & x\geqslant0;\\ 0, & x<0.\end{cases}$$

(1) 求 $E(X_1+X_2)$，$E(2X_1-3X_2^2)$；(2) 设 X_1,X_2 相互独立，求 $E(X_1X_2)$.

4.1.12 设一袋中装有 m 只颜色各不相同的球，每次从中任取一只，有放回地抽取 n 次.以 X 表示在这 n 次抽取中取到的球的不同颜色的数目，求 EX.

4.1.13 将 n 个编号为 $1\sim n$ 的球随机地放进 n 只编号同样为 $1\sim n$ 的盒子中，一只盒子放一个球.若球的编号与盒子的编号相同，则称为一个配对.记 X 为总的配对数，求 EX.

4.1.14 某工程队完成某些工程的时间 X（单位：月）是一个随机变量，其分布律为

X	10	11	12	13
p_i	0.4	0.3	0.2	0.1

(1) 试求该工程队完成此项工程的平均时间；

(2) 设该工程队所获利润为 $Y=50(13-X)$（单位：万元），试求工程队的平均利润；

(3) 若工程队调整安排，完成该项工程的时间 X_1（单位：月）的分布律为

X	10	11	12
p_i	0.5	0.4	0.1

则其平均利润可增加多少？

4.1.15 (1) 设离散型随机变量 X 只取非负整数值，若其数学期望存在，证明：

$$EX=\sum_{k=1}^{\infty}P(X\geqslant k).$$

(2) 设连续型随机变量 X 的分布函数为 $F(x)$，若其数学期望存在，证明：

$$EX=\int_0^{+\infty}[1-F(x)]\mathrm{d}x-\int_{-\infty}^0 F(x)\mathrm{d}x.$$

4.1.16 设二维离散型随机向量 (X,Y) 的联合分布律为

X \ Y	0	1	2	3
0	0	0.01	0.01	0.01
1	0.01	0.02	0.03	0.02
2	0.03	0.04	0.05	0.04
3	0.05	0.05	0.05	0.06
4	0.07	0.06	0.05	0.06
5	0.09	0.08	0.06	0.05

试求 $E(X|Y=2)$ 和 $E(X|Y=4)$.

4.1.17 设随机变量 X 与 Y 相互独立，分别服从参数为 λ_1 和 λ_2 的泊松分布.试求 $E(X|X+Y=n)$.

4.1.18 设二维连续型随机向量 (X,Y) 的密度函数为

$$f(x,y)=\begin{cases}x+y, & 0<x,y<1;\\ 0, & \text{其他.}\end{cases}$$

试求 $E(X|Y=0.5)$.

4.1.19　设二维连续型随机向量 (X,Y) 的密度函数为

$$f(x,y)=\begin{cases}24(1-x)y, & 0<y<x<1;\\ 0, & \text{其他.}\end{cases}$$

试在 $0<y<1$ 时,求 $E(X|y)$.

4.1.20　设随机变量 X 与 Y 独立同分布,都服从参数为 λ 的指数分布. 令

$$Z=\begin{cases}3X+1, & X\geqslant Y;\\ 6Y, & X<Y.\end{cases}$$

求 EZ.

4.1.21　一名矿工被困在矿井里,他面前有三个通道.沿第一个通道走 3 小时可到达安全区域,沿第二个通道走 5 小时后又回到原处,沿第三个通道走 7 小时后也回到原处.由于紧张,他每次总是等可能地选择一个通道.试求他平均要用多少时间才能到达安全区.

4.1.22　进行伯努利试验,每次试验成功的概率为 p,试验一直进行到连续两次成功为止.设 X 表示试验停止时进行的试验总次数,求 $E(X)$.

4.1.23　设一袋中装有 m 只颜色各不相同的球,从中有放回地摸取 n 次. X 表示在 n 次摸取中取到球的不同颜色的数目,求 $E(X)$.

4.2　方差

数学期望 EX 是随机变量 X 的第一个数字特征,它是一种位置特征数,刻画了随机变量取值的平均水平或中心趋势,即 X 的取值分布在 EX 的周围.但仅有这个数字特征是不够的.譬如,X 和 Y 的分布律如下:

X	-1	0	1		Y	-5	0	5
p_k	$1/3$	$1/3$	$1/3$		p_k	$1/3$	$1/3$	$1/3$

易知 $EX=EY=0$,但显然 Y 的取值比 X 的取值更分散,或者说 Y 的波动比 X 的波动更大.位置特征数是不能反映出随机变量取值的这种分散程度或波动大小的,本节研究的方差与标准差才是度量这种分散程度的特征数.

4.2.1　方差的定义

设随机变量 X 的数学期望 $EX=\mu$,X 的取值当然不一定恰好是 μ,会有偏离. 显然,偏离的大小就可以衡量 X 取值的分散程度.但因为数学期望是取值的中心位置,所以偏离的量 $X-\mu$ 有正有负,其累加之和恰好为 0,即正负偏离彼此抵消了.由于我们只关注偏离的大小,使用距离 $|x-\mu|$ 是一个选择.但绝对值在数学上较难处理,因此一般考虑 $(X-\mu)^2$.注意到 $(X-\mu)^2$ 仍是一个随机变量,所以应该使用其均值 $E(X-\mu)^2$ 来度量

X 取值的"分散"程度.

定义 4.2.1　方差

设 X 是一个随机变量,如果 EX^2 存在,则
$$D(X)=E(X-EX)^2 \tag{4.2.1}$$
称为 X(或相应分布)的方差,称 $\sqrt{D(X)}$ 为 X 的标准差.不引起混淆时,方差简写为 DX,通常也记为 $\text{Var}(X)$;标准差记为 σ_X.

方差是用来描述随机变量取值的分散程度或波动大小的特征数:方差越小,说明随机变量的取值越集中(集中于均值附近);方差越大,说明随机变量的取值越分散.标准差是方差的算术平方根,其功能与方差相似,差别在于量纲上.由于标准差与随机变量本身和其期望有相同的量纲,所以在应用中常用标准差,但标准差的计算必须通过方差获得.

说明:随机变量 X 的数学期望存在,其方差不一定存在;但当方差存在时,由于 $|x| \leqslant x^2+1$ 总是成立,因此其数学期望一定存在.在 4.3 节中,我们还有更一般的结果.

由于 $E(X-EX)^2$ 是 X 的函数的期望,因此方差 DX 的计算可通过随机变量函数的期望公式(4.1.7)、(4.1.8)或(4.1.9)来进行.但大多数时候使用下面的简化公式.

定理 4.2.1

设 X 是一个随机变量,如果其方差存在,则有
$$DX=EX^2-E^2X. \tag{4.2.2}$$

证明:根据期望的性质,易得
$$\begin{aligned} DX &= E(X-EX)^2=E(X^2-2XEX+E^2X) \\ &= EX^2-2EX \cdot EX+E^2X=EX^2-E^2X. \end{aligned}$$

注意到方差始终是非负的,即 $DX \geqslant 0$.根据式(4.2.2),立即可得 $E^2X \leqslant EX^2$.从定理 4.2.1 也可看出,方差的定义中只要求"EX^2 存在"即可.

例 4.2.1　(1) 两点分布 $B(1,p)$ 的方差为 $DX=p(1-p)$.

(2) 二项分布 $B(n,p)$ 的方差为 $DX=np(1-p)$.

(3) 泊松分布 $Pos(\lambda)$ 的方差为 $DX=\lambda$.

(4) 均匀分布 $U(a,b)$ 的方差为 $DX=\dfrac{(b-a)^2}{12}$.

(5) 正态分布 $N(\mu,\sigma^2)$ 的方差为 $DX=\sigma^2$.

(6) 指数分布 $Exp(\lambda)$ 的方差为 $DX=\dfrac{1}{\lambda^2}$.

证明:(1) $EX^2=1^2 \cdot p+0^2 \cdot (1-p)=p$,
$$DX=EX^2-E^2X=p-p^2=p(1-p).$$

(2) $E(X(X-1)) = \displaystyle\sum_{k=0}^{n} k(k-1) \cdot \frac{n!}{k!(n-k)!} p^k(1-p)^{n-k}$
$$= \sum_{k=2}^{n} \frac{n!}{(k-2)!(n-k)!} p^k(1-p)^{n-k}$$

$$= n(n-1)p^2 \sum_{k=2}^{n} \frac{(n-2)!}{(k-2)!(n-k)!} p^{k-2}(1-p)^{n-k}$$

$$= n(n-1)p^2 \sum_{i=0}^{n} \frac{m!}{i!(m-i)!} p^i (1-p)^{m-i}$$

$$= n(n-1)p^2$$

$$= n^2 p^2 - np^2,$$

$$EX^2 = E(X(X-1)) + EX = n^2 p^2 - np^2 + np = n^2 p^2 + np(1-p).$$

$$DX = EX^2 - E^2 X = n^2 p^2 + np(1-p) - n^2 p^2 = np(1-p).$$

（3）$\displaystyle EX^2 = \sum_{k=0}^{\infty} k^2 \cdot \frac{\lambda^k}{k!} e^{-\lambda} = \sum_{k=1}^{\infty} k \cdot \frac{\lambda^k}{(k-1)!} e^{-\lambda}$

$$= \lambda \sum_{k=1}^{\infty} k \cdot \frac{\lambda^{k-1}}{(k-1)!} e^{-\lambda} = \lambda \sum_{i=0}^{\infty} (i+1) \cdot \frac{\lambda^i}{i!} e^{-\lambda}$$

$$= \lambda \left(\sum_{i=0}^{\infty} i \cdot \frac{\lambda^i}{i!} e^{-\lambda} + \sum_{i=0}^{\infty} \frac{\lambda^i}{i!} e^{-\lambda} \right)$$

$$= \lambda(\lambda+1),$$

$$DX = EX^2 - E^2 X = \lambda(\lambda+1) - \lambda^2 = \lambda.$$

（4）$\displaystyle EX^2 = \frac{1}{b-a} \int_a^b x^2 dx = \frac{1}{b-a} \frac{x^3}{3} \Big|_a^b = \frac{b^2 + ab + a^2}{3},$

$$DX = \frac{b^2 + ab + a^2}{3} - \left(\frac{a+b}{2} \right)^2 = \frac{(b-a)^2}{12}.$$

（5）$\displaystyle DX = \int_{-\infty}^{+\infty} (x-\mu)^2 f(x) dx = \frac{1}{\sqrt{2\pi}\sigma} \int_{-\infty}^{+\infty} (x-\mu)^2 \exp\left\{ -\frac{(x-\mu)^2}{2\sigma^2} \right\} dx$

$$= \frac{\sigma^2}{\sqrt{2\pi}} \int_{-\infty}^{+\infty} u^2 e^{-\frac{u^2}{2}} du = \sigma^2 \cdot \frac{1}{\sqrt{2\pi}} \int_{-\infty}^{+\infty} e^{-\frac{u^2}{2}} du = \sigma^2.$$

（6）$\displaystyle EX^2 = \int_0^{\infty} x^2 \lambda e^{-\lambda x} dx = -\int_0^{\infty} x^2 d(e^{-\lambda x}) = \frac{2}{\lambda} \int_0^{\infty} x\lambda e^{-\lambda x} dx = \frac{2}{\lambda^2},$

$$DX = EX^2 - E^2 X = \frac{2}{\lambda^2} - \frac{1}{\lambda^2} = \frac{1}{\lambda^2}.$$

例 4.2.2　某人有一笔资金，可投入两个项目：房产和商业，其收益都与市场状态有关. 根据经济发展趋势，未来市场形势可划分为好、中、差三个状态，其发生的概率分别为 0.2、0.7、0.1. 通过调查，该投资者认为投资于房产的收益 X（万元）和投资于商业的收益 Y（万元）的分布律分别为

X	11	3	-3
p_i	0.2	0.7	0.1

Y	6	4	-1
p_i	0.2	0.7	0.1

试问：该投资者如何投资为好？

解：先考察期望收益：

$$EX = 11 \times 0.2 + 3 \times 0.7 - 3 \times 0.1 = 4.0 (万元),$$

$$EY = 6 \times 0.2 + 4 \times 0.7 - 1 \times 0.1 = 3.9 (万元).$$

从期望收益来看，投资房产可比投资商业预期多收益 0.1 万元.

再来看各自的方差：

$$DX=(11-4)^2\times0.2+(3-4)^2\times0.7+(-3-4)^2\times0.1=15.4,$$
$$DY=(6-3.9)^2\times0.2+(4-3.9)^2\times0.7+(-1-3.9)^2\times0.1=3.29.$$

从而其标准差分别为

$$\sigma_X=\sqrt{DX}=\sqrt{15.4}=3.92,\ \sigma_Y=\sqrt{DY}=\sqrt{3.29}=1.81.$$

由于标准差（或方差）越大，收益的波动就越大，从而风险也越大．所以从标准差来看，投资房产的风险比投资商业的风险大一倍多．综合权衡收益和风险，该投资者选择投资商业为好，虽然预期收益会少 0.1 万元，但风险要小一半以上．

4.2.2　方差的性质

以下均假定随机变量的方差是存在的．

性质 4.2.1　常数 C 的方差为 0.

性质 4.2.2　若 C 为常数，则有 $D(CX)=C^2DX$.

性质 4.2.3　若 C 为常数，则有 $D(X+C)=DX$.

性质 4.2.4　若随机变量 X 与 Y 相互独立，则有 $D(X\pm Y)=DX+DY$.

证明：根据期望的性质，有

$$\begin{aligned}
D(X\pm Y)&=E[(X\pm Y)-E(X\pm Y)]^2\\
&=E[(X-EX)^2\pm2(X-EX)(Y-EY)+(Y-EY)^2]\\
&=E(X-EX)^2\pm2E(X-EX)E(Y-EY)+E(Y-EY)^2\\
&=DX+DY.
\end{aligned}$$

性质 4.2.5　设 X 为随机变量，C 是常数，则有 $D(X)\leqslant E(X-C)^2$，当且仅当 $C=EX$ 时等号成立．

证明：根据期望的性质，易得

$$\begin{aligned}
E(X-C)^2&=E(X-EX+EX-C)^2\\
&=DX+2(EX-C)E(X-EX)+(EX-C)^2\\
&=DX+(EX-C)^2\geqslant DX.
\end{aligned}$$

设随机变量 X 的方差存在，记 $\mu=EX,\sigma^2=DX$. 令

$$X^*=\frac{X-\mu}{\sigma},$$

则称 X^* 是 X 的**标准化**随机变量．根据性质 4.2.2 和性质 4.2.3，易知 $EX^*=0,DX^*=1$.

下面给出概率论中一个非常重要的不等式．

命题 4.2.1　Chebyshev 不等式

设随机变量 X 的方差存在，则对任意的 $\varepsilon>0$，有

$$P(|X-EX|\geqslant\varepsilon)\leqslant\frac{DX}{\varepsilon^2}\tag{4.2.3}$$

证明：设 X 的分布函数为 $F(x)$，则对任意的 $\varepsilon > 0$ 有

$$P(|X-EX| \geqslant \varepsilon) = \int_{|X-EX| \geqslant \varepsilon} \mathrm{d}F(x) \leqslant \int_{|X-EX| \geqslant \varepsilon} \frac{(X-EX)^2}{\varepsilon^2} \mathrm{d}F(x)$$

$$\leqslant \frac{1}{\varepsilon^2} \int_{-\infty}^{+\infty} (X-EX)^2 \mathrm{d}F(x) = \frac{DX}{\varepsilon^2}.$$

在概率论中，"$|X-EX| \geqslant \varepsilon$"称为大偏差事件，$P(|X-EX| \geqslant \varepsilon)$就是大偏差事件发生的概率. Chebyshev 不等式给出了大偏差事件发生的概率上界，这个上界与方差成正比，方差越大上界也越大. 由于在 Chebyshev 不等式的证明过程中经过了两次放大，因而这种估计是粗略的，但在解决问题时非常有用. 在第 5.2 节大数定律的证明中，我们会用到 Chebyshev 不等式.

命题 4.2.2

设随机变量 X 的方差存在，则 $DX=0$ 的充分必要条件是：X 以概率 1 为一个常数，此常数就是 EX.

证明：充分性是显然的，下证必要性. 因为 $DX=0$，所以对任意的 n，由 Chebyshev 不等式可得

$$P\left(|X-EX| \geqslant \frac{1}{n}\right) \leqslant \frac{DX}{(1/n)^2} = 0.$$

注意到

$$\{|X-EX| > 0\} = \bigcup_{n=1}^{\infty} \left\{|X-EX| \geqslant \frac{1}{n}\right\},$$

故由次可加性可得

$$P(X \neq EX) = P(|X-EX| > 0) \leqslant \sum_{n=1}^{\infty} P\left(|X-EX| \geqslant \frac{1}{n}\right) = 0,$$

此即 $P(X=EX) = 1 - P(X \neq EX) = 1$.

4.2.3　矩

数学期望和方差是随机变量最重要的两个数字特征. 此外，随机变量还有一些其他的数字特征，比如各阶原点矩和中心矩，它们在表达概率分布的偏度、峰度及数理统计的矩估计原理中都有应用.

定义 4.2.2

设 X 为随机变量，k 为正整数. 如果以下的数学期望都存在，则分别称

$$\mu_k = EX^k \quad \text{和} \quad \nu_k = E(X-EX)^k$$

为 X 的 k 阶原点矩和 k 阶中心矩.

显然，一阶原点矩就是数学期望，二阶中心矩就是方差. 所有原点矩和中心矩都是随机变量函数的期望，因此可用函数的期望公式进行计算.

命题 4.2.3

对某个正整数 n，假设有 $E|X|^n < \infty$，则对任意的 $k(0 \leqslant k \leqslant n)$ 皆有 $E|X|^k < \infty$. 即高阶的原点矩存在，则低阶的原点矩一定存在.

证明：因为 $|X|^{n-1} \leqslant 1 + |X|^n$，所以 $E|X|^{n-1} \leqslant 1 + E|X|^n < \infty$. 通过数学归纳法即可得证.

命题 4.2.4

假设所出现的各阶原点矩和中心矩均存在，则 X 的原点矩和中心矩可以相互表示：

$$\nu_k = E(X - \mu_1)^k = \sum_{i=0}^{k} C_k^i \mu_i (-\mu_1)^{k-i},$$

$$\mu_k = E(X - \mu_1 + \mu_1)^k = \sum_{i=0}^{k} C_k^i \nu_i \mu_1^{k-i}.$$

根据命题 4.2.4 和命题 4.2.3 立即可知：某阶原点矩存在，则同阶的中心矩也存在；反之亦然. 高阶的中心矩存在，则低阶的中心矩也存在. 这样，对于原点矩和中心矩来说：**如果高阶矩存在，则低阶矩就存在.**

例 4.2.3 设 $X \sim N(\mu, \sigma^2)$，求 X 的 k 阶中心矩 ν_k.

解：$\nu_k = E(X - \mu)^k = \dfrac{1}{\sqrt{2\pi}\sigma} \int_{-\infty}^{+\infty} (x-\mu)^k \exp\left\{-\dfrac{(x-\mu)^2}{2\sigma^2}\right\} \mathrm{d}x$

$= \dfrac{\sigma^k}{\sqrt{2\pi}} \int_{-\infty}^{+\infty} u^k \mathrm{e}^{-\frac{u^2}{2}} \mathrm{d}u \quad \left(\text{令 } u = \dfrac{x-\mu}{\sigma}\right).$

所以，当 k 为奇数时，$\nu_k = 0$；当 k 为偶数时，令 $u^2 = 2v$.

$$\nu_k = \frac{\sigma^k}{\sqrt{2\pi}} 2 \int_0^{\infty} u^k \mathrm{e}^{-\frac{u^2}{2}} \mathrm{d}u = \frac{\sqrt{2}}{\sqrt{\pi}} \sigma^k 2^{\frac{k-1}{2}} \int_0^{\infty} v^{\frac{k-1}{2}} \mathrm{e}^{-v} \mathrm{d}v$$

$$= \frac{2^{k/2}\sigma^k}{\sqrt{\pi}} \cdot \Gamma\left(\frac{k+1}{2}\right) = \sigma^k (k-1)!!.$$

由此可得 $\nu_1 = 0, \nu_2 = \sigma^2, \nu_3 = 0, \nu_4 = 3\sigma^4$.

从例 4.2.3 可以看出：正态变量的中心矩与其期望无关. 这就是说，在正态分布 $N(\mu, \sigma^2)$ 中，期望 μ 仅仅只是位置参数，而分布的形状由方差 σ^2 完全决定，因此方差 σ^2 又称为形状参数或尺度参数. 此外，正态分布的奇数阶中心矩始终等于 0，这是由分布的对称性决定的. 事实上，所有对称分布的奇数阶中心矩皆为 0.

1. 变异系数

方差（或标准差）反映了随机变量取值的波动程度，但在比较两个随机变量的波动大小时，如果仅看方差（或标准差）的大小有时会产生不合理的现象. 这是因为：① 随机变量的取值有量纲，不同量纲的随机变量用其方差（或标准差）去比较它们的波动大小不太合理；② 即使取值的量纲相同，取值的大小也有一个相对性问题，取值较大的随机变量的方差（或标准差）也允许大一些. 所以要比较两个随机变量的波动大小时，在有些

场合使用以下定义的变异系数来进行比较,更具合理性.

> **定义 4.2.3　变异系数**
>
> 设随机变量 X 的二阶矩存在,则称 $CV = \dfrac{\sqrt{DX}}{EX}$ 为 X 的变异系数.

从定义 4.2.3 可以看出:变异系数是一个无量纲的量,因此不再受到量纲的影响.其次,变异系数是以数学期望为单位度量取值波动程度的特征数(标准差),即消除了取值的相对大小对波动程度的影响.

例 4.2.4　(1) 某地区成人男子的身高为 X(米),其均值 $EX = 1.7$,方差 $DX = 0.04$.该地区 1 岁幼童的头围为 Y(厘米),其均值 $EY = 46$,方差 $DX = 4$. 能否因为 $DX < DY$ 就认定 Y 的波动更大呢?

(2) 某种同龄树的高度为 X(米),其均值 $EX = 10$,方差 $DX = 1$.某年龄段儿童的身高为 Y(米),其均值 $EY = 1$,方差 $DX = 0.04$. X 与 Y 的波动哪个更大?

解:(1) 因为

$$CV_X = \frac{\sqrt{0.04}}{1.7} \approx 11.76\%, \quad CV_Y = \frac{\sqrt{4}}{46} \approx 4.35\%.$$

所以从变异系数的角度来看,消除量纲影响后 X 的取值波动更大. 这个结果与实际背景是相吻合的.

(2) 由于两个比较对象 X 与 Y 取值的相对大小差异较大,因此使用变异系数比较取值的分散程度是合理的. 易知

$$CV_X = \frac{1}{10} = 0.1, \quad CV_Y = \frac{\sqrt{0.04}}{1} = 0.2.$$

这说明 Y 的波动比 X 的波动更大.

2. 偏度系数

> **定义 4.2.4　偏度系数**
>
> 设随机变量 X 的三阶矩存在,则称 $K = \dfrac{E(X-EX)^3}{[E(X-EX)^2]^{3/2}} = \dfrac{\nu_3}{\nu_2^{3/2}}$ 为 X 的分布的偏度系数,简称偏度.

偏度系数 K 刻画的是分布的对称性(见图 4.2.1),其取值的正负反映的是:

(1) 当 $K > 0$ 时,分布为正偏或右偏;

(2) 当 $K = 0$ 时,分布关于其均值对称,如正态分布;

(3) 当 $K < 0$ 时,分布为负偏或左偏.

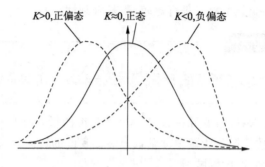

图 4.2.1 三种不同偏度的分布

3. 峰度系数

定义 4.2.5 峰度系数

设随机变量 X 的四阶矩存在，则称 $S=\dfrac{E(X-EX)^4}{[E(X-EX)^2]^2}-3=\dfrac{\nu_4}{\nu_2^2}-3$ 为 X 的分布的峰度系数，简称峰度.

峰度系数 S 刻画的是分布的陡峭性（见图 4.2.2）. 从例 4.2.3 可知：正态分布 $N(\mu,$ $\sigma^2)$ 的四阶中心矩 $\nu_4=3\sigma^4$. 所以对正态分布 $N(\mu,\sigma^2)$ 来说，$\dfrac{\nu_4}{\nu_2^2}=3$，这就是峰度系数定义中"3"的来源. 由此可见，分布的"峰度"并不是指密度函数本身的峰值大小，而是与正态密度的"峰"相比较的结果. 由于密度函数下方的面积始终等于 1，若随机变量的取值较集中，则其密度函数的峰值必高无疑，那么相对于"标准"的正态分布的峰值就偏高，这样图形两侧就会下降得较快，从而其图形看起来就比较陡峭. 反之，若分布的峰相对于正态分布而言偏低，则图像两侧就会下降得较慢，其图形看起来就比较平缓. 所以，峰度系数的正负反映的是：

（1）当 $S>0$ 时，分布的峰相对正态分布的峰更高更尖，称为"高峰"，图形陡峭；

（2）当 $S=0$ 时，分布的峰与正态分布的峰相当；

（3）当 $S<0$ 时，分布的峰相对正态分布的峰更低更圆，称为"低峰"，图形平缓.

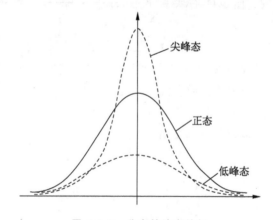

图 4.2.2 分布的峰态特征

此外,注意到标准化随机变量 $X^* = \dfrac{X-EX}{\sqrt{DX}}$,其四阶原点矩 $E(X^*)^4$ 恰好为

$\dfrac{E(X-EX)^4}{[E(X-EX)^2]^2}$,而标准正态分布的四阶原点矩恰好为 3. 因此,峰度系数的大小和正负也可看成是标准化后的分布与标准正态分布相比较的结果.

例 4.2.5　讨论区间 $(-1,1)$ 上均匀分布的峰度.

解:设 $X \sim U(-1,1)$,则 $EX=0, DX=\dfrac{1}{3}$,且

$$EX^4 = \frac{1}{2}\int_{-1}^{1} x^4 \,\mathrm{d}x = \int_{0}^{1} x^4 \,\mathrm{d}x = \left.\frac{x^5}{5}\right|_{0}^{1} = \frac{1}{5}.$$

所以 $S_X = \dfrac{1/5}{(1/3)^2} - 3 = 1.8 - 3 = -1.2$,即 $(-1,1)$ 上均匀分布的峰度系数为 -1.2.

事实上,容易验证:任意区间 (a,b) 上均匀分布的峰度系数都是 -1.2. 我们知道,均匀分布的密度函数是一条直线段,很平坦. 那么,可以预计:当一个分布的峰度 $S < -1.2$ 时,其密度函数应该会呈"U"形.

习　题　4.2

4.2.1　设随机变量 X 满足 $EX=DX=\lambda$,已知 $E[(X-1)(X-2)]=1$,求 λ.

4.2.2　已知 $EX=-2, EX^2=5$,求 $D(1-3X)$.

4.2.3　设随机变量 X 的概率密度为

$$f(x) = \begin{cases} 1+x, & -1<x\leqslant 0; \\ 1-x, & 0<x\leqslant 1; \\ 0, & \text{其他}. \end{cases}$$

求 $D(3X+2)$.

4.2.4　设随机变量 X 服从几何分布,其分布律为

$$P(X=k) = p(1-p)^{k-1}, \quad k=1,2,\cdots,$$

其中 $p(0<p<1)$ 是常数. 求 EX, DX.

4.2.5　设随机变量 X 服从瑞利分布,其概率密度为

$$f(x) = \begin{cases} \dfrac{x}{\sigma^2} \mathrm{e}^{-\frac{x^2}{2\sigma^2}}, & x\geqslant 0; \\ 0, & x<0, \end{cases}$$

其中 $\sigma>0$ 是常数. 求 EX, DX.

4.2.6　设随机变量 X 服从伽玛分布,其概率密度为

$$f(x) = \begin{cases} \dfrac{\lambda^\alpha}{\Gamma(\alpha)} x^{\alpha-1} \mathrm{e}^{-\lambda x}, & x\geqslant 0; \\ 0, & x<0, \end{cases}$$

其中 $\alpha>0, \lambda>0$ 是常数. 求 EX, DX.

4.2.7 设长方形的高 X(单位:米)服从区间$(0,2)$上的均匀分布,已知该长方形的周长为 20 米,求长方形面积 A 的数学期望和方差.

4.2.8 (1) 设随机变量 X_1,X_2,X_3,X_4 相互独立,且有 $EX_i=i,DX_i=5-i,i=1,2,3,4$. 设 $Y=2X_1-X_2+3X_3-\dfrac{1}{2}X_4$. 求 EY,DY.

(2) 设随机变量 X,Y 相互独立,且 $X\sim N(720,30^2),Y\sim N(640,25^2)$. 求 $Z_1=2X+Y,Z_2=X-Y$ 的分布,并求概率 $P(X>Y),P(X+Y>1400)$.

4.2.9 5 家商店联营,它们每两周售出的某种农产品的数量(单位:kg)分别为 X_1,X_2,X_3,X_4,X_5. 已知 $X_1\sim N(200,225),X_2\sim N(240,240),X_3\sim N(180,225),X_4\sim N(260,265),X_5\sim N(320,270)$,且 X_1,X_2,X_3,X_4,X_5 相互独立.

(1) 求 5 家商店两周的总销售量的均值和方差;

(2) 商店每隔两周进货一次,为了使新的供货到达前商店不会脱销的概率大于 0.99,问商店的仓库应至少储存多少千克该商品?

4.2.10 卡车装运水泥,设每袋水泥重量 X(单位:kg)服从 $N(50,2.5^2)$,问最多装多少袋水泥使总重量超过 2000 kg 的概率不大于 0.05.

4.2.11 设随机变量 X 仅在区间 $[a,b]$ 上取值,证明:

(1) $a\leqslant EX\leqslant b$;(2) $DX\leqslant\left(\dfrac{b-a}{2}\right)^2$.

4.2.12 设随机变量 X 取值$(x_1\leqslant\cdots\leqslant x_n)$的概率为 $p_1,\cdots,p_n$,且 $\sum\limits_{k=1}^{n}p_k=1$. 证明:$DX\leqslant\left(\dfrac{x_n-x_1}{2}\right)^2$.

4.2.13 已知正常男性成人血液中,每一毫升白细胞数平均是 7300,标准差是 700. 利用 Chebyshev 不等式估计每毫升含白细胞数在 5200～9400 之间的概率.

4.2.14 设随机变量 $X\sim Exp(\lambda)$,对 $k=1,2,3,4$,求 $\mu_k=EX^k$ 和 $\nu_k=E(X-EX)^k$. 进一步求该指数分布的变异系数、偏度系数和峰度系数.

4.2.15 证明:随机变量 X 的偏度系数和峰度系数对位移和改变比例尺是不变的,即对任意的实数 $k=a,b(b\neq0),Y=a+bY$ 与 X 有相同的偏度系数和峰度系数.

4.3 协方差与相关系数

第 3 章曾指出:二维随机变量的联合分布中,不仅含有各分量的边缘分布信息,还含有两个分量之间相互关联的信息. 描述这种关联程度的特征数就是协方差或对应的相关系数.

4.3.1 协方差

定义 4.3.1 协方差

设(X,Y)是二维随机变量,若 $E[(X-EX)(Y-EY)]$ 存在,则称其为随机变量 X 与 Y 的协方差,并记为

$$\mathrm{Cov}(X,Y)=E[(X-EX)(Y-EY)]. \tag{4.3.1}$$

根据协方差的定义,立即可得协方差的性质(读者也可自行证明),这些性质在计算时经常用到.

性质 4.3.1 $\mathrm{Cov}(X,Y)=DX.$

性质 4.3.2 对任意常数 a,$\mathrm{Cov}(X,a)=0.$

性质 4.3.3 对称性:$\mathrm{Cov}(X,Y)=\mathrm{Cov}(Y,X).$

性质 4.3.4 双线性:$\mathrm{Cov}(aX,bY)=ab\mathrm{Cov}(X,Y).$

性质 4.3.5 分配律:$\mathrm{Cov}(X+Y,Z)=\mathrm{Cov}(X,Z)+\mathrm{Cov}(Y,Z).$

从定义可以看出,X 与 Y 的协方差是 X 的偏差"$X-EX$"与 Y 的偏差"$Y-EY$"的乘积的数学期望,因此可用函数的期望进行计算.但常用如下的等价形式来完成.

定理 4.3.1

如果随机变量 X 与 Y 的协方差存在,则有
$$\mathrm{Cov}(X,Y)=E(XY)-(EX)(EY). \tag{4.3.2}$$

证明:由协方差的定义和期望的性质可知

$$\mathrm{Cov}(X,Y)=E[XY-XEY-YEX+(EX)(EY)]=E(XY)-(EX)(EY).$$

根据定理 4.3.1 和数学期望的性质 4.1.4 立即可得下列结论.

命题 4.3.1

若随机变量 X 与 Y 相互独立,则有 $\mathrm{Cov}(X,Y)=0.$

注意:命题 4.3.1 的逆命题不成立.

例 4.3.1 随机变量 $X\sim N(0,\sigma^2)$,令 $Y=X^2$. 根据例 4.2.3 的结论(正态分布 $N(0,\sigma^2)$ 的奇数阶原点矩此时也是中心矩且等于 0),易知 X 与 Y 的协方差

$$\mathrm{Cov}(X,Y)=\mathrm{Cov}(X,X^2)=EX^3-(EX)(EX^2)=0.$$

但显然,X 与 Y 不独立.

命题 4.3.2

对任意的随机变量 X 与 Y,有
$$D(X\pm Y)=DX+DY\pm 2\mathrm{Cov}(X,Y). \tag{4.3.3}$$

证明:由方差的定义易知

$$\begin{aligned}
D(X\pm Y)&=E[(X\pm Y)-E(X\pm Y)]^2=E[(X-EX)\pm(Y-EY)]^2\\
&=E[(X-EX)^2\pm 2(X-EX)(Y-EY)+(Y-EY)^2]\\
&=E(X-EX)^2\pm 2E[(X-EX)(Y-EY)]+E(Y-EY)^2\\
&=DX+DY\pm 2\mathrm{Cov}(X,Y).
\end{aligned}$$

可将命题 4.3.2 进行推广:对任意 n 个随机变量 $X_1,\cdots,X_n$,有

$$D\left(\sum_{i=1}^{n} X_i\right) = \sum_{i=1}^{n} DX_i + 2\sum_{i=1}^{n}\sum_{j=1}^{i-1} \mathrm{Cov}(X_i, X_j). \tag{4.3.4}$$

对比方差的性质 4.2.4 和命题 4.3.2,可以看出:协方差 $\mathrm{Cov}(X,Y)$ 度量了随机变量 X 与 Y 之间的某种相依关系.从 4.3.2 节相关系数的性质中,我们会明白这种相依关系是线性相依,即协方差 $\mathrm{Cov}(X,Y)$ 度量了随机变量 X 与 Y 之间的线性相关程度.

例 4.3.2 某宴会共有 n 个人参加,进门时他们把各自的帽子放在一起,宴会结束后每人随意取一顶帽子.设 X 表示恰好拿到自己帽子的人数,求其期望和方差.

解: 设

$$X_i = \begin{cases} 1, & \text{第 } i \text{ 个人拿到自己的帽子;} \\ 0, & \text{第 } i \text{ 个人没拿到自己的帽子.} \end{cases}$$

则有 $EX_i = P(X=1) = \dfrac{1}{n}, i=1,2,\cdots,n$,且有 $X = \sum\limits_{i=1}^{n} X_i$. 故

$$EX = \sum_{i=1}^{n} EX_i = n \cdot \frac{1}{n} = 1.$$

由于各个 X_i 之间是不独立的,因此需要利用式(4.3.4)计算 X 的方差. 易知

$$DX_i = \frac{1}{n} \cdot \left(1 - \frac{1}{n}\right) = \frac{n-1}{n^2}.$$

当 $i \neq j$ 时,有

$$\mathrm{Cov}(X_i, X_j) = E(X_i X_j) - (EX_i)(EX_j) = P(X_i=1, X_j=1) - \left(1-\frac{1}{n}\right)^2$$

$$= \frac{1}{n(n-1)} - \frac{1}{n^2} = \frac{1}{n^2(n-1)}.$$

于是,由式(4.3.4)可得

$$DX = n \cdot \frac{n-1}{n^2} + 2 \cdot \frac{n(n-1)}{2} \cdot \frac{1}{n^2(n-1)} = \frac{n-1}{n} + \frac{1}{n} = 1.$$

例 4.3.3 袋中装有 n 张卡片,分别标有编号 $1, 2, \cdots, n$. 现从中不放回地抽出 k 张卡片,设 X 表示抽出卡片的号码之和,求其期望和方差.

解: 设 X_i 表示第 i 次抽出的卡片号码,$i=1,2,\cdots,k$. 由抽签原理易知,X_i 服从等可能分布

X_i	1	2	$\cdots$	n
p_k	$1/n$	$1/n$	$\cdots$	$1/n$

所以 $EX_i = \dfrac{1}{n} \cdot \dfrac{n(n+1)}{2} = \dfrac{n+1}{2}$. 由于 $X = \sum\limits_{i=1}^{k} X_i$,所以 $EX = k \cdot \dfrac{n+1}{2} = \dfrac{k(n+1)}{2}$. 注意到

$$EX_i^2 = \frac{1}{n}(1^2 + 2^2 + \cdots + n^2) = \frac{(n+1)(2n+1)}{6},$$

所以 $DX_i = EX_i^2 - E^2 X_i = \dfrac{n^2-1}{12}$. 各个 X_i 之间不独立,且有

$$P(X_i=s, X_j=t) = \begin{cases} \dfrac{1}{n(n-1)}, & s \neq t; \\ 0, & s=t. \end{cases}$$

其中，$s,t=1,2,\cdots,n$；$i\neq j,i,j=1,2,\cdots,k$. 所以，当 $i\neq j$ 时，有

$$E(X_i X_j) = \sum_{s=1}^{n} \sum_{\substack{t=1 \\ t\neq s}}^{n} \frac{st}{n(n-1)}$$

$$= \frac{1}{n(n-1)}\left[(1+2+\cdots+n)^2 - (1^2+2^2+\cdots+n^2)\right]$$

$$= \frac{(n+1)(3n+2)}{12}.$$

于是

$$\mathrm{Cov}(X_i,X_j) = E(X_i X_j) - (EX_i)(EX_j) = \frac{(n+1)(3n+2)}{12} - \left(\frac{n+1}{2}\right)^2 = -\frac{n+1}{12}.$$

由式(4.3.4)可得

$$DX = n \cdot \frac{n^2-1}{12} - 2 \cdot \frac{k(k-1)}{2} \cdot \frac{n+1}{12} = \frac{k(n-k)(n+1)}{12}.$$

命题 4.3.3　Cauchy—Schwarz 不等式

对任意的随机变量 X 与 Y，如果其方差均存在，则有

$$[\mathrm{Cov}(X,Y)]^2 \leqslant (DX)(DY). \tag{4.3.5}$$

证明：如果 X 与 Y 的方差中至少有一个为 0，不妨设 $DX=0$，则由命题 4.2.2 可知 X 几乎处处为常数，因而由性质 4.3.2 知 X 与 Y 的协方差也为 0，从而式(4.3.5)的两端皆为 0，结论成立.

现假设 $DX>0$，考虑 t 的二次函数

$$g(t) = E[t(X-EX)+(Y-EY)]^2 = t^2 DX + 2t\mathrm{Cov}(X,Y) + DY.$$

显然，$g(t)$ 非负，且开口向上，因此其判别式小于等于 0，即

$$[2\mathrm{Cov}(X,Y)]^2 - 4(DX)(DY) \leqslant 0,$$

移项后即可得证.

概率论中，Cauchy—Schwarz 不等式有如下的等价形式也经常使用：对任意的随机变量 X 与 Y，如果 $EX^2<\infty,EY^2<\infty$，则有

$$(EXY)^2 \leqslant (EX^2)(EY^2). \tag{4.3.6}$$

例 4.3.4　设随机向量 (X,Y) 的密度函数为

$$f(x,y) = \begin{cases} 3x, & 0<y<x<1; \\ 0, & \text{其他}. \end{cases}$$

试求 $\mathrm{Cov}(X,Y)$.

解：利用函数的期望公式式(4.1.12)可得

$$EX = \int_0^1 \int_0^x x \cdot 3x \mathrm{d}y\mathrm{d}x = \int_0^1 3x^3 \mathrm{d}x = \frac{3}{4},$$

$$EY = \int_0^1 \int_0^x y \cdot 3x \mathrm{d}y\mathrm{d}x = \int_0^1 \frac{3x^3}{2}\mathrm{d}x = \frac{3}{8},$$

$$E(XY) = \int_0^1 \int_0^x xy \cdot 3x \mathrm{d}y\mathrm{d}x = \int_0^1 \frac{3x^4}{2}\mathrm{d}x = \frac{3}{10}.$$

因此可得

$$\mathrm{Cov}(X,Y)=E(XY)-(EX)(EY)=\frac{3}{10}-\frac{3}{4}\times\frac{3}{8}=\frac{3}{160}.$$

例 4.3.5 设随机向量(X,Y)的密度函数为

$$f(x,y)=\begin{cases}\dfrac{1}{3}(x+y), & 0<x<1,0<y<2;\\ 0, & 其他.\end{cases}$$

试求 $D(2X-3Y+8)$.

解: 先计算 X 与 Y 的边缘密度函数：

$$f_X(x)=\int_0^2\frac{1}{3}(x+y)\mathrm{d}y=\frac{2}{3}(x+1),\ 0<x<1;$$

$$f_Y(y)=\int_0^1\frac{1}{3}(x+y)\mathrm{d}x=\frac{1}{3}\left(\frac{1}{2}+y\right),\ 0<y<2.$$

于是可得

$$EX=\int_0^1\frac{2}{3}x(x+1)\mathrm{d}x=\frac{5}{9},\quad EX^2=\int_0^1\frac{2}{3}x^2(x+1)\mathrm{d}x=\frac{7}{8};$$

$$EY=\int_0^2\frac{1}{3}y\left(\frac{1}{2}+y\right)\mathrm{d}y=\frac{11}{9},\quad EY^2=\int_0^2\frac{1}{3}y^2\left(\frac{1}{2}+y\right)\mathrm{d}y=\frac{16}{9}.$$

从而有

$$DX=\frac{7}{8}-\left(\frac{5}{9}\right)^2=\frac{13}{162},\quad DY=\frac{16}{9}-\left(\frac{11}{9}\right)^2=\frac{23}{81}.$$

现在计算

$$E(XY)=\frac{1}{3}\int_0^1\int_0^2 xy(x+y)\mathrm{d}y\mathrm{d}x=\frac{1}{3}\int_0^1\left(2x^2+\frac{8}{3}x\right)\mathrm{d}x=\frac{2}{3},$$

从而有 $\mathrm{Cov}(X,Y)=\dfrac{2}{3}-\dfrac{5}{9}\times\dfrac{11}{9}=-\dfrac{1}{81}$. 于是,根据命题 4.3.2 和协方差的性质可得

$$D(2X-3Y+8)=4DX+9DY-12\mathrm{Cov}(X,Y)=\frac{245}{81}.$$

最后,我们给出**混合矩**的概念.

定义 4.3.2

设 X 与 Y 是随机变量,k,l 为正整数. 如果以下数学期望都存在,则分别称
$$E(X^kY^l)\ 和\ E(X-EX)^k(Y-EY)^l$$
为 X 与 Y 的 $k+l$ 阶混合(原点)矩和 $k+l$ 阶混合中心矩.

显然,协方差 $\mathrm{Cov}(X,Y)$ 是二阶混合中心矩. 所以,混合矩是协方差概念的推广.

4.3.2 相关系数

协方差 $\mathrm{Cov}(X,Y)$ 是有量纲的量,应用中有时会有一些麻烦.譬如,假设随机变量 X 与 Y 的量纲都是米,如果转换成厘米,则数据本身会同时扩大 100 倍.根据协方差的性质 4.3.4,此时协方差会扩大 10000 倍.本质上来说,X 与 Y 之间的关系并没有发生

变化,仅仅只是因为量纲的变化而导致协方差发生了变化,显然这是不合理的.为了消除量纲的影响,需对协方差除以相同量纲的量.

定义 4.3.3

设 X 与 Y 是随机变量,如果 $DX>0,DY>0$,则称

$$\rho_{XY}=\frac{\mathrm{Cov}(X,Y)}{\sqrt{DX}\sqrt{DY}}=\frac{\mathrm{Cov}(X,Y)}{\sigma_X\sigma_Y} \tag{4.3.7}$$

为 X 与 Y 的相关系数.

从以上定义中可以看出,相关系数 ρ_{XY} 与协方差 $\mathrm{Cov}(X,Y)$ 是同符号的,即同为正,同为负,或同为零.这说明相关系数仍然能够度量 X 与 Y 之间的(线性)相依程度,而且不会再受到量纲的影响,因为相关系数是一个无量纲的量.

注意到随机变量 X 与 Y 的标准化变量也是无量纲的量,并且有

$$\mathrm{Cov}(X^*,Y^*)=\mathrm{Cov}\left(\frac{X-\mu_X}{\sigma_X},\frac{Y-\mu_Y}{\sigma_Y}\right)=\frac{\mathrm{Cov}(X,Y)}{\sigma_X,\sigma_Y}=\rho_{XY}.$$

因此,相关系数也可以解释为随机变量 X 与 Y 的标准化变量的协方差.

下面讨论相关系数(或等价地协方差)的意义.考虑用 X 的线性函数 $aX+b$ 来近似表示 Y,以

$$\mathrm{MSE}=E[Y-(aX+b)]^2$$

来衡量这种近似的好坏程度.显然,MSE 的值越小说明近似程度越高.为此,需要寻求合适的 a,b,使得 MSE 达到最小.在数理统计学中,MSE 称为均方误差,寻求 a,b 使 MSE 达到最小的方法称为**最小二乘法**.

注意到

$$\mathrm{MSE}=EY^2-2aE(XY)-2bEY+a^2EX^2+2abEX+b^2,$$

对 MSE 分别关于 a 和 b 求偏导数,并令它们等于 0,得

$$\begin{cases}\dfrac{\partial}{\partial a}\mathrm{MSE}=-2E(XY)+2aEX^2+2bEX=0,\\[2mm]\dfrac{\partial}{\partial b}\mathrm{MSE}=-2EY+2aEX+2b=0.\end{cases}$$

解方程组得

$$a_0=\frac{\mathrm{Cov}(X,Y)}{DX},\ b_0=EY-EX\cdot\frac{\mathrm{Cov}(X,Y)}{DX}.$$

于是,将 a_0,b_0 代入均方误差 MSE 公式中可得

$$\min_{a,b}\mathrm{MSE}=E[Y-(a_0X+b_0)]^2=(1-\rho_{XY}^2)DY\geqslant0.$$

根据上式,立即可得以下结论.

定理 4.3.2 相关系数的性质

设随机变量 X 与 Y 的相关系数为 ρ_{XY},则

(1) $|\rho_{XY}|\leqslant1$,即 $-1\leqslant\rho_{XY}\leqslant1$.

> (2) $|\rho_{XY}|=1$ 的充分必要条件是:存在常数 $a\neq0$ 和 b 使得 $P(Y=aX+b)=1$,即 X 与 Y 之间几乎处处线性相关.

由相关系数的定义可得

$$\mathrm{Cov}(X,Y)=\rho_{XY}\sqrt{DX}\sqrt{DY}=\rho_{XY}\sigma_X\sigma_Y. \tag{4.3.8}$$

当 $|\rho_{XY}|=1$ 时,有 $[\mathrm{Cov}(X,Y)]^2=(DX)(DY)$,这恰好是 Cauchy—Schwarz 不等式中等号成立的情形. 因此,根据定理 4.3.2 可知,Cauchy—Schwarz 不等式(4.3.5)中等号成立的充分必要条件是:存在常数 $a\neq0$ 和 b 使得 $P(Y=aX+b)=1$ 成立. 当然,这一点从命题 4.3.3 的证明过程中也可看出. 所以,命题 4.3.3 可用来直接证明定理 4.3.2.

定理 4.3.2 表明:**相关系数 ρ_{XY} 刻画了随机变量 X 与 Y 之间存在线性关系的程度**. 如果 $|\rho_{XY}|=1$,则 X 与 Y 之间以概率 1 存在线性关系. 如果 $|\rho_{XY}|<1$,则 X 与 Y 之间在一定程度上存在线性关系,统计学上把这种"在一定程度上"成立的关系称为相依. $|\rho_{XY}|$ 越接近于 1,则 X 与 Y 之间的线性相依关系越强; $|\rho_{XY}|$ 越接近于 0,则 X 与 Y 之间的线性相依关系越弱. 当 $\rho_{XY}=0$ 时, X 与 Y 之间就不存在任何的线性相依关系了,此时均方误差 MSE 达到最大值 DY,说明 X 的线性函数并不能近似表示 Y. 这就是相关系数的意义.

不同于数学中的线性关系,统计中的线性相依是一种不确定性关系. 线性回归中把这种关系表示为 $Y=aX+b+\varepsilon$,其中 ε 是均值为 0 的随机变量,表示误差. 因此,这种不确定性表现为:对随机变量的单个观测值一般不成立,而对随机变量的所有观测值在平均意义上成立. 譬如,某地区成年男子的身高 X 与体重 Y 是线性相依的,假设相关系数 $\rho_{XY}=0.70$,只能说明:平均而言,身高较高的男子体重较大,或者说体重较大的男子身高较高. 对于具体的某个男子,并不能断言其身高较高则体重就一定较大,或者体重较大其身高就一定较高. 此外,线性相依只是表明两个随机变量的均值在数学上具有线性关系($EY=aEX+b$),而不能反映出这两个变量之间的实际关系. 譬如,身高与体重是线性相依的,但它们之间并没有因果关系,也就是说,不能通过多吃饭使体重增加从而使身高增加. 最后指出,相关系数本身的大小只是说明变量 X 与 Y 之间线性相依的程度,而不是线性关系 $Y=aX+b$ 中的系数 a 的取值. 譬如, $\rho_{XY}=0.70$ 并不是指身高的 70% 是体重.

明确了相关系数的意义,那么相关系数的正负符号表示什么呢? 由于相关系数的符号与协方差的符号一致,所以我们从协方差的定义中进行分析. 把部分成年男子的身高和体重所对应的点 (X,Y) 绘制在平面上,就得到一个散点图(见图 4.3.1a).

以 (EX,EY) 为中心,可以将散点图分成如图所示的四个部分,每个部分在协方差 $\mathrm{Cov}(X,Y)=E[(X-EX)(Y-EY)]$ 的计算中所起的作用是不同的.

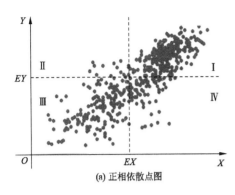
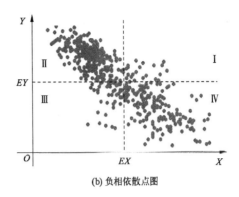

(a) 正相依散点图　　　　　　　　　　　(b) 负相依散点图

图 4.3.1　线性相依散点图

在正相依散点图的 I 部分中, 身高和体重都超过相应的均值; 而在 III 部分中, 身高和体重都低于相应的均值; 这两部分的点在协方差的计算中都取正值. 同理, II 部分和 IV 部分中的点在协方差的计算中都取负值. 但注意到散点图中 I、III 部分的点明显比 II、IV 部分的点多, 这会导致协方差 $\text{Cov}(X,Y)$ 的计算结果取正值. 负相依散点图的情况恰好相反, 必然有 $\text{Cov}(X,Y)$ 取负值. 结合图形来看, 散点图是线性正相关的, 协方差 $\text{Cov}(X,Y)>0$ 正好反映了这一点, 说明身高和体重一同增长的趋势. 同理, $\text{Cov}(X,Y)<0$ 反映出 X 与 Y 是线性负相关的. 综上, 相关系数 (或协方差) 的正负符号反映出变量在线性相依关系中是正相依还是负相依.

综合前面的分析, 我们可以得到下述定义.

定义 4.3.4

设随机变量 X 与 Y 的方差、协方差均存在, 如果

(1) $\rho_{XY}=1$, 则称 X 与 Y 完全正相关, 即 $\exists a>0$ 和 b 使得 $P(Y=aX+b)=1$;

(2) $0<\rho_{XY}<1$, 则称 X 与 Y 正相关;

(3) $\rho_{XY}=0$, 则称 X 与 Y 不相关;

(4) $-1<\rho_{XY}<0$, 则称 X 与 Y 负相关;

(5) $\rho_{XY}=-1$, 则称 X 与 Y 完全负相关, 即 $\exists a<0$ 和 b 使得 $P(Y=aX+b)=1$.

值得注意的是, 相关系数只能刻画随机变量之间的"线性相依"关系, 而不能反映其他关系. 因此, 如果 $\rho_{XY}=0$ 仅表明 X 与 Y 之间不存在线性相依关系, 但它们之间可能存在其他关系, 譬如平方关系、对数关系等. 如果 X 与 Y 独立, 则它们之间就不存在任何相依关系了. 因此, 随机变量之间"独立"比"不相关"更强, 即独立一定不相关, 但不相关不一定独立.

命题 4.3.4　不相关的充要条件

(1) X 与 Y 不相关 $\Leftrightarrow \rho_{XY}=0$;

(2) X 与 Y 不相关 $\Leftrightarrow \text{Cov}(X,Y)=0$;

> (3) X 与 Y 不相关 $\Leftrightarrow E(XY)=(EX)(EY)$;
>
> (4) X 与 Y 不相关 $\Leftrightarrow D(X+Y)=DX+DY$.

例 4.3.6 设随机变量 $\theta \sim U(0,2\pi)$，$X=\cos\theta$，$Y=\cos(\theta+\omega)$，其中 ω 是一个常数. 试求 X 与 Y 的相关系数.

解：由于 θ 的密度函数 $f(\theta)=\dfrac{1}{2\pi}$，$0\leqslant\theta\leqslant2\pi$，所以

$$EX = \frac{1}{2\pi}\int_0^{2\pi}\cos\theta \mathrm{d}\theta = 0,\quad EY = \frac{1}{2\pi}\int_0^{2\pi}\cos(\theta+\omega)\mathrm{d}\theta = 0;$$

$$EX^2 = \frac{1}{2\pi}\int_0^{2\pi}\cos^2\theta \mathrm{d}\theta = \frac{1}{2},\quad EY^2 = \frac{1}{2\pi}\int_0^{2\pi}\cos^2(\theta+\omega)\mathrm{d}\theta = \frac{1}{2}.$$

此外，有

$$E(XY) = \frac{1}{2\pi}\int_0^{2\pi}\cos\theta\cos(\theta+\omega)\mathrm{d}\theta = \frac{1}{2}\cos\omega.$$

由以上数据易得相关系数 $\rho_{XY}=\cos\omega$. 所以，当 $\omega=0$ 时，$\rho_{XY}=1$，此时 $X=Y$，即 X 与 Y 完全正相关. 当 $\omega=\pi$ 时，$\rho_{XY}=-1$，此时 $X=-Y$，即 X 与 Y 完全负相关. 当 $\omega=\dfrac{\pi}{2}$ 或 $\omega=\dfrac{3\pi}{2}$ 时，$\rho_{XY}=0$，即 X 与 Y 不相关，同时有 $X^2+Y^2=1$，即 X 与 Y 也不独立.

对于二维正态分布，有下面重要的结论.

> **命题 4.3.5**
>
> 二维随机向量 (X,Y) 服从正态分布 $(\mu_1,\sigma_1^2;\mu_2,\sigma_2^2;\rho)$，密度函数见式(3.1.13)，则有：(1) $\rho_{XY}=\rho$；(2) X 与 Y 不相关等价于 X 与 Y 独立.

证明：(1) 先求协方差 $\mathrm{Cov}(X,Y)$.

$$\mathrm{Cov}(X,Y) = \int_{-\infty}^{+\infty}\int_{-\infty}^{+\infty}(x-\mu_1)(y-\mu_2)f(x,y)\mathrm{d}x\mathrm{d}y$$

$$= \frac{1}{2\pi\sigma_1\sigma_2\sqrt{1-\rho^2}}\int_{-\infty}^{+\infty}\int_{-\infty}^{+\infty}(x-\mu_1)(y-\mu_2)\exp\left\{-\frac{1}{2(1-\rho^2)}\right.$$

$$\left.\left[\left(\frac{x-\mu_1}{\sigma_1}\right)^2-2\rho\left(\frac{x-\mu_1}{\sigma_1}\right)\left(\frac{y-\mu_2}{\sigma_2}\right)+\left(\frac{y-\mu_2}{\sigma_2}\right)^2\right]\right\}\mathrm{d}x\mathrm{d}y.$$

将上式中的指数部分（即大括号内的部分）配成完全平方式，使其等于

$$-\frac{1}{2(1-\rho^2)}\left(\frac{x-\mu_1}{\sigma_1}-\rho\frac{y-\mu_2}{\sigma_2}\right)^2-\frac{1}{2}\left(\frac{y-\mu_2}{\sigma_2}\right)^2.$$

进行变量变换（换元），令

$$\begin{cases} u=\dfrac{1}{\sqrt{1-\rho^2}}\left(\dfrac{x-\mu_1}{\sigma_1}-\rho\dfrac{y-\mu_2}{\sigma_2}\right), \\[2ex] v=\dfrac{y-\mu_2}{\sigma_2}, \end{cases}$$

其雅可比行列式为

$$J = \begin{vmatrix} \partial x/\partial u & \partial x/\partial v \\ \partial y/\partial u & \partial y/\partial v \end{vmatrix} = \begin{vmatrix} \sigma_1 \ \sqrt{1-\rho^2} & \sigma_1 \rho \\ 0 & \sigma_2 \end{vmatrix} = \sigma_1 \sigma_2 \ \sqrt{1-\rho^2}.$$

由此可得

$$\text{Cov}(X,Y) = \frac{\sigma_1 \sigma_2}{2\pi} \int_{-\infty}^{+\infty} \int_{-\infty}^{+\infty} (uv \ \sqrt{1-\rho^2} + \rho v^2) \mathrm{e}^{-\frac{1}{2}(u^2+v^2)} \mathrm{d}u \mathrm{d}v.$$

上式右端的积分可分为两部分,其中

$$\int_{-\infty}^{+\infty} \int_{-\infty}^{+\infty} uv \mathrm{e}^{-\frac{1}{2}(u^2+v^2)} \mathrm{d}u \mathrm{d}v = 0,$$

$$\int_{-\infty}^{+\infty} \int_{-\infty}^{+\infty} v^2 \mathrm{e}^{-\frac{1}{2}(u^2+v^2)} \mathrm{d}u \mathrm{d}v = 2\pi.$$

从而 $\text{Cov}(X,Y) = \frac{\sigma_1 \sigma_2}{2\pi} \cdot \rho \cdot 2\pi = \rho \sigma_1 \sigma_2$,于是有 $\rho_{XY} = \rho$.

(2) 命题 3.2.5 已经证明了:X 与 Y 相互独立与参数 $\rho = 0$ 等价. 由 (1) 知参数 ρ 恰好是 X 与 Y 的相关系数,因此二维正态分布的两个分量 **X 与 Y 不相关和 X 与 Y 相互独立等价**.

例 4.3.7　已知随机向量 (X,Y) 的联合密度如下,求 X 与 Y 的相关系数 ρ_{XY}.

$$f(x,y) = \begin{cases} \dfrac{8}{3}, & 0 < x-y < 0.5, 0 < x, y < 1; \\ 0, & 其他. \end{cases}$$

解:第一步:计算边缘密度函数.

由式 (3.1.11) 可得

$$f_X(x) = \int_{-\infty}^{+\infty} f(x,y) \mathrm{d}y = \begin{cases} \displaystyle\int_0^x \dfrac{8}{3} \mathrm{d}y, & 0 < x < 0.5; \\ \displaystyle\int_{x-0.5}^x \dfrac{8}{3} \mathrm{d}y, & 0.5 < x < 1; \\ 0, & 其他 \end{cases}$$

$$= \begin{cases} \dfrac{8}{3}x, & 0 < x < 0.5; \\ \dfrac{4}{3}, & 0.5 < x < 1; \\ 0, & 其他. \end{cases}$$

同理可得

$$f_Y(y) = \int_{-\infty}^{+\infty} f(x,y) \mathrm{d}x = \begin{cases} \dfrac{4}{3}, & 0 < y < 0.5; \\ \dfrac{8}{3}(1-y), & 0.5 < y < 1; \\ 0, & 其他. \end{cases}$$

第二步:计算各阶原点矩.

$$EX = \int_{-\infty}^{+\infty} x f_X(x) \mathrm{d}x = \frac{8}{3} \int_0^{0.5} x^2 \mathrm{d}x + \frac{4}{3} \int_{0.5}^1 x \mathrm{d}x = \frac{11}{18}.$$

$$EX^2 = \int_{-\infty}^{+\infty} x^2 f_X(x)\,\mathrm{d}x = \frac{8}{3}\int_0^{0.5} x^3\,\mathrm{d}x + \frac{4}{3}\int_{0.5}^{1} x^2\,\mathrm{d}x = \frac{31}{72}.$$

同理可得 $EY = \frac{7}{18}$, $EY^2 = \frac{15}{72}$. 于是 $DX = EX^2 - E^2X = \frac{37}{648}$, $DY = EY^2 - E^2Y = \frac{37}{648}$.

第三步:计算协方差和相关系数. 首先计算

$$E(XY) = \int_{-\infty}^{+\infty}\int_{-\infty}^{+\infty} xy f(x,y)\,\mathrm{d}x\mathrm{d}y$$

$$= \frac{8}{3}\Big(\int_0^{0.5}\int_0^x xy\,\mathrm{d}y\mathrm{d}x + \int_{0.5}^{1}\int_{x-0.5}^{x} xy\,\mathrm{d}y\mathrm{d}x\Big) = \frac{41}{144}.$$

于是可得

$$\mathrm{Cov}(X,Y) = E(XY) - (EX)(EY) = \frac{41}{144} - \frac{11}{18}\times\frac{7}{18} = \frac{61}{1296},$$

进一步可得

$$\rho_{XY} = \mathrm{Cov}(X,Y)/\sqrt{(DX)(DY)} = \frac{61}{1296}\times\frac{648}{37} = \frac{61}{74}.$$

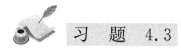

习 题 4.3

4.3.1 设随机变量 (X,Y) 具有概率密度

$$f(x,y) = \begin{cases} 1, & |y| < x, 0 < x < 1; \\ 0, & \text{其他}. \end{cases}$$

求 $EX, EY, \mathrm{Cov}(X,Y)$.

4.3.2 设随机变量 (X,Y) 具有概率密度

$$f(x,y) = \begin{cases} \dfrac{1}{8}(x+y), & 0 \leqslant x \leqslant 2, 0 \leqslant y \leqslant 2; \\ 0, & \text{其他}. \end{cases}$$

求 $EX, EY, \mathrm{Cov}(X,Y), \rho_{XY}, D(X+Y)$.

4.3.3 设 $X \sim N(\mu, \sigma^2)$, $Y \sim N(\mu, \sigma^2)$, 且设 X, Y 相互独立,试求 $Z_1 = \alpha X + \beta Y$ 和 $Z_2 = \alpha X - \beta Y$ 的相关系数(其中 α, β 是不为零的常数).

4.3.4 (1) 设 $W = (aX + 3Y)^2$, $E(X) = E(Y) = 0$, $D(X) = 4$, $D(Y) = 16$, $\rho_{XY} = -0.5$. 求常数 a 使 $E(W)$ 最小,并求 $E(W)$ 的最小值.

(2) 设 (X,Y) 服从二维正态分布,且有 $D(X) = \sigma_X^2$, $D(Y) = \sigma_Y^2$. 证明当 $a^2 = \dfrac{\sigma_X^2}{\sigma_Y^2}$ 时随机变量 $W = X - aY$ 与 $V = X + aY$ 相互独立.

4.3.5 设 A 和 B 是两个事件,且 $P(A) > 0$, $P(B) > 0$,并定义随机变量 X, Y 如下:

$$X = \begin{cases} 1, & \text{若 } A \text{ 发生}; \\ 0, & \text{若 } A \text{ 不发生}; \end{cases} \qquad Y = \begin{cases} 1, & \text{若 } B \text{ 发生}; \\ 0, & \text{若 } B \text{ 不发生}. \end{cases}$$

证明:若 $\rho_{XY} = 0$,则 X 和 Y 必定相互独立.

4.3.6　设二维随机变量 (X,Y) 的分布律为

Y＼X	-1	0	1
-1	$\frac{1}{8}$	$\frac{1}{8}$	$\frac{1}{8}$
0	$\frac{1}{8}$	0	$\frac{1}{8}$
1	$\frac{1}{8}$	$\frac{1}{8}$	$\frac{1}{8}$

验证 X 和 Y 是不相关的,且 X 和 Y 不是相互独立的.

4.3.7　设二维随机变量 (X,Y) 的概率密度为

$$f(x,y)=\begin{cases} \dfrac{1}{\pi}, & x^2+y^2\leqslant 1; \\ 0, & \text{其他.} \end{cases}$$

试验证 X 和 Y 是不相关的,且 X 和 Y 不是相互独立的.

4.4　特征函数

特征函数与随机变量的分布函数一一对应,是处理许多概率论问题的有力工具.它能把寻求独立随机变量和的分布的卷积运算(积分运算)转换成乘法运算,还能把求分布的各阶原点矩(积分运算)转换成微分运算,尤其是能把寻求随机变量序列的极限分布转换成一般的函数极限问题.

4.4.1　特征函数的定义与计算

首先引进复值随机变量的概念.若 X,Y 是概率空间 $(\Omega,\mathscr{F},P)$ 上的实值随机变量,则称 $Z=X+\mathrm{i}Y$ 为**复值随机变量**,其中 $\mathrm{i}=\sqrt{-1}$ 为虚数单位.

说明:复值随机变量的研究类似于二维实值随机变量的研究.例如,若 (X_1,Y_1) 与 (X_2,Y_2) 独立,则 $Z_1=X_1+\mathrm{i}Y_1$ 与 $Z_2=X_2+\mathrm{i}Y_2$ 独立;复值随机变量的数学期望为 $EZ=EX+\mathrm{i}EY$.

> **定义 4.4.1　特征函数**
>
> 设 X 是一个实值随机变量,其分布函数为 $F(x)$,令
> $$\varphi(t)=E(\mathrm{e}^{\mathrm{i}tX})=\int_{-\infty}^{+\infty}\mathrm{e}^{\mathrm{i}tx}\,\mathrm{d}F(x),\ t\in\mathbf{R},$$
> 则称 $\varphi(t)$ 为 X 的特征函数,或称为 $F(x)$ 的特征函数.

对任意实数 t,因为 $|\mathrm{e}^{\mathrm{i}tX}|=1$,所以 $E(\mathrm{e}^{\mathrm{i}tX})$ 总是存在的,即任一随机变量的特征函数总是存在的.特征函数 $\varphi(t)$ 是关于实变量 t 的复值函数.

若离散型随机变量 X 的分布律为 $p_k=P(X=x_k),k=1,2,\cdots$,则 X 的特征函数为

$$\varphi(t) = E(e^{itX}) = \sum_{k=1}^{+\infty} e^{itx_k} p_k,\qquad(4.4.1)$$

若连续型随机变量 X 的密度函数为 $f(x)$，则 X 的特征函数为

$$\varphi(t) = E(e^{itX}) = \int_{-\infty}^{+\infty} e^{itx} f(x)\,dx,\qquad(4.4.2)$$

即连续型随机变量 X 的特征函数 $\varphi(t)$ 为其密度函数为 $f(x)$ 的傅里叶变换.

例 4.4.1　（1）两点分布 $B(1,p)$ 的特征函数为

$$\varphi(t) = p e^{it} + (1-p).$$

（2）泊松分布 $Pos(\lambda)$ 的特征函数为

$$\varphi(t) = \sum_{k=0}^{+\infty} e^{itk} \frac{\lambda^k}{k!} e^{-\lambda} = e^{-\lambda} e^{\lambda e^{it}} = e^{\lambda(e^{it}-1)}.$$

（3）均匀分布 $U(a,b)$ 的特征函数为

$$\varphi(t) = \int_a^b \frac{e^{itx}}{b-a}\,dx = \frac{e^{ibt} - e^{iat}}{it(b-a)}.$$

（4）标准正态分布 $N(0,1)$ 的特征函数为

$$\varphi(t) = \frac{1}{\sqrt{2\pi}} \int_{-\infty}^{+\infty} e^{itx} e^{-\frac{x^2}{2}}\,dx = e^{-\frac{t^2}{2}} \frac{1}{\sqrt{2\pi}} \int_{-\infty}^{+\infty} e^{-\frac{(x-it)^2}{2}}\,dx = e^{-\frac{t^2}{2}}.$$

（5）指数分布 $Exp(\lambda)$ 的特征函数为

$$\begin{aligned}
\varphi(t) &= \int_0^{+\infty} e^{itx} \cdot \lambda e^{-\lambda x}\,dx \\
&= \lambda\left[\int_0^{+\infty} \cos(tx) e^{-\lambda x} + i\int_0^{+\infty} \sin(tx) e^{-\lambda x}\right] \\
&= \lambda\left(\frac{\lambda}{\lambda^2+t^2} + i\frac{t}{\lambda^2+t^2}\right) \\
&= \frac{\lambda}{\lambda-it} = \left(1-\frac{it}{\lambda}\right)^{-1}.
\end{aligned}$$

4.4.2　特征函数的性质

性质 4.4.1　随机变量 X 的特征函数满足：$|\varphi(t)| \leqslant \varphi(0) = 1$.

性质 4.4.2　随机变量 X 的特征函数满足：$\varphi(t) = \overline{\varphi(t)}$.

说明：$|z|$ 表示复数 z 的模，$\bar{z}$ 表示 z 的共轭复数.

性质 4.4.3　设 X 的特征函数为 $\varphi_X(t)$，若 $Y = aX + b$，其中 a,b 是常数，则

$$\varphi_Y(t) = e^{ibt}\varphi_X(at).\qquad(4.4.3)$$

例 4.4.2　求正态分布 $N(\mu,\sigma^2)$ 的特征函数.

解：设 $Y \sim N(\mu,\sigma^2)$，令 $\dfrac{Y-\mu}{\sigma} = X$，则 $X \sim N(0,1)$，且 $Y = \sigma X + \mu$. 由性质 4.4.3 及例

4.4.1(4)中标准正态分布的特征函数可得

$$\varphi_Y(t) = e^{i\mu t} e^{-\frac{(\sigma t)^2}{2}} = e^{i\mu t - \frac{(\sigma t)^2}{2}}.\qquad(4.4.4)$$

性质 4.4.4　设 X 与 Y 相互独立，则

$$\varphi_{X+Y}(t) = \varphi_X(t) \cdot \varphi_X(t),\qquad(4.4.5)$$

即独立随机变量和的特征函数等于特征函数的乘积.

例 4.4.3 二项分布 $B(n,p)$ 的特征函数为 $\varphi(t)=[pe^{it}+(1-p)]^n$.

性质 4.4.5 若 X 的 n 阶原点矩 EX^n 存在,则 X 的特征函数 $\varphi(t)$ 可 n 次求导,且对 $1\leqslant k\leqslant n$ 有

$$\varphi^{(k)}(0)=i^k EX^k. \tag{4.4.6}$$

性质 4.4.5 提供了一条求随机变量 X 各阶矩的途径. 特别地,有

$$EX=\frac{\varphi'(0)}{i}, \quad DX=-\varphi''(0)+(\varphi'(0))^2. \tag{4.4.7}$$

例 4.4.4 设 $Y\sim Ga(n,\lambda)$, $X_i\sim Exp(\lambda)$, $i=1,\cdots,n$, 且 $\{X_i\}$ 相互独立. 则根据性质 4.4.4, 由式(3.3.10)和例 4.4.1(5)的结论可知

$$\varphi_Y(t)=[\varphi_{X_i}(t)]^n=\left(1-\frac{it}{\lambda}\right)^{-n}. \tag{4.4.8}$$

易知

$$\varphi_Y'(t)=\frac{ni}{\lambda}\left(1-\frac{it}{\lambda}\right)^{-n-1}, \quad \varphi_Y'(0)=\frac{ni}{\lambda};$$

$$\varphi_Y''(t)=\frac{n(n+1)i^2}{\lambda^2}\left(1-\frac{it}{\lambda}\right)^{-n-2}, \quad \varphi_Y''(0)=-\frac{n(n+1)}{\lambda^2};$$

于是可得

$$EX=\frac{n}{\lambda}, \quad DX=\frac{n(n+1)}{\lambda^2}+\left(\frac{ni}{\lambda}\right)^2=\frac{n}{\lambda^2}.$$

性质 4.4.6 随机变量 X 的特征函数 $\varphi(t)$ 在 $\mathbf{R}$ 上一致连续.

证明:设 X 的分布函数为 $F(x)$,则对任意实数 t,h 和正数 a,有

$$|\varphi(t+h)-\varphi(t)|=\left|\int_{-\infty}^{+\infty}(e^{ihx}-1)e^{itx}\,dF(x)\right|$$

$$\leqslant \int_{-\infty}^{+\infty}|e^{ihx}-1|\,dF(x)$$

$$\leqslant \int_{-a}^{a}|e^{ihx}-1|\,dF(x)+2\int_{|x|\geqslant a}dF(x).$$

对任意的 $\varepsilon>0$,取充分大的 a,使得 $\displaystyle\int_{|x|\geqslant a}dF(x)<\frac{\varepsilon}{4}$;对任意的 $x\in[-a,a]$,取 $\delta=\dfrac{\varepsilon}{2a}$,则当 $|h|<\delta$ 时,有

$$|e^{ihx}-1|=|e^{i\frac{h}{2}x}(e^{i\frac{h}{2}x}-e^{-i\frac{h}{2}x})|$$

$$=2\left|\sin\frac{hx}{2}\right|\leqslant 2\left|\frac{hx}{2}\right|<ha<\frac{\varepsilon}{2}.$$

从而对所有的 $t\in\mathbf{R}$,有

$$|\varphi(t+h)-\varphi(t)|<\int_{-a}^{a}\frac{\varepsilon}{2}\,dF(x)+\frac{\varepsilon}{2}\leqslant\varepsilon.$$

性质 4.4.7 随机变量 X 的特征函数 $\varphi(t)$ 是非负定的,即对任意正整数 n,以及 n 个实数 $t_1,t_2,\cdots,t_n$ 和 n 个复数 $z_1,z_2,\cdots,z_n$,有

$$\sum_{k=1}^{n}\sum_{l=1}^{n}\varphi(t_k-t_l)z_k\overline{z_l}\geqslant 0.$$

证明:设 X 的分布函数为 $F(x)$,则

$$\sum_{k=1}^{n}\sum_{l=1}^{n}\varphi(t_k-t_l)z_k\overline{z_l} = \sum_{k=1}^{n}\sum_{l=1}^{n}z_k\overline{z_l}\int_{-\infty}^{+\infty}e^{i(t_k-t_l)x}dF(x)$$

$$= \int_{-\infty}^{+\infty}\sum_{k=1}^{n}\sum_{l=1}^{n}z_k\overline{z_l}e^{i(t_k-t_l)x}dF(x)$$

$$= \int_{-\infty}^{+\infty}\left(\sum_{k=1}^{n}z_k e^{it_k x}\right)\left(\sum_{l=1}^{n}\overline{z_l}e^{-it_l x}\right)dF(x)$$

$$= \int_{-\infty}^{+\infty}\left|\sum_{k=1}^{n}z_k e^{it_k x}\right|^2 dF(x)\geqslant 0.$$

特征函数 $\varphi(t)$ 的一致连续性、非负定性和 $\varphi(0)=1$ 是其根本性质,下面的定理说明其逆也是成立的.

> **定理 4.4.1**
>
> 设 $\varphi(t)$ 是定义在 $\mathbf{R}$ 上的复值函数,如果其在 $\mathbf{R}$ 上是连续的、非负定的,且 $\varphi(0)=1$,则必存在一个分布函数,使得
>
> $$\varphi(t) = \int_{-\infty}^{+\infty}e^{itx}dF(x)$$
>
> 成立,即 $\varphi(t)$ 是某个分布函数的特征函数.

定理 4.4.1 的证明请参阅本书参考文献[2].该定理给出了一个实变量 t 的复值函数 $\varphi(t)$ 是否为特征函数的判断准则.因此,要判断一个函数 $\varphi(t)$ 是否为特征函数,其中一个方法是给出概率分布,使得该分布的特征函数正好是 $\varphi(t)$;另一个方法就是验证 $\varphi(t)$ 是否满足定理 4.4.1 的条件.

例 4.4.5　设 $\varphi(t)$ 是特征函数,$\lambda>0$.证明:$\psi(t)=e^{\lambda[\varphi(t)-1]}$ 也是特征函数.

证明:设 $X_1,X_2,\cdots,X_n,\cdots$ 是独立同分布的随机变量序列,它们的特征函数均为 $\varphi(t)$.令 $\nu\sim Pos(\lambda)$,且 ν 与 $\{X_k\}$ 独立.作随机和 $Z=X_1+X_2+\cdots+X_\nu$,并约定 $\nu=0$ 时, $Z=0$.根据全期望公式可得随机变量 Z 的特征函数为

$$Ee^{itz} = \sum_{n=0}^{+\infty}E(e^{itz}\mid\nu=n)P(\nu=n)$$

$$= \sum_{n=0}^{+\infty}Ee^{it(x_1+x_2+\cdots+x_n)}P(\nu=n)$$

$$= \sum_{n=0}^{+\infty}\varphi^n(t)\frac{\lambda^n}{n!}e^{-\lambda} = e^{\lambda[e^{\varphi(t)-1}]}.$$

这个特征函数正是 $\psi(t)$.

4.4.3　唯一性定理

由定义可知,随机变量的分布唯一决定了它的特征函数.下面的唯一性定理说明特征函数也能唯一地决定它的分布函数,即分布函数与特征函数是一一对应的.

定理 4.4.2 逆转公式

设 $F(x)$ 和 $\varphi(t)$ 分别为随机变量 X 的分布函数和特征函数,则对 $F(x)$ 的任意两个连续点 $x_1 < x_2$,有

$$F(x_2) - F(x_1) = \lim_{T \to \infty} \frac{1}{2\pi} \int_{-T}^{T} \frac{\mathrm{e}^{-itx_1} - \mathrm{e}^{-itx_2}}{it} \varphi(t) \mathrm{d}t.$$

定理 4.4.2 的证明请参阅本书参考文献[1].

定理 4.4.3 唯一性定理

随机变量的分布函数 $F(x)$ 由其特征函数 $\varphi(t)$ 唯一决定.

证明:对 $F(x)$ 的每一个连续点 x,当 y 沿着 $F(x)$ 的连续点趋于 $-\infty$ 时,由逆转公式可得

$$F(x) = \lim_{y \to -\infty} \lim_{T \to \infty} \frac{1}{2\pi} \int_{-T}^{T} \frac{\mathrm{e}^{-ity} - \mathrm{e}^{-itx}}{it} \varphi(t) \mathrm{d}t,$$

即在 $F(x)$ 的连续点处,其值唯一地由特征函数 $\varphi(t)$ 决定.对于任意实数 x,由分布函数的单调有界且右连续可知,$F(x)$ 的值由它在连续点集上的值唯一决定,从而由其特征函数决定.

下面的定理说明:当特征函数 $\varphi(t)$ 绝对可积时,其对应的分布函数必有密度函数存在,且可通过特征函数求其密度函数.即特征函数绝对可积时,其对应的随机变量是连续型随机变量.

定理 4.4.4

如果特征函数 $\varphi(t)$ 绝对可积,即若 $\int_{-\infty}^{+\infty} |\varphi(t)| \mathrm{d}t < +\infty$,则相应的分布函数 $F(x)$ 是绝对连续的,其密度函数 $f(x)$ 是有界连续函数,且有

$$f(x) = \frac{1}{2\pi} \int_{-\infty}^{+\infty} \mathrm{e}^{itx} \varphi(t) \mathrm{d}t. \tag{4.4.9}$$

证明:此处只提供简要的证明,详细完整的证明请参阅本书参考文献[2].对于 $x \in \mathbf{R}$,由逆转公式知

$$f(x) = \lim_{\Delta x \to 0} \frac{F(x + \Delta x) - F(x)}{\Delta x}$$

$$= \lim_{\Delta x \to 0} \frac{1}{2\pi} \int_{-\infty}^{+\infty} \frac{\mathrm{e}^{-itx} - \mathrm{e}^{it(x + \Delta x)}}{it \Delta x} \varphi(t) \mathrm{d}t.$$

利用不等式 $|\mathrm{e}^{ia} - 1| \leqslant |a|$ 可知

$$\left| \frac{\mathrm{e}^{-itx} - \mathrm{e}^{-it(x + \Delta x)}}{it \Delta x} \right| \leqslant 1;$$

又因为 $\int_{-\infty}^{+\infty} |\varphi(t)| \mathrm{d}t < +\infty$,所以极限与积分可交换顺序.于是得

$$f(x) = \frac{1}{2\pi} \int_{-\infty}^{+\infty} \lim_{\Delta x \to 0} \frac{\mathrm{e}^{-itx} - \mathrm{e}^{-it(x + \Delta x)}}{it \Delta x} \varphi(t) \mathrm{d}t$$

$$= \frac{1}{2\pi} \int_{-\infty}^{+\infty} -\frac{1}{\mathrm{i}t} (\mathrm{e}^{-\mathrm{i}tx})' \varphi(t) \mathrm{d}t$$

$$= \frac{1}{2\pi} \int_{-\infty}^{+\infty} \mathrm{e}^{-\mathrm{i}tx} \varphi(t) \mathrm{d}t.$$

式(4.4.9)在数学分析中称为傅里叶逆变换,所以式(4.4.2)和式(4.4.9)是一对互逆的变换.即连续型随机变量的特征函数是其密度函数的傅里叶变换,而密度函数是其特征函数的傅里叶逆变换.

例 4.4.6 已知连续型随机变量 X 的特征函数为 $\varphi(t)=\mathrm{e}^{-|t|}$,求其密度函数.

解:由式(4.4.9)可得 X 的密度函数为

$$f(x) = \frac{1}{2\pi} \int_{-\infty}^{+\infty} \mathrm{e}^{-\mathrm{i}tx} \mathrm{e}^{-|t|} \mathrm{d}t$$

$$= \frac{1}{2\pi} \int_{0}^{+\infty} \mathrm{e}^{-(1+\mathrm{i}x)t} \mathrm{d}t + \int_{-\infty}^{+\infty} \mathrm{e}^{(1-\mathrm{i}x)t} \mathrm{d}t$$

$$= \frac{1}{2\pi} \left(\frac{1}{1+\mathrm{i}x} + \frac{1}{1-\mathrm{i}x} \right)$$

$$= \frac{1}{\pi(1+x^2)}.$$

这是柯西分布的密度函数,所以 $\varphi(t)=\mathrm{e}^{-|t|}$ 对应的是柯西分布.

4.4.4 特征函数的乘积

1. 分布函数的卷积

> **定义 4.4.2**
>
> 设 $F_X(x)$,$F_Y(y)$ 是任意两个分布函数,则称
>
> $$F(z) = \int_{-\infty}^{+\infty} F_X(z-y) \mathrm{d}F_Y(y) \tag{4.4.10}$$
>
> 为分布函数 F_X 与 F_Y 的卷积,简记为 $F=F_X * F_Y$.

说明:因为分布函数有界,且至多只有可列多个不连续点,故式(4.4.10)中的广义 R-S 积分有意义.进一步,应用控制收敛定理(参见本书参考文献[6]中的定理 4.3.5)可以证明定义 4.4.2 中的卷积 $F(z)$ 是一个分布函数.

如果 $F_X(x)$,$F_Y(y)$ 分别是两个独立的随机变量所对应的分布函数,则式(4.4.10)定义的卷积 $F(z)$ 就是随机变量 $Z=X+Y$ 所对应的分布函数.例如,X,Y 都是连续型随机变量,且对应的密度函数分别为 $f_X(x),f_Y(y)$,易知

$$F(z) = \int_{-\infty}^{+\infty} F_X(z-y) \mathrm{d}F_Y(y)$$

$$= \int_{-\infty}^{+\infty} \left[\int_{-\infty}^{z} f_X(u-y) \mathrm{d}u \right] \mathrm{d}F_Y(y)$$

$$= \int_{-\infty}^{z} \left[\int_{-\infty}^{+\infty} f_X(u-y) \mathrm{d}F_Y(y) \right] \mathrm{d}u,$$

于是有

$$f(z) = \int_{-\infty}^{+\infty} f_X(z-y) \mathrm{d}F_Y(y) = \int_{-\infty}^{+\infty} f_X(z-y) f_Y(y) \mathrm{d}y.$$

此式恰好是连续型随机变量独立和的密度函数的卷积公式(3.3.4).

定理 4.4.5

设 $\varphi(t), \varphi_X(t), \varphi_Y(t)$ 分别为分布函数 $F(z), F_X(x), F_Y(y)$ 的特征函数,则 $F = F_X * F_Y$ 的充要条件是

$$\varphi(t) = \varphi_X(t) \varphi_Y(t).$$

定理 4.4.5 的证明可参阅本书参考文献[2]中的定理 6.2.4.该定理表明,特征函数的乘积与分布函数的卷积是相对应的.

2. 可加性

由特征函数的性质 4.4.4 可知,独立随机变量之和的特征函数等于特征函数的乘积.因此,利用特征函数的乘积来研究一些分布的可加性是比较方便的.

但需要指出的是,特征函数的乘积不一定是"独立的"随机变量之和的特征函数.

例 4.4.7 设 (X,Y) 的密度函数为

$$f(x,y) = \begin{cases} \dfrac{1}{4}[1+xy(x^2-y^2)], & |x| \leqslant 1, |y| \leqslant 1; \\ 0, & \text{其他}. \end{cases}$$

容易求出 X 与 Y 均服从区间 $[-1,1]$ 上的均匀分布.由例 4.4.1(3)知,均匀分布 $U(-a,a)$ 的特征函数为 $\varphi(t) = \dfrac{\sin at}{at}$,所以

$$\varphi_X(t) = \varphi_Y(t) = \frac{\sin t}{t}.$$

此外,令 $Z = X + Y$,则由对称性易得

$$\begin{aligned} \varphi_Z(t) = E\mathrm{e}^{\mathrm{i}t(X+Y)} &= \frac{1}{4} \int_{-1}^{1} \int_{-1}^{1} \mathrm{e}^{\mathrm{i}t(x+y)} [1+xy(x^2-y^2)] \mathrm{d}x\mathrm{d}y \\ &= \frac{1}{4} \int_{-1}^{1} \mathrm{e}^{\mathrm{i}tx} \mathrm{d}x \int_{-1}^{1} \mathrm{e}^{\mathrm{i}ty} \mathrm{d}y = \left(\frac{\sin t}{t}\right)^2, \end{aligned}$$

显然 $\varphi_Z(t) = \varphi_X(t)\varphi_Y(t)$,但 X 与 Y 不独立.

如果 X 与 Y 独立,且均服从区间 $[-1,1]$ 上的均匀分布,此时显然也有 $\varphi_{X+Y}(t) = (\sin t/t)^2 = \varphi_Z(t)$.这与唯一性定理并不相悖,因为不管 X 与 Y 是否独立,这两种情况下,它们的和的分布都是相同的.

3. 可分性

定义 4.4.3

一个分布函数 F 称为(无穷)可分的,如果对于任意的正整数 n,都存在一个分布函数 F_n,使得 $F = F_n * F_n * \cdots * F_n$.

由定理 4.4.5 可知,F 无穷可分的充分必要条件是其特征函数 $\varphi(t)$ 具有如下性质:

任给正整数 n,存在特征函数 $\varphi_n(t)$,使得 $\varphi(t)=[\varphi_n(t)]^n$.

例 4.4.8 (1) 单点分布(常数 a 的分布,退化分布)是无穷可分的.

(2) 泊松分布 $Pos(\lambda)$ 是无穷可分的.

(3) 正态分布 $N(\mu,\sigma^2)$ 是无穷可分的.

证明: (1) 因为常数 a 的特征函数 $\varphi(t)=e^{ita}$ 对任意正整数 n,有 $\varphi(t)=(e^{it\frac{a}{n}})^n$. 而 $\varphi_n(t)=e^{it\frac{a}{n}}$ 是常数 $\frac{a}{n}$ 的特征函数,故单点分布是无穷可分的.

(2) 因为对任意正整数 n,泊松分布的特征函数为

$$\varphi(t)=e^{\lambda(e^{it}-1)}=[e^{\frac{\lambda}{n}(e^{it}-1)}]^n\triangleq[\varphi_n(t)]^n,$$

即 $\varphi_n(t)$ 是泊松分布 $Pos\left(\dfrac{\lambda}{n}\right)$ 的特征函数,故泊松分布是无穷可分的.

(3) 因为对任意正整数 n,正态分布的特征函数为

$$\varphi(t)=\exp\left\{i\mu t-\frac{1}{2}\sigma^2t^2\right\}=\left(\exp\left\{i\frac{\mu}{n}t-\frac{1}{2}\frac{\sigma^2}{n}t^2\right\}\right)^n\triangleq[\varphi_n(t)]^n,$$

即 $\varphi_n(t)$ 是正态分布 $N\left(\dfrac{\mu}{n},\dfrac{\sigma^2}{n}\right)$ 的特征函数,故正态分布是无穷可分的.

4.4.5 随机向量的特征函数

定义 4.4.4

设 $\boldsymbol{X}=(X_1,X_2,\cdots,X_n)^{\mathrm{T}}$ 是 n 维随机向量,其分布函数为 $F(x_1,x_2,\cdots,x_n)$. $\forall\boldsymbol{t}=(t_1,t_2,\cdots,t_n)^{\mathrm{T}}\in\mathbf{R}^n$,则称

$$\varphi(\boldsymbol{t})=\varphi(t_1,t_2,\cdots,t_n)=E(e^{i\boldsymbol{t}^{\mathrm{T}}\boldsymbol{X}})=E\left(\exp\left\{i\sum_{k=1}^n t_kX_k\right\}\right)$$

为 $(X_1,X_2,\cdots,X_n)$ 的特征函数.

与一元特征函数类似,因 $\left|\exp\left\{i\sum_{k=1}^n t_kx_k\right\}\right|=1$,故 n 元特征函数 $\varphi(t_1,t_2,\cdots,t_n)$ 总是存在的. 此外,多元特征函数也有与一元特征函数类似的性质和结论,比如一致连续性、非负定性、逆转公式和唯一性定理等.

定义 4.4.5

设二维随机向量 (X_1,X_2) 的特征函数为 $\varphi(t_1,t_2)$,则

$$\varphi_1(t_1)=\varphi(t_1,0),\quad\varphi_2(t_2)=\varphi(0,t_2)$$

分别称为 X_1 与 X_2 的边缘特征函数.

多元特征函数的一维或二维边缘特征函数等的定义类似.

性质 4.4.8 设 (X_1,X_2) 的特征函数为 $\varphi(t_1,t_2)$,X_1 与 X_2 的边缘特征函数为 $\varphi_1(t_1)$ 与 $\varphi_2(t_2)$,则 X_1 与 X_2 相互独立的充分必要条件为:对任意的实数 t_1 与 t_2,皆有

$$\varphi(t_1,t_2)=\varphi_1(t_1)\varphi_2(t_2). \tag{4.4.11}$$

该结论与联合分布函数等于边缘分布函数的乘积相对应.

性质 4.4.9 设 (X_1, X_2) 的特征函数为 $\varphi(t_1, t_2)$，则 $X_1 + X_2$ 的特征函数为 $\varphi(t, t)$；设 X_1 与 X_2 的边缘特征函数分别为 $\varphi_1(t_1)$ 与 $\varphi_2(t_2)$，若 X_1 与 X_2 独立，则 $X_1 + X_2$ 的特征函数为 $\varphi_1(t)\varphi_2(t)$．

说明：由性质 4.4.9 可以看出，特征函数的乘积 $\varphi_1(t)\varphi_2(t)$ 中两个函数的变量 t 是相同的，它只能确定 $X_1 + X_2$ 的分布，这与分布函数的卷积相对应．而要确定 X_1 与 X_2 的独立性，则需要有式 (4.4.11) 成立才行．

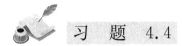

习 题 4.4

4.4.1 已知随机变量 X 的分布律，求其对应的特征函数．

(1) $\begin{pmatrix} -1 & 1 \\ 1/2 & 1/2 \end{pmatrix}$；　(2) $\begin{pmatrix} -1 & 0 & 1 \\ 1/4 & 1/2 & 1/4 \end{pmatrix}$．

4.4.2 已知随机变量 X 的密度函数为 $f(x) = \dfrac{1}{2} e^{-|x|}$，求 X 的特征函数．

4.4.3 已知随机变量 X 的特征函数为 $\varphi(t) = \dfrac{1}{16}(1 + e^{it})^4$，求 EX 与 DX．

4.4.4 已知正项级数 $\displaystyle\sum_{k=0}^{\infty} a_k = 1$，证明下列函数是特征函数，并指出相应的概率分布．

(1) $\varphi(t) = \displaystyle\sum_{k=0}^{\infty} a_k e^{ikt}$；　(2) $\varphi(t) = \displaystyle\sum_{k=0}^{\infty} a_k \cos(kt)$．

4.4.5 设 $\varphi(t)$ 是特征函数，证明：$\psi_1(t) = \displaystyle\int_0^1 \varphi(ut)\,\mathrm{d}u$ 与 $\psi_2(t) = \displaystyle\int_0^{\infty} e^{-u}\varphi(ut)\,\mathrm{d}u$ 也都是特征函数．

4.4.6 设随机变量 X 的特征函数为 $\varphi(t) = \left(\dfrac{\sin t}{t}\right)^2$，问 X 服从什么分布？

4.4.7 利用特征函数证明：

(1) 如果 $X \sim NB(r_1, p)$，$Y \sim NB(r_2, P)$，且 X 与 Y 相互独立，则 $X + Y \sim NB(r_1 + r_2, p)$；

(2) 如果 $X \sim Ga(\alpha_1, \lambda)$，$Y \sim Ga(\alpha_2, \lambda)$，且 X 与 Y 相互独立，则 $X + Y \sim Ga(\alpha_1 + \alpha_2, \lambda)$．

4.4.8 设 $X_1, \cdots, X_n$ 相互独立，皆服从柯西分布，其密度函数为 $f(x) = \dfrac{1}{\pi(1 + x^2)}$，特征函数为 $\varphi(t) = e^{-|t|}$．证明：$\overline{X} = \dfrac{1}{n}\displaystyle\sum_{k=1}^{n} X_k$ 也服从同样的柯西分布．

4.4.9 设 $X_1, \cdots, X_n$ 相互独立，且皆服从正态分布 $N(\mu, \sigma^2)$．证明：$\overline{X} = \dfrac{1}{n}\displaystyle\sum_{k=1}^{n} X_k$ 服从正态分布 $N\left(\mu, \dfrac{\sigma^2}{n}\right)$．

4.4.10 设 $X \sim N(\mu, \sigma^2)$，试用特征函数求 X 的 3 阶和 4 阶中心矩．

4.5　多维正态分布

本节利用特征函数进一步研究多维正态分布的一些性质.

除非特别说明,本节中涉及的向量均为列向量,用上标 T 表示转置. 常用记号如下:

$$\boldsymbol{x}=\begin{bmatrix} x_1 \\ x_2 \\ \vdots \\ x_n \end{bmatrix}, \boldsymbol{t}=\begin{bmatrix} t_1 \\ t_2 \\ \vdots \\ t_n \end{bmatrix}, \boldsymbol{X}=\begin{bmatrix} X_1 \\ X_2 \\ \vdots \\ X_n \end{bmatrix}, \boldsymbol{\mu}=E\boldsymbol{X}=\begin{bmatrix} EX_1 \\ EX_2 \\ \vdots \\ EX_n \end{bmatrix} \triangleq \begin{bmatrix} \mu_1 \\ \mu_2 \\ \vdots \\ \mu_n \end{bmatrix}$$

$$\boldsymbol{\Sigma}=D\boldsymbol{X}=E(\boldsymbol{X}-E\boldsymbol{X})(\boldsymbol{X}-E\boldsymbol{X})^{\mathrm{T}} \triangleq \begin{bmatrix} \sigma_{11} & \sigma_{12} & \cdots & \sigma_{1n} \\ \sigma_{21} & \sigma_{22} & \cdots & \sigma_{2n} \\ \vdots & \vdots & & \vdots \\ \sigma_{n1} & \sigma_{n2} & \cdots & \sigma_{nn} \end{bmatrix}$$

其中 $\sigma_{jk}=\mathrm{Cov}(X_j,X_k)$, $j,k=1,2,\cdots,n$. 向量 $\boldsymbol{\mu}$ 称为 n 维随机向量 $\boldsymbol{X}$ 的数学期望向量,简称**数学期望**. 矩阵 $\boldsymbol{\Sigma}$ 称为随机向量 $\boldsymbol{X}$ 的**协方差矩阵**,简称**协差阵**.

> **命题 4.5.1　协差阵的非负定性**
>
> 协差阵 $\boldsymbol{\Sigma}$ 是实对称矩阵,是非负定矩阵. 即对任意 n 个实数 $t_1,t_2,\cdots,t_n$,有
>
> $$\sum_{j=1}^{n}\sum_{k=1}^{n}t_jt_k\mathrm{Cov}(X_j,X_k)\geqslant 0.$$

证明:根据协方差的性质易知,$\boldsymbol{\Sigma}$ 是实对称矩阵,并且

$$\begin{aligned} \sum_{j=1}^{n}\sum_{k=1}^{n}t_jt_k\mathrm{Cov}(X_j,X_k) &= \sum_{j=1}^{n}\sum_{k=1}^{n}\mathrm{Cov}(t_jX_j,t_kX_k) \\ &= \sum_{j=1}^{n}\sum_{k=1}^{n}E\big[t_j(X_j-EX_j)\cdot t_k(X_k-EX_k)\big] \\ &= E\sum_{j=1}^{n}\sum_{k=1}^{n}t_j(X_j-EX_j)\cdot t_k(X_k-EX_k) \\ &= E\Big[\sum_{k=1}^{n}t_k(X_k-EX_k)\Big]^2 \geqslant 0. \end{aligned}$$

设 n 维随机向量 $\boldsymbol{X}\sim N(\boldsymbol{\mu},\boldsymbol{\Sigma})$,则其联合特征函数为

$$\varphi(\boldsymbol{t}) = \exp\Big\{\mathrm{i}\boldsymbol{\mu}^{\mathrm{T}}\boldsymbol{t}-\frac{1}{2}\boldsymbol{t}^{\mathrm{T}}\boldsymbol{\Sigma}\boldsymbol{t}\Big\} = \exp\Big\{\mathrm{i}\sum_{j=1}^{n}\mu_jt_j-\frac{1}{2}\sum_{j=1}^{n}\sum_{k=1}^{n}\sigma_{jk}t_jt_k\Big\}; \quad (4.5.1)$$

假设协差阵 $\boldsymbol{\Sigma}$ 正定,则其联合密度函数为

$$f(\boldsymbol{x})=(2\pi)^{-\frac{n}{2}}|\boldsymbol{\Sigma}|^{-\frac{1}{2}}\exp\Big\{-\frac{1}{2}(\boldsymbol{x}-\boldsymbol{\mu})^{\mathrm{T}}\boldsymbol{\Sigma}^{-1}(\boldsymbol{x}-\boldsymbol{\mu})\Big\}. \quad (4.5.2)$$

4.5.1　性质定理

性质 4.5.1　设 $\boldsymbol{X}=(X_1,X_2,\cdots,X_n)$ 为 n 维正态变量,则其分量的任一线性组合

为一维正态变量. 即令

$$Y = a_1 X_1 + a_2 X_2 + \cdots + a_n X_n = \boldsymbol{a}^{\mathrm{T}} \boldsymbol{X},$$

其中 $\boldsymbol{a} = (a_1, a_2, \cdots, a_n)^{\mathrm{T}}$ 是不全为 0 的实数, 则 Y 是一维正态变量.

证明: 设 $\boldsymbol{X}$ 的特征函数为 $\varphi(t_1, t_2, \cdots, t_n)$, 它由式 (4.5.1) 确定. 由定义 4.4.1 可知 Y 的特征函数为

$$\varphi_Y(t) = E\mathrm{e}^{\mathrm{i}tY} = E\exp\{\mathrm{i}t\boldsymbol{a}^{\mathrm{T}}\boldsymbol{X}\} = E\exp\{\mathrm{i}(t\boldsymbol{a})^{\mathrm{T}}\boldsymbol{X}\}$$

$$= \varphi(a_1 t, a_2 t, \cdots, a_n t)$$

$$= \exp\left\{\mathrm{i}t\sum_{j=1}^{n} a_j \mu_j - \frac{1}{2}\sum_{j=1}^{n}\sum_{k=1}^{n}\sigma_{jk} a_j a_k\right\},$$

这是一维正态变量 $N\left(\sum_{j=1}^{n} a_j \mu_j, \sum_{j=1}^{n}\sum_{k=1}^{n}\sigma_{jk} a_j a_k\right)$ 的特征函数, 所以 Y 为一维正态变量.

注意: 正态分布是具有可加性的, 即独立的正态变量的线性组合是正态变量. 而根据性质 4.5.1 可知, n 维正态变量的各分量是一维正态的, 其线性组合也是一维正态的; 但不必要求分量间的独立性, 只要其联合分布是多维正态即可.

性质 4.5.2　n 维正态分布的任意 $m(m=1,2,\cdots,n)$ 维边缘分布是正态分布.

证明: 设 $\boldsymbol{X} \sim N(\boldsymbol{\mu}, \boldsymbol{\Sigma})$, 考虑 $\boldsymbol{X}$ 的前 m 个向量 $(X_1, \cdots, X_m)$ 的边缘特征函数. 由定义 4.4.5, 在式 (4.5.1) 中令 $t_{m+1} = \cdots = t_n = 0$, 即得

$$\varphi_m(t_1, \cdots, t_m) = \varphi_m(t_1, \cdots, t_m, 0, \cdots, 0)$$

$$= \exp\left\{\mathrm{i}\sum_{j=1}^{m}\mu_j t_j - \frac{1}{2}\sum_{j=1}^{m}\sum_{k=1}^{m}\sigma_{jk} t_j t_k\right\},$$

此式即 m 维正态分布的特征函数. 于是由逆转公式和唯一性定理知: 前 m 个向量 $(X_1, \cdots, X_m)$ 的边缘分布为正态分布. 对其他任意分量的边缘分布可类似证明.

性质 4.5.3　设 $\boldsymbol{X} = (X_1, \cdots, X_n)$ 为 n 维正态变量, 则其分量 $X_1, \cdots, X_n$ 之间两两互不相关与其相互独立等价.

证明: 由分量间的独立性得知其两两互不相关是显然的. 反之, 由 $X_1, \cdots, X_n$ 之间两两互不相关知, 当 $j \neq k$ 时, 有 $\sigma_{jk} = 0$. 注意到 $\sigma_{jj} = DX_j = \sigma_j^2$, 于是式 (4.5.1) 变为

$$\varphi(t_1, \cdots, t_n) = \exp\left\{\mathrm{i}\sum_{j=1}^{n}\mu_j t_j - \frac{1}{2}\sum_{j=1}^{n}\sigma_j^2 t_j^2\right\}$$

$$= \prod_{j=1}^{n}\exp\left\{\mathrm{i}\mu_j t_j - \frac{1}{2}\sigma_j^2 t_j^2\right\}$$

$$= \varphi_1(t_1)\cdots\varphi_n(t_n).$$

由性质 4.4.8 知, $X_1, \cdots, X_n$ 之间相互独立.

关于性质 4.5.2 和性质 4.5.3, 值得注意的是: 即使随机向量 $\boldsymbol{X}$ 的各个分量均为一维正态变量, $\boldsymbol{X}$ 也不一定是 n 维正态变量; 即使 $\boldsymbol{X}$ 的各个分量都是一维正态变量, 并且两两互不相关, 它们之间也不一定相互独立.

例 4.5.1　设随机变量 X 和 Y 的联合密度函数为

$$f(x, y) = \frac{1}{2}\left[f_1(x, y) + f_2(x, y)\right],$$

其中 $f_1(x,y)$ 是二维正态分布 $N\left(0,1;0,1;\dfrac{1}{3}\right)$ 的联合密度函数，$f_2(x,y)$ 是二维正态分布 $N\left(0,1;0,1;-\dfrac{1}{3}\right)$ 的联合密度函数.

(1) 求 X 与 Y 的边缘密度函数；

(2) 求 $\mathrm{Cov}(X,Y)$；

(3) 判断 X 与 Y 的独立性.

解：(1) 由性质 4.5.2 可知，$f_1(x,y)$ 与 $f_2(x,y)$ 的所有边缘分布都是标准正态分布. 于是 X 的边缘密度函数

$$f_X(x) = \int_{-\infty}^{+\infty} f(x,y)\mathrm{d}y = \frac{1}{2}\left[\int_{-\infty}^{+\infty} f_1(x,y)\mathrm{d}y + \int_{-\infty}^{+\infty} f_2(x,y)\mathrm{d}y\right] = \frac{1}{\sqrt{2\pi}}\mathrm{e}^{-\frac{x^2}{2}},$$

即 X 为标准正态变量. 同理可知，Y 也是标准正态变量.

(2) 由题意，$f_1(x,y)$ 的相关系数 $\rho_1 = \dfrac{1}{3}$，$f_2(x,y)$ 的相关系数 $\rho_2 = -\dfrac{1}{3}$. 因此，

$$\begin{aligned}
\mathrm{Cov}(X,Y) &= E(XY) = \int_{-\infty}^{+\infty}\int_{-\infty}^{+\infty} xy f(x,y)\mathrm{d}x\mathrm{d}y \\
&= \frac{1}{2}\left[\int_{-\infty}^{+\infty}\int_{-\infty}^{+\infty} xy f_1(x,y)\mathrm{d}x\mathrm{d}y + \int_{-\infty}^{+\infty}\int_{-\infty}^{+\infty} xy f_2(x,y)\mathrm{d}x\mathrm{d}y\right] \\
&= \frac{1}{2}(\rho_1 + \rho_2) = \frac{1}{2}\left(\frac{1}{3} - \frac{1}{3}\right) = 0,
\end{aligned}$$

即 X 与 Y 不相关.

(3) 由式 (3.1.13) 可得 X 与 Y 的联合密度函数为

$$f(x,y) = \frac{3}{8\sqrt{2}\pi}\left[\exp\left\{-\frac{9}{16}\left(x^2 - \frac{2}{2}xy + y^2\right)\right\} + \exp\left\{-\frac{9}{16}\left(x^2 + \frac{2}{2}xy + y^2\right)\right\}\right].$$

显然，这不是二维正态分布，也不等于 X 与 Y 的边缘密度函数的乘积，因而 X 与 Y 不独立.

说明：从例 4.5.1 可以看出，如果只知道分量 X 与 Y 各自服从正态分布，既不能判定其联合分布为二维正态分布也不能由不相关推出独立性. 那么，如何判定联合分布正态分布呢？

4.5.2 判定定理

> **定理 4.5.1**
>
> 设 $\boldsymbol{X} = (X_1, \cdots, X_n)^{\mathrm{T}}$ 为 n 维随机向量，则 $\boldsymbol{X}$ 为 n 维正态向量的充分必要条件是其分量的任一线性组合 $Y = a_1X_1 + \cdots + a_nX_n = \boldsymbol{a}^{\mathrm{T}}\boldsymbol{X}$ 是一维正态变量(其中 $a_1, \cdots, a_n$ 不全为 0).

证明：必要性即性质 4.5.1，现证充分性. 易知

$$\mu = EY = a_1\mu_1 + \cdots + a_n\mu_n, \quad \sigma^2 = DY = \sum_{j=1}^{n}\sum_{k=1}^{n}\sigma_{jk}a_ja_k,$$

所以 Y 的特征函数为

$$\varphi(t) = E e^{itY} = \exp\left\{ i\mu t - \frac{1}{2}\sigma^2 t^2 \right\}$$

$$= \exp\left\{ it \sum_{j=1}^{n} a_j \mu_j - \frac{t^2}{2} \sum_{j=1}^{n} \sum_{k=1}^{n} \sigma_{jk} a_j a_k \right\}.$$

此式对一切 $a_1, \cdots, a_n$ 均成立. 若令 $t=1$, 而把 $a_1, \cdots, a_n$ 视为变量, 则有

$$\psi(a_1, \cdots, a_n) = \exp\left\{ i \sum_{j=1}^{n} a_j \mu_j - \frac{1}{2} \sum_{j=1}^{n} \sum_{k=1}^{n} \sigma_{jk} a_j a_k \right\}.$$

对比式(4.5.1)可知, 此即 n 维正态分布的特征函数, 于是 $\boldsymbol{X}$ 为 n 维正态向量.

由正态分布的可加性和定理 4.5.1 易得下面的定理.

定理 4.5.2

　　若 $X_1, \cdots, X_n$ 均为正态变量, 并且相互独立, 则 $\boldsymbol{X} = (X_1, \cdots, X_n)$ 为 n 维正态向量.

注意: 定理 4.5.2 与性质 4.5.2 并不是互逆的. 下面, 我们不加证明地再给出有关正态向量的一个判定定理.

定理 4.5.3

　　设 $\boldsymbol{X} = (X_1, \cdots, X_m)^{\mathrm{T}}$ 为 m 维正态向量, $\boldsymbol{Y} = (Y_1, \cdots, Y_n)^{\mathrm{T}}$ 为 n 维正态向量, 并且相互独立, 则 $\boldsymbol{Z} = (\boldsymbol{X}, \boldsymbol{Y})^{\mathrm{T}}$ 为 $m+n$ 维的正态向量.

例 4.5.2　已知 $(X,Y) \sim N\left(1,9; 0,16; -\frac{1}{2}\right)$, 令 $Z = \dfrac{X}{3} + \dfrac{Y}{2}$.

(1) 求 EZ 和 DZ;

(2) 求 $\mathrm{Cov}(X,Z)$;

(3) 判断 X 与 Z 的独立性.

解: (1) $EZ = \dfrac{1}{3}EX + \dfrac{1}{2}EY = \dfrac{1}{3}$, $\mathrm{Cov}(X,Y) = -\dfrac{1}{2} \times 3 \times 4 = -6$,

$$DZ = \frac{1}{9}DX + \frac{1}{4}DY + 2 \times \frac{1}{3} \times \frac{1}{2}\mathrm{Cov}(X,Y) = 3.$$

(2) $\mathrm{Cov}(X,Z) = \mathrm{Cov}\left(X, \dfrac{X}{3} + \dfrac{Y}{2}\right) = \dfrac{1}{3}DX + \dfrac{1}{2}\mathrm{Cov}(X,Y) = 0.$

(3) 由(2)知 X 与 Z 是不相关的. 设 $aX + bZ$ 为 X 与 Z 的任一线性组合, 则有

$$aX + bZ = aX + b\left(\frac{X}{3} + \frac{Y}{2}\right) = \left(a + \frac{b}{3}\right)X + \frac{b}{2}Y.$$

由于 (X,Y) 是二维正态变量, 于是, 根据定理 4.5.1 的必要性可知 $aX + bZ$ 是一维正态变量. 再根据定理 4.5.1 的充分性知 (X,Z) 是二维正态变量, 故由性质 4.5.3 知 X 与 Z 独立.

4.5.3　线性变换

设 $\boldsymbol{X} = (X_1, \cdots, X_n)^{\mathrm{T}}$ 是 n 维随机向量, $\boldsymbol{A}$ 是 $m \times n$ 阶矩阵, 则 $\boldsymbol{Y} = \boldsymbol{A}\boldsymbol{X}$ 为 m 维随机

向量,且称 Y 为 X 的**线性变换**.下面的结论是显然的.

命题 4.5.2

若 $Y=AX$,设 $\mathrm{Rank}(A)=m$,则 $EY=A \cdot EX$,$DY=A(DX)A^{\mathrm{T}}$.进一步,若 DX 为正定矩阵,则 DY 为 m 阶正定矩阵.

现在,我们给出有关正态分布线性变换的一些定理.

定理 4.5.4 线性变换不变性

设 X 为 n 维正态随机向量,A 为 $m \times n$ 阶矩阵,且设 $\mathrm{Rank}(A)=m$,则 $Y=AX$ 为 m 维的正态随机向量.进一步,如果 $X \sim N(\boldsymbol{\mu}, \boldsymbol{\Sigma})$,则 $Y \sim N(A\boldsymbol{\mu}, A\boldsymbol{\Sigma}A^{\mathrm{T}})$.

证明: X 的特征函数为

$$\varphi_X(t) = \exp\left\{\mathrm{i}\boldsymbol{\mu}^{\mathrm{T}}t - \frac{1}{2}t^{\mathrm{T}}\boldsymbol{\Sigma}t\right\},$$

于是 Y 的特征函数为

$$\varphi_Y(t) = \varphi_X(A^{\mathrm{T}}t) = \exp\left\{\mathrm{i}\boldsymbol{\mu}^{\mathrm{T}}A^{\mathrm{T}}t - \frac{1}{2}(A^{\mathrm{T}}t)^{\mathrm{T}}\boldsymbol{\Sigma}(A^{\mathrm{T}}t)\right\}$$

$$= \exp\left\{\mathrm{i}(A\boldsymbol{\mu})^{\mathrm{T}}t - \frac{1}{2}t^{\mathrm{T}}(A\boldsymbol{\Sigma}A^{\mathrm{T}})t\right\}.$$

此即正态分布 $N(A\boldsymbol{\mu}, A\boldsymbol{\Sigma}A^{\mathrm{T}})$ 的特征函数,易知 $\mathrm{Rank}(A\boldsymbol{\Sigma}A^{\mathrm{T}})=m$,于是 Y 为 m 维的正态随机向量.

例 4.5.3 在例 4.5.2(3)中,如果利用定理 4.5.4 来证明 $(X,Z)^{\mathrm{T}}$ 服从二维正态分布会更简单.因为

$$\binom{X}{Z} = \begin{pmatrix} 1 & 0 \\ \dfrac{1}{3} & \dfrac{1}{2} \end{pmatrix}\binom{X}{Y},$$

显然其系数矩阵的秩为 2.由于 $(X,Y)^{\mathrm{T}}$ 是二维正态分布,所以由定理 4.5.4 知 $(X,Z)^{\mathrm{T}}$ 也是二维正态分布.

在线性变换中,如果 T 为 n 阶正交矩阵,则称 $Y=TX$ 为 X 的**正交变换**.

现在,我们研究正态随机向量的正交变换.设 X 为 n 维正态向量,X 的协差阵 $\boldsymbol{\Sigma}$ 是正定的,其特征值为 $\lambda_1, \lambda_2, \cdots, \lambda_n$.由于协差阵是实对称矩阵,因此一定存在一个正交矩阵 T,使得

$$T\boldsymbol{\Sigma}T^{\mathrm{T}} = \begin{pmatrix} \lambda_1 & & & \\ & \lambda_2 & & \\ & & \ddots & \\ & & & \lambda_n \end{pmatrix} \triangleq \boldsymbol{\Lambda}.$$

设 $Y=TX$,则由命题 4.5.2 知 $DY=\boldsymbol{\Lambda}$;由定理 4.5.4 知,Y 也必为 n 维正态向量.因 $\boldsymbol{\Lambda}$ 是对角阵,故 Y 的各分量相互独立,且 Y 的各分量的方差恰好为 $\boldsymbol{\Sigma}$ 的特征值.于是可得下列结论.

定理 4.5.5

若 X 服从 n 维正态分布 $N(\boldsymbol{\mu},\boldsymbol{\Sigma})$，则存在一个正交变换 T，使得 $\boldsymbol{Y}=\boldsymbol{TX}$ 是一个具有独立正态分量的正态随机向量，且有 $E\boldsymbol{Y}=\boldsymbol{T\mu}$，$D\boldsymbol{Y}=\boldsymbol{\Lambda}=\boldsymbol{T\Sigma T}^{\mathrm{T}}$，即 $\boldsymbol{Y}\sim N(\boldsymbol{T\mu},\boldsymbol{\Lambda})$.

例 4.5.4 设二维随机向量 $(X_1,X_2)\sim N(0,\sigma^2;0,\sigma^2;\rho)$. 作正交变换

$$\begin{cases} Y_1=X_1\cos\alpha+X_2\sin\alpha, \\ Y_2=-X_1\sin\alpha+X_2\cos\alpha, \end{cases}$$

其中 $0<\alpha<2\pi$. 试证明：当 α 满足条件 $\tan 2\alpha=\dfrac{2\rho\sigma_1\sigma_2}{\sigma_1^2-\sigma_2^2}$ 时，Y_1 与 Y_2 必定独立.

证明： 因为 $\boldsymbol{T}=\begin{pmatrix}\cos\alpha & \sin\alpha \\ -\sin\alpha & \cos\alpha\end{pmatrix}$ 是正交矩阵，故 (Y_1,Y_2) 是二维正态变量. 只要 Y_1 与 Y_2 不相关，则它们必定独立. 因此，令

$$\begin{aligned} \mathrm{Cov}(Y_1,Y_2)&=\mathrm{Cov}(X_1\cos\alpha+X_2\sin\alpha,-X_1\sin\alpha+X_2\cos\alpha) \\ &=(\cos^2\alpha-\sin^2\alpha)\rho\sigma_1\sigma_2-\sin\alpha\cos\alpha(\sigma_1^2-\sigma_2^2) \\ &=0, \end{aligned}$$

可得

$$\frac{1}{2}\tan 2\alpha=\frac{\rho\sigma_1\sigma_2}{\sigma_1^2-\sigma_2^2}.$$

在数理统计中，常遇到这样一种情况：设 $X_1,X_2,\cdots,X_n$ 独立同分布，$EX_k=\mu$，$DX_k=\sigma^2$，$k=1,\cdots,n$. 记

$$\boldsymbol{\mu}=\begin{pmatrix}\mu_1 \\ \mu_2 \\ \vdots \\ \mu_n\end{pmatrix}, \quad \begin{pmatrix}\sigma^2 & & & \\ & \sigma^2 & & \\ & & \ddots & \\ & & & \sigma^2\end{pmatrix}=\sigma^2\boldsymbol{I}_n,$$

其中 $\boldsymbol{I}_n$ 表示 n 阶单位矩阵. 则随机向量 $\boldsymbol{X}=(X_1,X_2,\cdots,X_n)^{\mathrm{T}}$ 的期望和方差分别为

$$E\boldsymbol{X}=\boldsymbol{\mu}, \quad D\boldsymbol{X}=\sigma^2\boldsymbol{I}_n.$$

命题 4.5.3

设 $\boldsymbol{X}=(X_1,X_2,\cdots,X_n)^{\mathrm{T}}$ 的各分量独立同分布，$\boldsymbol{T}$ 是 n 阶正交矩阵. $\boldsymbol{Y}=\boldsymbol{TX}$，则 $D\boldsymbol{Y}=D\boldsymbol{X}$. 即在独立同分布场合，正交变换保持方差不变.

证明：

$$\begin{aligned} D\boldsymbol{Y}&=E(\boldsymbol{Y}-E\boldsymbol{Y})(\boldsymbol{Y}-E\boldsymbol{Y})^{\mathrm{T}} \\ &=E[\boldsymbol{T}(\boldsymbol{X}-E\boldsymbol{X})][\boldsymbol{T}(\boldsymbol{X}-E\boldsymbol{X})]^{\mathrm{T}} \\ &=\boldsymbol{T}E(\boldsymbol{X}-E\boldsymbol{X})(\boldsymbol{X}-E\boldsymbol{X})^{\mathrm{T}}\boldsymbol{T}^{\mathrm{T}} \\ &=\boldsymbol{T}\sigma^2\boldsymbol{I}_n\boldsymbol{T}^{\mathrm{T}}=\sigma^2\boldsymbol{I}_n=D\boldsymbol{X}. \end{aligned}$$

由定理 4.5.5 和命题 4.5.3 立即可得

定理 4.5.6

若 $\boldsymbol{X}=(X_1,X_2,\cdots,X_n)^{\mathrm{T}}$ 的各分量独立同分布,且为 n 维正态分布 $N(\boldsymbol{\mu},\sigma^2\boldsymbol{I}_n)$. $\boldsymbol{T}$ 为正交变换,$\boldsymbol{Y}=\boldsymbol{TX}$,则 $\boldsymbol{Y}\sim N(\boldsymbol{T\mu},\sigma^2\boldsymbol{I}_n)$,即 $\boldsymbol{Y}$ 各分量 Y_k 相互独立,且具有与 X_k 相同的方差.

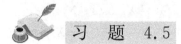

习　题　4.5

4.5.1　设 (X,Y) 服从二维正态分布,且 $X\sim N(0,3)$,$Y\sim N(0,4)$,相关系数 $\rho_{XY}=-\dfrac{1}{4}$.试写出 X 和 Y 的联合密度函数.

4.5.2　设 $X_1,\cdots,X_n$ 相互独立,具有相同分布 $N(\mu,\sigma^2)$.求 $\boldsymbol{X}=(X_1,\cdots,X_n)^{\mathrm{T}}$ 的分布,并写出其数学期望与协方差矩阵;然后求 $\overline{X}=\dfrac{1}{n}\sum\limits_{i=1}^{n}X_i$ 的密度函数.

4.5.3　若 $X_1,\cdots,X_n$ 相互独立,且均服从 $N(0,1)$.令 $Y_1=\sum\limits_{k=1}^{n}a_kX_k$,$Y_2=\sum\limits_{k=1}^{n}b_kX_k$,证明:$Y_1$ 与 Y_2 相互独立的充分必要条件为 $\sum\limits_{k=1}^{n}a_kb_k=0$.

4.5.4　设 $(X,Y)\sim N(\mu_1,\sigma_1^2;\mu_2,\sigma_2^2;\rho)$,

(1) 写出 (X,Y) 的特征函数;

(2) 写出 $aX+bY$ 的密度函数;

(3) 当 $X=x$ 时 Y 的条件密度函数,并分别讨论 $\rho=-1,1,0$ 时的概率意义.

4.5.5　设 $(X,Y)\sim N(\mu_1,\sigma_1^2;\mu_2,\sigma_2^2;\rho)$,令 $U=aX+bY$,$V=cX+dY$,

(1) 求 U 与 V 的数学期望、方差和相关系数;

(2) 写出 (U,V) 的分布;

(3) 讨论:何种情况下,(U,V) 退化为一维变量;何种情况下,U 与 V 相互独立.

4.5.6　若 $X_1,\cdots,X_n$ 相互独立,且均服从 $N(\mu,\sigma^2)$,记

$$\overline{X}=\frac{1}{n}\sum_{k=1}^{n}X_k,\quad S_n^2=\frac{1}{n}\sum_{k=1}^{n}(X_k-\overline{X})^2.$$

证明:(1) $\overline{X}$ 与 S_n^2 相互独立;

(2) $\overline{X}\sim N\left(\mu,\dfrac{\sigma^2}{n}\right)$;

(3) $\dfrac{nS_n^2}{\sigma^2}\sim\chi^2(n-1)$,其中 $\chi^2(n-1)$ 是自由度为 $n-1$ 的卡方分布.

4.5.7　设随机向量 (X,Y) 的密度函数为 $f(x,y)=\dfrac{1}{2}\big[\varphi_1(x,y)+\varphi_2(x,y)\big]$,其中 $\varphi_1(x,y)$ 与 $\varphi_2(x,y)$ 是如下的二维正态密度函数:

$$\varphi_1(x,y)=\frac{1}{\sqrt{3}\pi}\exp\left\{-\frac{2}{3}(x^2-xy+y^2)\right\},$$

$$\varphi_2(x,y)=\frac{1}{\sqrt{3}\pi}\exp\left\{-\frac{2}{3}(x^2+xy+y^2)\right\}.$$

（1）求随机变量 X 与 Y 的密度函数；

（2）求随机变量 X 与 Y 的相关系数 ρ；

（3）随机变量 X 与 Y 是否独立，为什么？

4.5.8　设随机变量 X_1,X_2,X_3 相互独立，且均服从 $N(0,1)$. 证明：

$$Y_1=\frac{X_1-X_2}{\sqrt{2}},\ Y_2=\frac{X_1+X_2-2X_3}{\sqrt{6}},\ Y_3=\frac{X_1+X_2+X_3}{\sqrt{3}}$$

相互独立，且都服从标准正态分布.

4.5.9　设随机变量 X 与 Y 的联合分布是二维正态分布，对于任意实数 a,b,c,d，若 $ad\neq bc$，证明：随机变量 $U=aX+bY$ 与 $V=cX+dY$ 的联合分布也是二维正态分布.

第5章 概率极限理论

概率论的极限理论历史悠久,内容丰富.大数定律与中心极限定理是极限理论中的两个重要部分,本章将简要、初步地介绍这部分内容.为了阐述概率论中的极限理论,必须先介绍随机变量序列的几种收敛性,扼要叙述有关概念、性质及其关系.

5.1 随机序列的收敛性

按照概率论的公理化理论,概率空间$(\Omega, \mathscr{F}, P)$上的随机变量就是样本空间Ω上关于$\mathscr{F}$可测的实函数.作为一般的实值可测函数,随机变量序列有相应的几乎必然收敛、依概率收敛和r阶平均收敛.另外,借助分布函数,还可以定义随机变量序列的依分布收敛,它等价于特征函数序列的逐点收敛.

5.1.1 几乎处处收敛

设$(\Omega, \mathscr{F}, P)$是概率空间,X是一个随机变量,$\{X_n, n \geqslant 1\}$是随机变量序列.对于给定的$\omega \in \Omega$,$\{X_n(\omega)\}$是一个数列.如果此数列收敛,就称此ω为序列$\{X_n\}$的**收敛点**.如果$\forall \omega \in \Omega$,都有$\lim\limits_{n \to \infty} X_n(\omega) = X(\omega)$,则序列$\{X_n\}$在$\Omega$上**逐点收敛**,且收敛于$X$.

命题 5.1.1

序列$\{X_n\}$收敛到X的收敛点集为

$$\left\{\omega : \lim_{n \to \infty} X_n(\omega) = X(\omega)\right\} = \bigcap_{m=1}^{\infty} \bigcup_{N=1}^{\infty} \bigcap_{n=N}^{\infty} \left\{\omega : |X_n(\omega) - X(\omega)| < \frac{1}{m}\right\}. \tag{5.1.1}$$

证明:$X_n(\omega)$收敛到$X(\omega)$,根据数列极限的定义,即

$$\forall \varepsilon > 0, \exists N, \forall n > N, 有 |X_n(\omega) - X(\omega)| < \varepsilon.$$

将此定义中的语言按集合的运算表达出来就是

$$\bigcap_{\varepsilon > 0} \bigcup_{N=1}^{\infty} \bigcap_{n=N}^{\infty} \{\omega : |X_n(\omega) - X(\omega)| < \varepsilon\}.$$

再将ε换成$\frac{1}{m}$(m为正整数),这样不可列交运算$\bigcap\limits_{\varepsilon > 0}$就换成可列交运算$\bigcap\limits_{m=1}^{\infty}$.由于无论$\varepsilon$多么小,总存在$m$使得$\frac{1}{m} < \varepsilon < \frac{1}{m-1}$.所以这两个交是相等的,这就证明了式(5.1.1).

定义 5.1.1　几乎处处收敛

设 $(\Omega,\mathscr{F},P)$ 是概率空间，$\{X_n\}$ 是随机变量序列，X 是随机变量. 如果

$$P\big(\omega:\lim_{n\to\infty}X_n(\omega)=X(\omega)\big)=1, \tag{5.1.2}$$

则称序列 $\{X_n\}$ 几乎处处收敛于变量 X. 几乎处处收敛又称为几乎必然收敛或以概率 1 收敛，简写为 $P\big(\lim_{n\to\infty}X_n=X\big)=1$，简记为 $X_n\xrightarrow{\text{a. s.}}X$ 或 $X_n\xrightarrow{\text{a. e.}}X$.

序列 $X_n(\omega)$ 不收敛或收敛但不等于 $X(\omega)$ 的点 ω 的集合记为 N，一般称为**例外集**. 显然，例外集 N 可以通过对式 (5.1.1) 的右端取余集而得到：

$$N=\bigcup_{m=1}^{\infty}\bigcap_{N=1}^{\infty}\bigcup_{n=N}^{\infty}\left\{\omega:|X_n(\omega)-X(\omega)|\geqslant\frac{1}{m}\right\}. \tag{5.1.3}$$

定理 5.1.1

下面三个论断均与随机变量序列 $\{X_n\}$ 几乎处处收敛到 X 的定义是等价的：

(1) $P\left(\bigcup_{m=1}^{\infty}\bigcap_{N=1}^{\infty}\bigcup_{n=N}^{\infty}\left\{|X_n-X|\geqslant\frac{1}{m}\right\}\right)=0;$ $\tag{5.1.4}$

(2) $\forall\varepsilon>0,P\left(\bigcap_{N=1}^{\infty}\bigcup_{n=N}^{\infty}\{|X_n-X|\geqslant\varepsilon\}\right)=0;$ $\tag{5.1.5}$

(3) $\forall\varepsilon>0,\lim_{N\to\infty}P\left(\bigcup_{n=N}^{\infty}\{|X_n-X|\geqslant\varepsilon\}\right)=0.$ $\tag{5.1.6}$

证明: 由几乎处处收敛的定义 5.1.1 式 (5.1.1) 与式 (5.1.3) 的关系立即可得 (1)，反之亦然.

将 (1) 中的可列并 $\bigcup_{m=1}^{\infty}$ 改写为 $\bigcup_{\varepsilon>0}$，则由概率的单调性可知：并事件的概率为 0，其中每一事件的概率必为 0. 于是可由 (1) 推出 (2). 反之，由概率的次可加性，可由 (2) 推出 (1).

按照单调递减事件序列极限的定义，式 (5.1.5) 可改写为

$$P\left(\lim_{N\to\infty}\bigcup_{n=N}^{\infty}\{|X_n-X|\geqslant\varepsilon\}\right)=0$$

由概率的上连续性可由 (2) 推出 (3). 反之，由概率的连续性也可由 (3) 推出 (2).

由于 $\bigcap_{N=1}^{\infty}\bigcup_{n=N}^{\infty}\{|X_n-X|\geqslant\varepsilon\}$ 表示事件列 $\{|X_n-X|\geqslant\varepsilon\}$ 的上极限，借助式 (1.1.4) 中的记号，式 (5.1.5) 可表示为：对任意的 $\varepsilon>0$，有

$$P(\{|X_n-X|\geqslant\varepsilon\},\text{i. o.})=0. \tag{5.1.7}$$

也就是说，$X_n\xrightarrow{\text{a. s.}}X$ 的充分必要条件是大偏差事件列 $\{|X_n-X|\geqslant\varepsilon\}$ 无穷多次发生是不可能的.

为了进一步给出随机变量序列几乎处处收敛的条件，下面引进一个常用的引理.

命题 5.1.2　Borel—Cantelli 引理

设 $\{A_n\}$ 是概率空间 $(\Omega,\mathscr{F},P)$ 中的事件列：

(1) 若 $\displaystyle\sum_{n=1}^{\infty}P(A_n)<\infty$，则 $P(A_n,\text{i.o.})=0$；

(2) 若 $\{A_n\}$ 相互独立，则 $P(A_n,\text{i.o.})=1$ 的充分必要条件是 $\displaystyle\sum_{n=1}^{\infty}P(A_n)=\infty$.

证明:（1）根据概率的上连续性、次可加性和收敛级数的余项极限为 0 等性质可得

$$P(A_n,\text{i.o.})=P\Big(\bigcap_{N=1}^{\infty}\bigcup_{n=N}^{\infty}A_n\Big)=\lim_{N\to\infty}P\Big(\bigcup_{n=N}^{\infty}A_n\Big)\leqslant\lim_{N\to\infty}\sum_{n=1}^{\infty}P(A_n)=0.$$

（2）充分性. 因 $\displaystyle\sum_{n=1}^{\infty}P(A_n)=\infty$，则对任意的 N，有 $\displaystyle\sum_{n=N}^{\infty}P(A_n)=\infty$. 于是根据对偶律、事件的独立性，并利用不等式 $1-x<e^{-x}$ 可得

$$P\Big(\overline{\bigcap_{N=1}^{\infty}\bigcup_{n=N}^{\infty}A_n}\Big)=P\Big(\bigcup_{N=1}^{\infty}\bigcap_{n=N}^{\infty}\overline{A_n}\Big)=\lim_{N\to\infty}P\Big(\bigcap_{n=N}^{\infty}\overline{A_n}\Big)=\lim_{N\to\infty}\prod_{n=N}^{\infty}[1-P(A_n)]$$

$$<\lim_{N\to\infty}\exp\Big\{-\sum_{n=N}^{\infty}P(A_n)\Big\}=0.$$

必要性. 运用反证法，并利用第一个结论可立即得证.

根据 Borel—Cantelli 引理，立即可得下列结论.

定理 5.1.2

设 $(\Omega,\mathscr{F},P)$ 是概率空间，$\{X_n\}$ 是随机变量序列，X 是随机变量，c 是常数.

(1) 若 $\forall\varepsilon>0$，如果 $\displaystyle\sum_{n=1}^{\infty}P(|X_n-X|\geqslant\varepsilon)<\infty$，则 $X_n\xrightarrow{\text{a.s.}}X$；

(2) 若 $\{X_n\}$ 相互独立，则 $X_n\xrightarrow{\text{a.s.}}c$ 的充分必要条件为：$\forall\varepsilon>0$，有

$$\sum_{n=1}^{\infty}P(|X_n-c|\geqslant\varepsilon)<\infty.$$

证明:（1）记 $A_n=|X_n-X|\geqslant\varepsilon$，则由 Borel—Cantelli 引理的第一个结论立即可得.

（2）记 $A_n=|X_n-c|\geqslant\varepsilon$. 因为 $\{X_n\}$ 相互独立，所以事件列 $\{A_n\}$ 也相互独立. 由式 (5.1.7) 和 Borel—Cantelli 引理的第二个结论即可得证.

5.1.2　依概率收敛

定义 5.1.2　依概率收敛

设 $(\Omega,\mathscr{F},P)$ 是概率空间，$\{X_n\}$ 是随机变量序列，X 是随机变量. 如果对于任意的实数 $\varepsilon>0$，都有

$$\lim_{n\to\infty}P(\omega:|X_n(\omega)-X(\omega)|<\varepsilon)=1, \tag{5.1.8}$$

则称序列$\{X_n\}$依概率收敛到 X,简写为$\lim\limits_{n\to\infty}P(|X_n-X|<\varepsilon)=1$,简记为 $X_n\overset{P}{\longrightarrow}X$.

由于概率是一种测度,因此随机变量序列的依概率收敛就是可测函数序列的依测度收敛. 显然,由式(5.1.8),如果 $X_n\overset{P}{\longrightarrow}X$,则等价地有

$$\lim\limits_{n\to\infty}P(|X_n-X|\geqslant\varepsilon)=0. \tag{5.1.9}$$

命题 5.1.3

设$\{X_n\}$是随机变量序列,X 是随机变量. 若 $X_n\overset{\text{a.s.}}{\longrightarrow}X$,则 $X_n\overset{P}{\longrightarrow}X$.

证明:$\forall\varepsilon>0,\forall n$,均有

$$\big\{\omega:|X_n-X|\geqslant\varepsilon\big\}\subset\bigcup_{k=n}^{\infty}\{\omega:|X_k-X|\geqslant\varepsilon\}$$

两边先取概率再取极限,并根据定理 5.1.1 可得

$$\lim\limits_{n\to\infty}P(|X_n-X|\geqslant\varepsilon)\leqslant\lim\limits_{n\to\infty}P\Big(\bigcup_{k=n}^{\infty}\{|X_k-X|\geqslant\varepsilon\}\Big)=0.$$

命题 5.1.3 说明,几乎处处收敛可以推出依概率收敛. 此外,命题 5.1.3 的逆不成立. 但可以证明,**依概率收敛的随机变量序列必存在某个子序列几乎处处收敛到原来的极限.**

例 5.1.1　设 $\Omega=[0,1)$,$\mathscr{F}$ 为$[0,1)$上的 Borel 域,P 为 Lebesgue 测度,则$(\Omega,\mathscr{F},P)$是概率空间. 令 $X(\omega)\equiv0,\omega\in[0,1)$,下面构造随机变量序列$\{X_n\},n\geqslant1$.

对每个自然数 m,逐次对区间$[0,1)$进行 m 等分,即 $\Delta_{mk}=\Big[\dfrac{k-1}{m},\dfrac{k}{m}\Big),k=1,2,\cdots,$ $m;m=1,2,3,\cdots$. 令 X_1,X_2,X_3,X_4,X_5,X_6 分别为区间 $\Delta_{11},\Delta_{21},\Delta_{22},\Delta_{31},\Delta_{32},\Delta_{33}$ 上的示性函数,如此继续下去,就可以得到一个随机变量序列$\{X_n\}$.

显然,对于每一个正整数 n,必存在一个 m 和一个 $k(1\leqslant k\leqslant m)$,使得

$$X_n=I_{\Delta_{mk}}=\begin{cases}1,&\omega\in\Delta_{mk};\\0,&\omega\notin\Delta_{mk},\end{cases}$$

且有 $P(X_n=1)=\dfrac{1}{m}$. 当 $n\to\infty$ 的时候,必有 $m\to\infty$,即 $P(X_n=1)\to0$.

关于序列$\{X_n\}$,我们说明以下几点:

(1) 序列$\{X_n\}$依概率收敛到 X. 事实上,对任意的 $0<\varepsilon<1$,都有

$$P(|X_n-X|)=P(X_n=1)=\dfrac{1}{m}\to0.$$

(2) 序列$\{X_n\}$在 $\Omega=[0,1)$上的每一个点处都不收敛. 事实上,对于任意给定的点 $\omega\in\Omega$,数列$\{X_n(\omega)\}$中的数只有 1、0 两个值. 虽然取 0 的项逐渐增多,但无论 n 多大,在 n 之后总会有数字 1 出现,故此数列不收敛. 这说明依概率收敛是弱于几乎处处收敛的,当然也弱于逐点收敛. 造成这种现象的根本原因在于集合

$$\{\omega : |X_n(\omega) - X(\omega)| \geqslant \varepsilon\} = \{\omega : X_n(\omega) = 1\}$$

随着 n 的不同而在 $\Omega = [0,1)$ 上来回"漂移",这种"漂移"破坏了序列 $\{X_n\}$ 在每个点 ω 上的收敛性. 依概率收敛只要求集合 $\{\omega : |X_n(\omega) - X(\omega)| \geqslant \varepsilon\}$ 的概率趋于 0,而没有对序列 X_n 在每个固定点上的收敛性提出要求.

(3) 在序列 $\{X_n\}$ 中选择一个子序列 $\{Y_n\}$: $Y_1 = I_{\Delta_{11}}$, $Y_2 = I_{\Delta_{21}}$, $Y_3 = I_{\Delta_{31}}$, $\cdots$, 则序列 $\{Y_n\}$ 几乎处处收敛于 X. 这是因为随机事件序列 $\{\omega : Y_n(\omega) = 1\}$ 是单调递减的,逐渐退缩为零点集 $\{0\}$,不再来回"漂移". 因此,子序列 $\{Y_n\}$ 在 $\Omega = [0,1)$ 中的每个点都收敛,在点 $\{0\}$ 上收敛到 1,在其余点均收敛到 0,即 Y_n 的极限与 X 几乎处处相等. 这说明依概率收敛的随机变量序列中必能选出一个子序列几乎处处收敛于原来的极限.

为了应用的方便,此处不加证明地列出依概率收敛的一些性质.

性质 5.1.1　如果 $X_n \xrightarrow{P} a$,则对任意常数 c,有 $cX_n \xrightarrow{P} ca$.

性质 5.1.2　如果 $X_n \xrightarrow{P} X$,且 $X_n \xrightarrow{P} Y$,则有 $X_n \xrightarrow{a.s.} Y$,即 $P(X = Y) = 1$.

性质 5.1.3　如果 $X_n \xrightarrow{P} X$, $Y_n \xrightarrow{P} Y$,则有

$$X_n + Y_n \xrightarrow{P} X + Y, \quad X_n Y_n \xrightarrow{P} XY, \quad \frac{X_n}{Y_n} \xrightarrow{P} \frac{X}{Y} \ (Y_n \neq 0, Y \neq 0).$$

性质 5.1.4　设 $X_n \xrightarrow{P} X$, $Y_n \xrightarrow{P} Y$,若 $g(x,y)$ 是连续函数,则有

$$g(X_n, Y_n) \xrightarrow{P} g(X, Y).$$

特别地,若 $X_n \xrightarrow{P} X$, $g(x)$ 是连续函数,则有 $g(X_n) \xrightarrow{P} g(X)$.

5.1.3　依分布收敛

定义 5.1.3　依分布收敛

$(\Omega, \mathscr{F}, P)$ 是概率空间,$\{X_n\}$ 是随机变量序列,$\{F_n(x)\}$ 是其对应的分布函数序列;X 是随机变量,$F(x)$ 是其对应的分布函数. 如果在 $F(x)$ 的每一个连续点处,均有

$$\lim_{n \to \infty} F_n(x) = F(x), \tag{5.1.10}$$

则称分布函数列 $\{F_n(x)\}$ 完全(强)收敛于分布函数 $F(x)$. 对应地,称随机变量序列 $\{X_n\}$ 依分布收敛于随机变量 X,记为 $X_n \xrightarrow{D} X$.

说明:如果仅仅存在一个单调不减的函数 $F(x)$,使得式(5.1.10)在 $F(x)$ 的每一个连续点处均成立,则称分布函数列 $\{F_n(x)\}$ **弱收敛**于 $F(x)$. 只有当 $F(x)$ 是分布函数时,才能称分布函数列 $\{F_n(x)\}$ 是完全收敛或强收敛的.

另外,分布函数列 $\{F_n(x)\}$ 虽是 **R** 上的普通实函数,但式(5.1.10)只要求在其极限函数的连续点处成立. 因此,即使是分布函数列的完全收敛,也是"弱"于 **R** 上一般函数列的收敛的. 注意到单调不减函数的不连续点至多是可数无穷多个. 所以,如果分布函数列完全收敛,则其收敛点集具有连续统势.

命题 5.1.4

设 $\{X_n\}$ 是随机变量序列，X 是随机变量. 若 $X_n \xrightarrow{P} X$，则 $X_n \xrightarrow{D} X$.

证明：对任意的两点 $x' < x$，有
$$\{X \leqslant x'\} = \{X \leqslant x', X_n \leqslant x\} \bigcup \{X \leqslant x', X_n > x\}$$
$$\subset \{X_n \leqslant x\} \bigcup \{X \leqslant x', X_n > x\},$$

由概率的单调性和次可加性可得
$$F(x') \leqslant F_n(x) + P(X \leqslant x', X_n > x) \leqslant F_n(x) + P(|X_n - X| \geqslant x - x').$$

因 $X_n \xrightarrow{P} X$，故 $F(x') \leqslant \lim_{n \to \infty} \inf F_n(x)$. 同理可得，对 $x'' > x$，有 $F(x'') \geqslant \lim_{n \to \infty} \sup F_n(x)$. 所以，对于 $x' < x < x''$，有
$$F(x') \leqslant \lim_{n \to \infty} \inf F_n(x) \leqslant \lim_{n \to \infty} \sup F_n(x) \leqslant F(x'').$$

如果 x 是 $F(x)$ 的连续点，令 x', x'' 趋于 x，可得 $F(x) = \lim_{n \to \infty} F_n(x)$，即 $X_n \xrightarrow{d} X$.

注意：命题 5.1.4 的逆命题不成立，即依分布收敛不能推出依概率收敛.

例 5.1.2　设 X 的分布律为 $P(X = -1) = \dfrac{1}{2}$，$P(X = 1) = \dfrac{1}{2}$. 令 $X_n = X$，则 X_n 与 X 同分布，即 X_n 与 X 有相同的分布函数，故 $X_n \xrightarrow{D} X$.

但对任意的 $0 < \varepsilon < 2$，有
$$P(|X_n - X| \geqslant \varepsilon) = P(2|X| \geqslant \varepsilon) = 1,$$

该概率没有趋于 0，即 X_n 不是依概率收敛于 X.

但当极限随机变量为常数（退化分布）时，依分布收敛则与依概率收敛等价.

命题 5.1.5

若 c 为常数，则 $X_n \xrightarrow{P} c$ 的充要条件是 $X_n \xrightarrow{D} c$.

证明：只需证明充分性. 因为常数 c 的分布函数为
$$F(x) = \begin{cases} 0, & x < c; \\ 1, & x \geqslant c. \end{cases}$$

所以对任意的 $\varepsilon > 0$，有
$$P(|X_n - c| \geqslant \varepsilon) = P(X_n \geqslant c + \varepsilon) + P(X_n \leqslant c - \varepsilon)$$
$$\leqslant P\left(X_n > c + \frac{\varepsilon}{2}\right) + P(X_n \leqslant c - \varepsilon)$$
$$= 1 - F_n\left(c + \frac{\varepsilon}{2}\right) + F_n(c - \varepsilon).$$

注意到 $x = c + \dfrac{\varepsilon}{2}$ 和 $x = c - \varepsilon$ 均为 $F(x)$ 的连续点，所以当 $n \to +\infty$ 时，由 $X_n \xrightarrow{D} c$ 可知
$$F_n\left(c + \frac{\varepsilon}{2}\right) \to F\left(c + \frac{\varepsilon}{2}\right) = 1, \quad F_n(c - \varepsilon) \to F(c - \varepsilon) = 0.$$

由此可得

$$P(\mid X_n - c \mid \geqslant \varepsilon) \to 0.$$

即 $X_n \xrightarrow{P} c$，命题得证.

5.3 节讨论的中心极限定理主要研究随机变量序列收敛到正态变量的条件. 由于正态变量的分布函数是连续的，此时分布函数列的完全收敛具有某种一致性.

定理 5.1.3

设 $\{F_n(x)\}$ 是 $\{X_n\}$ 对应的分布函数序列，$F(x)$ 是 X 对应的分布函数. 如果 $X_n \xrightarrow{D} X$，且 $F(x)$ 在 $\mathbf{R}$ 上连续，则 $\forall x \in \mathbf{R}$，一致地有
$$\lim_{n \to \infty} F_n(x) = F(x).$$
即 $\{F_n(x)\}$ 在 $\mathbf{R}$ 上一致收敛于 $F(x)$.

定理 5.1.3 的证明请参阅本书参考文献[2]中的定理 7.2.3.

特征函数与分布函数的一一对应关系在极限情况下仍然保持，通常称为连续性定理，下面不加证明地给出.

定理 5.1.4　连续性定理

分布函数序列 $\{F_n(x)\}$ 完全收敛于分布函数 $F(x)$ 的充分必要条件是：对应的特征函数序列 $\{\varphi_n(t)\}$ 收敛于对应的特征函数 $\varphi(t)$.

例 5.1.3　设 $X_\lambda \sim Pos(\lambda)$，证明：
$$\lim_{n \to +\infty} P\left(\frac{X_\lambda - \lambda}{\sqrt{\lambda}} \leqslant x\right) = \frac{1}{\sqrt{2\pi}} \int_{-\infty}^{x} e^{-\frac{t^2}{2}} dt.$$

证明：由例 4.4.1(2)可知 X_λ 的特征函数为
$$\varphi_X(t) = \exp\{\lambda(e^{it} - 1)\},$$

故 $Y_\lambda = (X_\lambda - \lambda)/\sqrt{\lambda}$ 的特征函数为
$$\varphi_Y(t) = \varphi_X\left(\frac{t}{\sqrt{\lambda}}\right) \exp\{-i\sqrt{\lambda}t\} = \exp\{\lambda(e^{i\frac{t}{\sqrt{\lambda}}} - 1) - i\sqrt{\lambda}t\}.$$

对任意的 t，有
$$\exp\left\{i\frac{t}{\sqrt{\lambda}}\right\} = 1 + \frac{it}{\sqrt{\lambda}} - \frac{t^2}{2!}\frac{1}{\lambda} + o\left(\frac{1}{\lambda}\right),$$

于是，当 $\lambda \to +\infty$ 时，
$$\lambda(e^{i\frac{t}{\sqrt{\lambda}}} - 1) - i\sqrt{\lambda}t = -\frac{t^2}{2} + \lambda \cdot o\left(\frac{1}{\lambda}\right) \to -\frac{t^2}{2}.$$

从而有 $\lim\limits_{\lambda \to +\infty} \varphi_Y(t) = e^{-\frac{t^2}{2}}$，此即标准正态分布 $N(0,1)$ 的特征函数，由定理 5.1.4 即知结论成立.

5.1.4　r 阶平均收敛

> **定义 5.1.4　r 阶平均收敛**
>
> $(\Omega,\mathscr{F},P)$ 是概率空间，$\{X_n,n\geqslant 1\}$ 是随机变量序列，X 是随机变量．设 $r>0$ 是常数，如果 X_n 与 X 的 r 阶矩均存在且有限，并满足
> $$\lim_{n\to +\infty}E(|X_n-X|^r)=0, \tag{5.1.11}$$
> 则称序列 $\{X_n\}r$ 阶平均收敛到变量 X，也称为 r 阶矩收敛，记为 $X_n\xrightarrow{L_r}X$．当 $r=2$ 时简称为均方收敛．

为了给出 r 阶平均收敛与依概率收敛之间的关系，需要用到一个重要的不等式——Markov 不等式，它是 Chebyshev 不等式的推广．

> **命题 5.1.6　Markov 不等式**
>
> 设随机变量 X 的 r 阶矩存在且有限，其中 $r>0$ 为常数．则 $\forall \varepsilon >0$，有
> $$P(|X|^r\geqslant \varepsilon)\leqslant \frac{E|X|^r}{\varepsilon^r}. \tag{5.1.12}$$

证明：设 X 的分布函数为 $F(x)$，则对任意的 $\varepsilon >0$ 有
$$E|X|^r=\int_R|x|^r\mathrm{d}F(x)\geqslant \int_{|x|\geqslant \varepsilon}|x|^r\mathrm{d}F(x)$$
$$\geqslant \varepsilon^r\int_{|x|\geqslant \varepsilon}\mathrm{d}F(x)=\varepsilon^r P(|X|^r\geqslant \varepsilon),$$
即 $P(|x|^r\geqslant \varepsilon)\leqslant \dfrac{E|x|^r}{\varepsilon^r}$.

> **命题 5.1.7**
>
> 设 $\{X_n\}$ 是随机变量序列，X 是随机变量．若 $X_n\xrightarrow{L_r}X$，则 $X_n\xrightarrow{P}X$．

证明：对 X_n-X 运用 Markov 不等式，由于 $X_n\xrightarrow{L_r}X$，所以对任意的 $\varepsilon >0$ 有
$$P(|X_n-X|\geqslant \varepsilon)\leqslant \frac{1}{\varepsilon^r}E|X_n-X|^r\to 0,$$
这表明 $X_n\xrightarrow{P}X$．

此命题的逆不成立，即 r 阶平均收敛比依概率收敛强．

例 5.1.4　设 $\Omega=[0,1)$，$\mathscr{F}$ 为 $[0,1)$ 上的 Borel 域，P 为 Lebesgue 测度，则 $(\Omega,\mathscr{F},P)$ 是概率空间．令 $X(\omega)\equiv 0$，$\omega\in[0,1)$，固定 $r>0$，令
$$X_n=\begin{cases}n^{1/r}, & \omega\in\left[0,\dfrac{1}{n}\right),\\[2mm] 0, & \omega\in\left[\dfrac{1}{n},1\right).\end{cases}$$

对于给定的 N，任取 $0<\varepsilon<N^{1/r}$，注意到 $\{\omega:|X_n-X|\geqslant \varepsilon\}$ 是一个单调递减的随机

事件序列,所以有

$$\lim_{N\to\infty}P\Big(\bigcup_{n=N}^{\infty}|X_n-X|\geqslant\varepsilon\Big)=\lim_{N\to\infty}P(|X_N-X|\geqslant\varepsilon)=\lim_{N\to\infty}\frac{1}{N}=0,$$

根据定理 5.1.1 中的式(5.1.6)可知 $X_n\xrightarrow{\text{a.s.}}X$. 从而由命题 5.1.3 知 $X_n\xrightarrow{P}X$. 但是

$$E|X_n-X|^r=E|X_n|^r=1,$$

该式不趋于 0,即$\{X_n\}$不是 r 阶平均收敛到 X 的.

　　此例说明,r 阶平均收敛确实比依概率收敛要强. 另外,此例也表明,几乎必然收敛并不意味着有 r 阶平均收敛. 事实上,二者并没有相互的蕴涵关系. 例如,在例 5.1.1 中,有

$$E|X_n-X|^r=E|X_n|^r=1\cdot\frac{1}{m}\to0,$$

这说明 $X_n\xrightarrow{L_r}X$. 但前已经分析过,在该例中$\{X_n\}$在$[0,1)$上的每一个点都是不收敛的. 当然,几乎必然收敛和 r 阶平均收敛也可以同时成立. 在例 5.1.1 中,如果取

$$X_n=I_{\Delta_{rn}}=\begin{cases}1,&\omega\in\Delta_{rn};\\0,&\omega\notin\Delta_n,\end{cases}$$

则该序列$\{X_n\}$既几乎必然收敛到 X,又是 r 阶平均收敛到 X 的.

习　题　5.1

5.1.1　证明性质 5.1.1—性质 5.1.4.

5.1.2　若 $X_n\xrightarrow{P}X$,且 $P(X_n\geqslant0)=1$,证明:$P(X\geqslant0)=1$.

5.1.3　设$\{X_n\}$是单调递减的正值随机变量序列,且 $X_n\xrightarrow{P}X$,证明:$X_n\xrightarrow{\text{a.s.}}X$.

5.1.4　设$\{X_n\}$是独立同分布的随机变量序列,皆服从区间$[0,a]$上的均匀分布,$a>0$. 令 $Y_n=\max\limits_{1\leqslant k\leqslant n}X_k$,证明:$Y_n\xrightarrow{P}a$.

5.1.5　设$\{X_n\}$是独立同分布的随机变量序列,其共同的概率密度函数为

$$f(x)=\begin{cases}\mathrm{e}^{-(x-a)},&x>a\\0,&x\leqslant a.\end{cases}$$

令 $Y_n=\min\limits_{1\leqslant k\leqslant n}X_k$,证明:$Y_n\xrightarrow{P}a$ 且 $Y_n\xrightarrow{\text{a.s.}}a$.

5.1.6　设$\{X_n\}$相互独立,且 $P(X_n=1)=p_n$,$P(X_n=0)=1-p_n$. 证明:

(1) $X_n\xrightarrow{P}0$ 的充分必要条件是 $\lim\limits_{n\to\infty}p_n=0$;

(2) $X_n\xrightarrow{\text{a.s.}}0$ 的充分必要条件是 $\sum\limits_{n=1}^{\infty}p_n<\infty$.

5.1.7　设随机变量 $X\sim Ga(\alpha,\lambda)$,证明:当 $\alpha\to\infty$ 时,随机变量 $\dfrac{\lambda X-\alpha}{\sqrt{\alpha}}$ 依分布收敛于标准正态变量.

5.1.8　设$\{X_n\}$是非负随机变量序列,且 $X_n \xrightarrow{\text{a.s.}} X$, $EX_n \to EX$. 证明:$E|X_n-X| \to 0$.

5.2　大数定律

设$\{X_n\}$是随机变量序列,前 n 项部分和记为 $S_n = X_1 + X_2 + \cdots + X_n$,则 $\dfrac{S_n}{n}$ 为前 n 项的平均数.大数定律就是研究随机变量序列平均数稳定性的极限理论.

> **定义 5.2.1**
>
> 设$\{X_n\}$是随机变量序列,如果存在数列$\{a_n\}$,使得$\dfrac{S_n}{n} - a_n \xrightarrow{P} 0$,即
>
> $$\lim_{n\to\infty} P\left(\left|\frac{S_n}{n} - a_n\right| < \varepsilon\right) = 1, \tag{5.2.1}$$
>
> 则称序列$\{X_n\}$服从弱大数定律,简称大数定律;若使得$\dfrac{S_n}{n} - a_n \xrightarrow{\text{a.s.}} 0$,即
>
> $$P\left(\lim_{n\to\infty} \frac{S_n}{n} = a_n\right) = 1, \tag{5.2.2}$$
>
> 则称序列$\{X_n\}$服从强大数定律.

5.2.1　(弱)大数定律

通常所说的大数定律是指弱大数定律.一般地,假定序列$\{X_n\}$的数学期望都存在,即 $E|X_n| < \infty$,则总是取 $a_n = E\left(\dfrac{S_n}{n}\right) = \dfrac{1}{n}\sum_{k=1}^{n} EX_k$. 此时,序列$\{X_n\}$服从弱大数定律是指:对任意的 $\varepsilon > 0$,有

$$\lim_{n\to\infty} P\left(\left|\frac{1}{n}\sum_{k=1}^{n} X_k - \frac{1}{n}\sum_{k=1}^{n} EX_k\right| < \varepsilon\right) = 1. \tag{5.2.3}$$

> **定理 5.2.1　Bernoulli 大数定律**
>
> 在相继独立进行的伯努利试验中,事件 A 发生的概率为 $p(0 < p < 1)$. 设 X_k 表示第 k 次试验中事件 A 发生的次数,则 $S_n = \sum_{k=1}^{n} X_k$ 表示前 n 次试验中事件 A 发生的频数.那么,对任意的 $\varepsilon > 0$,有
>
> $$\lim_{n\to\infty} P\left(\left|\frac{S_n}{n} - p\right| < \varepsilon\right) = 1. \tag{5.2.4}$$

证明:显然 $X_k \sim B(1, p)$, $k = 1, 2, \cdots$,从而 $S_n \sim B(n, p)$,于是 $E\left(\dfrac{S_n}{n}\right) = p$, $D\left(\dfrac{S_n}{n}\right) = \dfrac{p(1-p)}{n}$. $\forall \varepsilon > 0$,由 Chebyshev 不等式可得

$$P\left(\left|\frac{S_n}{n} - p\right| \geqslant \varepsilon\right) \leqslant \frac{1}{\varepsilon^2} \cdot \frac{p(1-p)}{n} \to 0 \ (n \to \infty).$$

这等价于式(5.2.4)成立.

Bernoulli 大数定律表明:在大量重复试验中,随着试验次数 n 的增大,事件 A 发生的频率 $\dfrac{S_n}{n}$ 与其概率 p 的偏差 $\left| \dfrac{S_n}{n} - p \right|$ 大于预先给定的精度 ε 的可能性越来越小,小到可以忽略不计.这就是频率稳定于概率的含义,也即**频率的稳定性是指频率依概率收敛于概率**.

如果按照数学分析中数列极限的概念来理解频率的稳定性,有 $\lim\limits_{n\to\infty} \dfrac{S_n}{n} = p$,即对任意的 $\varepsilon > 0$,当 n 充分大时,必定有 $\left| \dfrac{S_n}{n} - p \right| < \varepsilon$,从而其对立事件 $\left| \dfrac{S_n}{n} - p \right| \geqslant \varepsilon$ 是必定不会发生的.然而在随机现象中各种情况都可能出现,甚至事件 $S_n = n$ 也是可能发生的.因为 $P(S_n = n) = p^n > 0$,从而事件 $\left| \dfrac{S_n}{n} - p \right| \geqslant \varepsilon$ 就有可能发生.这说明利用极限概念来理解频率的稳定性是不恰当的,是对频率随机性认识不足的体现.

定理 5.2.2　Poisson 大数定律

设 $\{X_n\}$ 是相互独立的随机变量序列,且 X_n 服从两点分布 $P(X_n = 1) = p_n$,$P(X_n = 0) = 1 - p_n$.记 $S_n = \sum\limits_{k=1}^{n} X_k$,则对任意的 $\varepsilon > 0$,有

$$\lim_{n\to\infty} P\left(\left| \frac{S_n}{n} - \frac{1}{n}\sum_{k=1}^{n} p_k \right| \geqslant \varepsilon \right) = 0. \tag{5.2.5}$$

证明:由独立性可得

$$E\left(\frac{S_n}{n} \right) = \frac{1}{n}\sum_{k=1}^{n} p_k, \qquad D\left(\frac{S_n}{n} \right) = \frac{1}{n^2}\sum_{k=1}^{n} p_k(1 - p_k),$$

故由 Chebyshev 不等式可得

$$P\left(\left| \frac{S_n}{n} - \frac{1}{n}\sum_{k=1}^{n} p_k \right| \geqslant \varepsilon \right) \leqslant \frac{1}{\varepsilon^2} \cdot \frac{1}{n^2}\sum_{k=1}^{n} p_k(1 - p_k) \leqslant \frac{1}{4\varepsilon^2 n},$$

当 $n \to \infty$ 时,可证得式(5.2.5).

定理 5.2.3　Chebyshev 大数定律

设 $\{X_n\}$ 是两两不相关的随机变量序列,若每个 X_n 的方差都存在,且有公共的上界,即存在常数 c,使得 $DX_n \leqslant c, n = 1, 2, \cdots$,则 $\{X_n\}$ 服从弱大数定律,即对任意的 $\varepsilon > 0$,式(5.2.3)成立.

证明:因 $\{X_n\}$ 两两不相关,故

$$D\left(\frac{1}{n}\sum_{k=1}^{n} X_k \right) = \frac{1}{n^2}\sum_{k=1}^{n} DX_k \leqslant \frac{c}{n}.$$

于是,$\forall \varepsilon > 0$,由 Chebyshev 不等式可得

$$P\left(\left| \frac{1}{n}\sum_{k=1}^{n} X_k - \frac{1}{n}\sum_{k=1}^{n} EX_k \right| \geqslant \varepsilon \right) \leqslant \frac{1}{\varepsilon^2} \cdot \frac{c}{n} \to 0 \ (n \to \infty).$$

这等价于式(5.2.3)成立.

定理 5.2.4　Markov 大数定律

对于任意的随机变量序列 $\{X_n\}$,如果满足条件:

$$\frac{1}{n^2}D\left(\sum_{k=1}^{n}X_k\right)\to 0 \ (n\to\infty) \tag{5.2.6}$$

则 $\{X_n\}$ 服从弱大数定律,即对任意的 $\varepsilon>0$,式(5.2.3)成立.

证明仍利用 Chebyshev 不等式,其中条件式(5.2.6)称为 **Markov 条件**. 注意到前面几个大数定律的证明都利用了 Chebyshev 不等式,因此该条件是"方差均存在"的随机变量序列 $\{X_n\}$ 服从弱大数定律的最低要求. 但如果序列 $\{X_n\}$ 的方差不存在,则可以利用下面的结论.

定理 5.2.5　Khinchin 大数定律

设 $\{X_n\}$ 是独立同分布的随机变量序列,且具有有限的数学期望. 如果 $EX_n=\mu$,则 $\{X_n\}$ 服从弱大数定律,即对任意的 $\varepsilon>0$,有

$$\lim_{n\to\infty}P\left(\left|\frac{1}{n}\sum_{k=1}^{n}X_k-\mu\right|\geqslant\varepsilon\right)=0. \tag{5.2.7}$$

Khinchin 大数定律表明:随机变量的独立观测值,其平均值也是具有稳定性的,稳定于其期望,即平均值依概率收敛到数学期望. 这个结论是数理统计学的参数估计中矩法估计的基础. 在证明方法上,由命题 5.1.5 知依概率收敛到常数等价于依分布收敛到常数,而根据定理 5.1.3(连续性定理)可知依分布收敛与依特征函数收敛是等价的. 所以,利用特征函数来证明 Khinchin 大数定律是适当的.

证明:由于 $\{X_n\}$ 独立同分布,其特征函数相同,记为 $\varphi(t)$,则 $\frac{1}{n}\sum_{k=1}^{n}X_k$ 的特征函数为 $\varphi(t)=\left[\varphi\left(\dfrac{t}{n}\right)\right]^n$. 由于 $EX_n=\mu$ 存在,将 $\varphi(t)$ 在 0 点展开,有

$$\varphi(t)=\varphi(0)+\varphi'(0)t+o(t)=1+\mathrm{i}\mu t+o(t).$$

于是

$$\lim_{n\to\infty}\varphi_n(t)=\lim_{n\to\infty}\left[1+\mathrm{i}\mu\left(\frac{t}{n}\right)+o\left(\frac{t}{n}\right)\right]^n=\mathrm{e}^{\mathrm{i}\mu t}.$$

这正是常数 μ 的特征函数. 于是可证:$\dfrac{1}{n}\sum_{k=1}^{n}X_k\xrightarrow{P}\mu$.

最后不加证明地给出 Clivenko 定理,它是判断弱大数定律成立的充分必要条件.

定理 5.2.6　Clivenko 定理

设 $\{X_n\}$ 是随机变量序列,记 $Y_n=\sum_{i=1}^{n}X_i$,$\mu_n=EY_n=\sum_{i=1}^{n}EX_i$,则 $\{Y_n\}$ 服从弱大数定律的充分必要条件是

$$\lim_{n\to\infty}E\left[\frac{(Y_n-\mu_n)^2}{1+(Y_n-\mu_n)^2}\right]=0. \tag{5.2.8}$$

该定理的证明可参阅本书参考文献[2]中的定理 7.3.6.

例 5.2.1（大数定律的应用与 Mente Carlo 模拟） 定积分的计算：求 $I = \int_a^b f(x)\mathrm{d}x$ 的近似值，其中 $0 \leqslant f(x) \leqslant d$.

解：设 (X,Y) 服从矩形区域 $\Omega = \{(x,y): a \leqslant x \leqslant b, 0 \leqslant y \leqslant d\}$ 上的均匀分布，则 X 服从 $[a,b]$ 上的均匀分布，Y 服从 $[0,d]$ 上的均匀分布，且 X 与 Y 相互独立. 记事件 $A = \{Y \leqslant f(X)\}$，则有

$$P(A) = P(Y \leqslant f(X)) = \frac{\int_a^b \int_0^{f(x)} \mathrm{d}y\mathrm{d}x}{d(b-a)} = \frac{I}{d(b-a)}.$$

即 $I = d(b-a)P(A)$. 由 Bernoulli 大数定律可知，事件 A 出现的频率 $f(A) = \dfrac{m}{n}$ 可作为概率 $P(A)$ 的近似值. 于是可得

$$I = \int_a^b f(x)\mathrm{d}x \approx d(b-a) \cdot P(A) = d(b-a) \cdot \frac{m}{n} \tag{5.2.9}$$

模拟步骤：

（1）产生 n 个 $[a,b]$ 上的均匀随机数 $(x_1, x_2, \cdots, x_n)$ 和 n 个 $[0,d]$ 上的均匀随机数 $(y_1, y_2, \cdots, y_n)$. n 一般取 10^4 或以上.

（2）判断 $y_i \leqslant f(x_i)$ 是否成立，$i = 1, 2, \cdots, n$. 记录 $y_i \leqslant f(x_i)$ 的个数 m，得到 $P(A) \approx \dfrac{m}{n}$. 将其代入式 (5.2.9)，即可得到 I 的一个近似值，记为 I_1.

（3）重复步骤（1）和（2）k 次，得到 $I_1, I_2, \cdots, I_k.$，则有 $I = \dfrac{\sum\limits_{k=1}^n I_k}{k}$.

步骤（1）和（2）相当于向区域 Ω 投针 n 次，统计落在区域 $A = \{(x,y): a \leqslant x \leqslant b, 0 \leqslant y \leqslant f(x)\}$ 内的次数 m，从而可得 $P(A) \approx \dfrac{m}{n}$. 上述步骤（3）只是为了提高精度，所以可视情况确定重复次数.

譬如，计算 $\int_0^1 \dfrac{\mathrm{e}^{-x^2/2}}{\sqrt{2\pi}} \mathrm{d}x$ 的值，利用统计应用软件 **R** 软件模拟的结果如下：

精确值	$n = 10^4$	$n = 10^5$	$n = 10^4, k = 100$	$n = 10^5, k = 100$
0.3413447	0.3440877	0.3406947	0.3413272	0.3413525

再比如，根据泊松积分公式 (2.3.14) 计算 π 的近似值. 首先利用式 (5.2.9) 计算 $I = \int_0^a \mathrm{e}^{-x^2} \mathrm{d}x$ 的值，再计算 $\pi \approx 4I^2$. 此处实际上将 $\int_2^{+\infty} \mathrm{e}^{-x^2} \mathrm{d}x$ 的值舍掉了. 模拟中 n 分别取 10^4 和 10^5，a 取两个值 10 和 5，重复次数 $k = 100$. 模拟结果如下：

a 与 n	$a=10, n=10^4$	$a=10, n=10^5$	$a=5, n=10^4$	$a=5, n=10^5$
模拟值	3.131626	3.138446	3.145196	3.139920
绝对误差	0.009967	0.003147	0.003603	0.001673

说明：① y 的上限 d 不一定取函数 $f(x)$ 的最大值，可以比其最大值大一些.

② 如果 $f(x)$ 在积分区间 $[a,b]$ 上有小于 0 的部分，则需要分成大于 0 和小于 0 的部分分别模拟再求代数和.

由表可知，a 取 5 时精度更高，这表明在模拟计算中 Ω 和 A 的选择也是不可忽略的因素.

例 5.2.2（定积分的计算）　求 $I = \int_a^b f(x)\mathrm{d}x$ 的近似值.

解：设 X 服从区域 $\Omega = \{x: a \leqslant x \leqslant b\}$ 上的均匀分布，则 $f(X)$ 期望为

$$Ef(X) = \frac{1}{b-a}\int_a^b f(x)\mathrm{d}x = \frac{1}{b-a}I.$$

从而可得 $I = (b-a)Ef(X)$.

为了估计 I，只需在计算机上产生 n 个独立同分布的区间 $[a,b]$ 上的均匀随机数 x_1, $x_2, \cdots, x_n$，则 $f(x_1), f(x_2), \cdots, f(x_n)$ 也是独立同分布的. 于是，由 Khinchin 大数定律可知

$$\frac{1}{n}\sum_{i=1}^n f(x_i) \xrightarrow{P} Ef(X),$$

$$I \approx (b-a)\frac{1}{n}\sum_{i=1}^n f(x_i).$$

还是以计算 $\int_0^1 \dfrac{\mathrm{e}^{-x^2/2}}{\sqrt{2\pi}}\mathrm{d}x$ 的值为例，模拟结果如下：

精确值	$n=10^4$	$n=10^5$	$n=10^4, k=100$	$n=10^5, k=100$
0.3413447	0.3410392	0.3413304	0.3413323	0.3413459

这种做法不难推广到多重积分与任意边界的场合，多重积分的 Mente Carlo 模拟因其误差与维数无关且适合于复杂的被积函数或边界而受到极大重视.

例 5.2.3（多重积分的计算）　求 $I = \iint_\Omega f(x_1, \cdots, x_n)\mathrm{d}x_1 \cdots \mathrm{d}x_n$ 的近似值.

解：设 $X_1, \cdots, X_n$ 服从有界区域 Ω 上的均匀分布，Ω 的测度为 $\mu(\Omega)$，则 $f(X_1, \cdots, X_n)$ 期望为

$$Ef(X_1, \cdots, X_n) = \frac{1}{\mu(\Omega)}I.$$

在 Ω 上生成容量为 m 的均匀随机数 $(x_{i1}, \cdots, x_{in})$，$i = 1, \cdots, m$，从而可得

$$I \approx \mu(\Omega)\frac{1}{m}\sum_{i=1}^m f(x_{i1}, \cdots, x_{in}).$$

例如，计算 $I = \iint_\Omega \mathrm{e}^{-x^2-y^2}\mathrm{d}x\mathrm{d}y$，其中 $\Omega = \{(x,y): x^2 + y^2 \leqslant 4\}$. 易知 $S_\Omega = 4\pi$，I 的真值为 $\pi(1 - \mathrm{e}^{-4})$. 模拟结果如下：

精确值	$n=10^4$	$n=10^5$	$n=10^4, k=100$	$n=10^5, k=100$
3.084052	3.107464	3.091347	3.082251	3.083303

又如,计算 $I=\iiint_\Omega \sqrt{x^2+y^2+z^2}\,\mathrm{d}x\mathrm{d}y\mathrm{d}z$,其中 Ω 为 $x^2+y^2+z^2=z$ 所围成的闭区域. 易知 $V_\Omega=4\pi\cdot 0.5^3/3$,$I$ 的真值为 $\pi/10$. 模拟结果如下:

精确值	$n=10^4$	$n=10^5$	$n=10^4, k=100$	$n=10^5, k=100$
0.3141593	0.3157292	0.3135972	0.3143918	0.3141359

5.2.2 强大数定律

强大数定律是 Borel 于 1909 年首次提出的,他指明:在伯努利概型中,事件 A 发生的频率 $\dfrac{S_n}{n}$ 几乎必然收敛于事件 A 的概率(定理 5.2.7). 后来,Kolmogorov 推广了 Chebyshev 不等式(命题 5.2.1)、强化了 Markov 条件(命题 5.2.2),将 Khinchin 大数定律改进成强大数定律(定理 5.2.8). 下面简要介绍主要结论,详细工作及其结论的证明请参阅本书参文献[2].

命题 5.2.1 Kolmogorov 不等式

设 $X_1,X_2,\cdots,X_n$ 是相互独立的随机变量,方差均存在且有限,则对任意的 $\varepsilon>0$,有

$$P\left(\max_{1\leqslant k\leqslant n}\left|\sum_{k=1}^{n}(X_k-EX_k)\right|\geqslant\varepsilon\right)\leqslant\frac{1}{\varepsilon^2}\sum_{k=1}^{n}DX_k$$

当 $n=1$ 时,上式就退化成 Chebyshev 不等式.

命题 5.2.2 Kolmogorov 判别法

设 $\{X_n\}$ 是相互独立的随机变量序列,且 $DX_n<\infty$. 如果

$$\sum_{n=1}^{\infty}\frac{DX_n}{n^2}<\infty, \tag{5.2.10}$$

则 $\{X_n\}$ 服从强大数定律,即

$$P\left(\lim_{n\to\infty}\frac{1}{n}\sum_{k=1}^{n}(X_k-EX_k)=0\right)=1. \tag{5.2.11}$$

其中,式(5.2.10)称为 Kolmogorov 条件,它是 Markov 条件的推广.

设 X_n 表示第 n 次伯努利试验中事件 A 发生的次数,则 $\{X_n\}$ 独立同分布,且 $EX_n=p$,$DX_n=p(1-p)$,其中 $p=P(A)$. 由于

$$\lim_{n\to\infty}\sum_{k=1}^{n}\frac{DX_n}{n^2}=\lim_{n\to\infty}\sum_{k=1}^{n}\frac{p(1-p)}{n^2}=\lim_{n\to\infty}\frac{p(1-p)}{n}=0<\infty,$$

即 Kolmogorov 条件成立,所以 $\{X_n\}$ 服从强大数定律. 此即 Borel 强大数定律.

> **定理 5.2.7　Borel 强大数定律**
>
> 设 S_n 表示事件 A 在 n 次伯努利试验中出现的次数,而事件 A 在每次试验中出现的概率为 p,那么
> $$P\left(\lim_{n\to\infty}\frac{S_n}{n}=p\right)=1.$$

事实上,只要独立同分布的随机变量序列 $\{X_n\}$ 的方差存在且有限,则 Kolmogorov 条件(5.2.10)必定满足,所以 $\{X_n\}$ 必定服从强大数定律. 如果去掉方差有限的条件,只假定数学期望存在,情况会怎么样呢?

> **定理 5.2.8　Kolmogorov 强大数定律**
>
> 设 X_n 是独立同分布的随机变量序列,则
> $$P\left(\lim_{n\to\infty}\frac{1}{n}\sum_{k=1}^n X_k=\mu\right)=1 \tag{5.2.12}$$
> 成立的充分必要条件是:$E|X_n|<\infty$,且 $EX_n=\mu$.

习　题　5.2

5.2.1　设随机变量序列 $\{X_n\}$ 独立同分布,期望和方差均存在,且 $EX_n=\mu$. 证明:
$$\frac{2}{n(n+1)}\sum_{k=1}^n k\cdot X_k \xrightarrow{P}\mu.$$

5.2.2　设随机变量序列 $\{X_n\}$ 独立同分布,期望和方差均存在,且 $EX_n=0$, $DX_n=\sigma^2$. 证明:$\dfrac{1}{n}\sum_{k=1}^n X_k^2 \xrightarrow{P}\sigma^2$.

5.2.3　设随机变量序列 $\{X_n\}$ 独立同分布,且方差 $DX_n=\sigma^2$ 存在. 令
$$\overline{X}=\frac{1}{n}\sum_{k=1}^n X_k,\quad S_n^2=\frac{1}{n}\sum_{k=1}^n(X_k-\overline{X})^2.$$
证明:$S_n^2 \xrightarrow{P}\sigma^2$.

5.2.4　设 $\{X_n\}$ 是相互独立的随机变量序列,其分布律如下:

(1) $P(X_n=\pm 2^n)=2^{-(2n+1)}$,$P(X_n=0)=1-2^{-2n}$,$n=1,2,\cdots$;

(2) $P(X_n=\pm\sqrt{\ln n})=\dfrac{1}{2}$,$n=1,2,\cdots$.

分别证明此时序列服从大数定律.

5.2.5　将编有号码 $1,2,\cdots,n$ 的 n 个球放入也编有号码 $1,2,\cdots,n$ 的 n 个盒子中,每个盒子中只能放一个球. 设 S_n 表示所放的球的号码与盒子的号码相同的个数,证明:
$$\frac{S_n-ES_n}{n}\xrightarrow{P}0.$$

5.2.6　设随机变量序列 $\{X_n\}$ 独立同分布,皆服从区间 $[-1,1]$ 上的均匀分布. 证明:

$$\frac{2}{n}\sum_{k=1}^{n}\mathrm{e}^{-X_n^2} \xrightarrow{P} \int_{-1}^{1}\mathrm{e}^{-x^2}\,\mathrm{d}x.$$

5.2.7 设 $f(x),x\in[0,1]$ 是连续函数,证明:

$$\lim_{n\to\infty}\int_0^1\cdots\int_0^1 f\left(\frac{x_1+\cdots+x_n}{n}\right)\mathrm{d}x_1\cdots\mathrm{d}x_n = f\left(\frac{1}{2}\right).$$

5.2.8 应用大数定律求下列极限:

(1) $\displaystyle\lim_{n\to\infty}\int\cdots\int_{0\leqslant x_i\leqslant 1,\,x_1^2+\cdots+x_n^2\leqslant n/4}\mathrm{d}x_1\cdots\mathrm{d}x_n$;

(2) $\displaystyle\lim_{n\to\infty}\int\cdots\int_{0\leqslant x_i\leqslant 1,\,x_1^2+\cdots+x_n^2\leqslant n/2}\mathrm{d}x_1\cdots\mathrm{d}x_n$;

(3) $\displaystyle\lim_{n\to\infty}\int\cdots\int_{0\leqslant x_i\leqslant 1,\,x_1^2+\cdots+x_n^2\leqslant\sqrt{n}}\mathrm{d}x_1\cdots\mathrm{d}x_n$.

5.3 中心极限定理

中心极限定理(CLT)研究的是在什么条件下,独立的随机变量之和的极限分布是正态分布.人们发现,服从正态分布的随机变量在自然界和生产实践中广泛存在.原因何在? 研究表明:如果一个量受到大量的相互独立的随机因素的干扰,而每个随机因素的影响都是微小的,则这个量服从或近似服从正态分布.因此,无论是应用上,还是理论上,正态分布在概率论中都占有十分重要的地位.

> **定义 5.3.1**
>
> 设 $\{X_n\}$ 是相互独立的随机变量序列,且均具有有限的数学期望和方差.令 $S_n=X_1+X_2+\cdots+X_n$ 表示前 n 项部分和,记 $Y_n=\dfrac{S_n-ES_n}{DS_n}$.如果对任意的 $x\in\mathbf{R}$,有
>
> $$\lim_{n\to\infty}P(Y_n\leqslant x)=\frac{1}{2\pi}\int_{-\infty}^{x}\mathrm{e}^{-\frac{x^2}{2}}\mathrm{d}x, \tag{5.3.1}$$
>
> 则称 $\{X_n\}$ 服从中心极限定理.

式(5.3.1)表明:随机变量序列 $\{X_n\}$ 服从中心极限定理,则该序列的前 n 项部分和的标准化变量依分布收敛到标准正态变量.此外,由于标准正态分布的分布函数 $\Phi(x)$ 是连续函数,根据性质 5.1.5 可知,如果式(5.3.1)成立,则对一切 $x\in\mathbf{R}$ 是一致成立的.

5.3.1 独立同分布情形的中心极限定理

> **定理 5.3.1 Linderberg-Levy CLT**
>
> 设 $\{X_n\}$ 是独立同分布的随机变量序列,且 $EX_n=\mu,DX_n=\sigma^2(0<\sigma<+\infty)$,则对任意的 $x\in\mathbf{R}$,有
>
> $$\lim_{n\to+\infty}P\left(\frac{\displaystyle\sum_{k=1}^{n}X_k-n\mu}{\sqrt{n}\sigma}\leqslant x\right)=\frac{1}{\sqrt{2\pi}}\int_{-\infty}^{+\infty}\mathrm{e}^{-\frac{x^2}{2}}\mathrm{d}x. \tag{5.3.2}$$

证明：设 $X_k - \mu$ 的特征函数为 $\varphi(t)$，由于 $E(X_k - \mu) = 0$，$D(X_k - \mu) = \sigma^2$，根据性质 4.4.5 可得

$$\varphi'(0) = 0, \quad \varphi''(0) = \sigma^2.$$

于是 $\varphi(t)$ 的展开式为

$$\varphi(t) = \varphi(0) + \varphi'(0)t + \varphi''(0)\frac{t^2}{2} + o(t^2) = 1 - \frac{1}{2}\sigma^2 t^2 + o(t^2).$$

记 $Y_n = \dfrac{\displaystyle\sum_{k=1}^{n} X_k - n\mu}{\sqrt{n}\,\sigma}$，其特征函数记为 $\varphi_n(t)$．由性质 4.4.4 知 $\varphi_n(t) = \left[\varphi\left(\dfrac{t}{\sqrt{n}\,\sigma}\right)\right]^n$，

于是有

$$\lim_{n \to +\infty} \varphi_n(t) = \lim_{n \to +\infty} \left[1 - \frac{t^2}{2n} + o\left(\frac{t^2}{2n}\right)\right]^n = \mathrm{e}^{-\frac{t^2}{2}}.$$

此即标准正态变量的特征函数，再根据连续性定理 5.1.3 即可．

例 5.3.1　一个加法器同时收到 20 个噪声电压 V_k，$k = 1, 2, \cdots, 20$，设它们相互独立，且均服从区间 $[0, 10]$ 上的均匀分布．记 $V = \displaystyle\sum_{k=1}^{20} V_k$，求 $P(V > 105)$ 的值．

解：$\{V_k\}$ 独立同分布，且 $EV_k = 5$，$DV_k = \dfrac{100}{12}$．由定理 5.3.1 可得

$$P(V > 105) = P\left(\frac{\displaystyle\sum_{k=1}^{20} V_k - 20 \times 5}{\sqrt{20}\,\sqrt{100/12}} > \frac{105 - 20 \times 5}{\sqrt{20}\,\sqrt{100/12}}\right) \approx 1 - \Phi(0.387) \approx 0.3495.$$

设 $X_1, X_2, \cdots, X_n$ 是相互独立且同分布的随机变量，$EX_k = \mu$，$DX_k = \sigma^2$．根据定理 5.3.1 可知

(1) $\dfrac{\displaystyle\sum_{k=1}^{n} X_k - n\mu}{\sqrt{n}\,\sigma} \sim N(0, 1)$；　　　　　　(2) $\displaystyle\sum_{k=1}^{n} X_k \sim N(n\mu, n\sigma^2)$；

(3) $\dfrac{\dfrac{1}{n}\displaystyle\sum_{k=1}^{n} X_k - \mu}{\sigma/\sqrt{n}} \sim N(0, 1)$；　　　　　(4) $\dfrac{1}{n}\displaystyle\sum_{k=1}^{n} X_k \sim N(\mu, \sigma^2/n)$．

这些结论在数理统计学中会经常用到．

例 5.3.2（正态随机数的生成）　一般的计算机软件只能够生成区间 $(0, 1)$ 上的均匀分布随机数，但随机模拟中经常需要用到正态分布 $N(\mu, \sigma^2)$ 随机数．下面利用中心极限定理 5.3.1 通过 $(0, 1)$ 上均匀分布的随机数来生成正态分布 $N(\mu, \sigma^2)$ 的随机数．

(1) 设 $X \sim U(0, 1)$，则 $EX = \dfrac{1}{2}$，$DX = \dfrac{1}{12}$．在计算机中生成 12 个 $(0, 1)$ 上均匀分布的随机数，记为 $x_1, x_2, \cdots, x_{12}$．

(2) 计算 $y = x_1 + x_2 + \cdots + x_{12} - 6$．根据定理 5.3.1，可将 y 看成是来自标准正态分

布 $N(0,1)$ 的 1 个随机数.

(3) 计算 $z=\mu+\sigma y$. 于是可将 z 看成是来自正态分布 $N(\mu,\sigma^2)$ 的 1 个随机数.

(4) 重复步骤(1)~(3)n 次,即可得到正态分布 $N(\mu,\sigma^2)$ 的 n 个随机数.

例 5.3.3(数值计算中的误差分析)   在数值计算中,任何实数 x 都只能用一定位数的数 x' 来近似. 譬如在计算中取 5 位小数,则第 6 位以后都用四舍五入的方法舍去. 现在要求 n 个实数 $x_i(i=1,2,\cdots,n)$ 的和 S,只能用 x 的近似数 x' 得到 S 的近似数 S'.

记单个误差为 $\varepsilon_i=x_i-x_i'$,则总误差为 $S-S'=\sum\limits_{i=1}^n x_i-\sum\limits_{i=1}^n x_i'=\sum\limits_{i=1}^n \varepsilon_i$.

若在计算中需取 k 位小数,则可认为 $\varepsilon_i\sim U(-0.5\times10^{-k},0.5\times10^{-k})$,且相互独立. 一种粗略的误差估计方法是:由于 $|\varepsilon_i|\leqslant0.5\times10^{-k}$,所以有

$$\Big|\sum_{i=1}^n \varepsilon_i\Big|\leqslant 0.5\times10^{-k}n. \tag{5.3.3}$$

现在用中心极限定理来估计:因为 $\{\varepsilon_i\}$ 独立同分布,且

$$E\varepsilon_i=0,\ D\varepsilon_i=\frac{10^{-2k}}{12}.$$

于是,总误差为

$$E\Big(\sum_{i=1}^n \varepsilon_i\Big)=0,\ D\Big(\sum_{i=1}^n \varepsilon_i\Big)=\frac{10^{-2k}n}{12}.$$

根据定理 5.3.1 知,对任意的 $x>0$,有

$$P\Big(\Big|\sum_{i=1}^n \varepsilon_i\Big|\leqslant x\Big)\approx 2\Phi\Big(\frac{\sqrt{12}x}{\sqrt{10^{-2k}n}}\Big)-1.$$

要从上式中求出总误差的上限 x,可令上式右端的概率为 0.99,由此可得

$$\Phi\Big(\frac{\sqrt{12}x}{\sqrt{10^{-2k}n}}\Big)=0.995.$$

查标准正态分布函数表知 $\Phi(2.575)\approx0.995$,由此得

$$\frac{\sqrt{12}x}{\sqrt{10^{-2k}n}}=2.575,$$

解得

$$x=\frac{2.575\sqrt{10^{-2k}n}}{\sqrt{12}}=0.7433\times10^{-k}\sqrt{n}.$$

即有 99% 的把握认为

$$\Big|\sum_{i=1}^n \varepsilon_i\Big|\leqslant 0.7433\times10^{-k}\sqrt{n}. \tag{5.3.4}$$

比较式(5.3.3)与式(5.3.4)可知:前者的总误差与求和个数 n 同阶,后者仅与 $n^{\frac{1}{2}}$ 同阶.

由定理 5.3.1,立即可得以下结论.

> **定理 5.3.2　De Moive-Laplace CLT**
>
> 　　在 n 重伯努利试验中,事件 A 在每次试验中出现的概率为 $p(0<p<1)$,记 X 为 n 次试验中事件 A 出现的总次数,则对任意的 $x\in\mathbf{R}$,有
> $$\lim_{n\to+\infty}P\Big(\frac{X-np}{\sqrt{np(1-p)}}\leqslant x\Big)=\frac{1}{\sqrt{2\pi}}\int_{-\infty}^{x}\mathrm{e}^{-\frac{x^2}{2}}\mathrm{d}x \tag{5.3.5}$$

　　De Moive-Laplace 中心极限定理是 Linderberg-Levy 中心极限定理的特殊情形.它是概率论历史上的第一个中心极限定理,是专门针对二项分布的,因此也称为"二项分布的正态近似".

　　例 5.3.4　某药厂试制了一种新药,声称对贫血的治疗有效率为 80%.医药监管部门准备对 100 个贫血病患者进行此药的疗效试验,若这 100 人中至少有 75 人用药有效,就批准此药的生产.若该药的有效率确实为 80%,则其被批准生产的概率是多少?

　　解:设 X 是这 100 个患者服药后治愈的人数,则依据题意可知 $X\sim B(100,0.8)$,且有
$$EX=100\times0.8=80,\ DX=100\times0.8\times0.2=16.$$
此药被批准生产至少应有 75 人用药有效,即 $X\geqslant75$.所以,由式(5.3.5)可得
$$P(X\geqslant75)=P\Big(\frac{X-80}{4}\geqslant\frac{75-80}{4}\Big)\approx1-\Phi(-1.25)=\Phi(1.25)\approx0.8944.$$
这说明此药被批准生产的可能性是比较大的.

　　因为二项分布是离散分布,而正态分布是连续分布,所以利用正态分布近似计算二项分布的时候做些**修正可以提高精度**.若 $k_1<k_2$,且均为正整数,一般使用如下公式进行修正:
$$P(k_1\leqslant X\leqslant k_2)=P(k_1-0.5<X<k_2+0.5) \tag{5.3.6}$$
如在例 5.3.4 中使用该修正公式进行计算,可得
$$P(X\geqslant75)=P(X>74.5)=P\Big(\frac{X-80}{4}\geqslant\frac{74.5-80}{4}\Big)$$
$$\approx1-\Phi(-1.375)=\Phi(1.375)\approx0.9154.$$
可以看出,由于此例中的标准差较小,所以修正使精度提高约两个百分点.

　　例 5.3.5　某车间有同型号的机床 200 台,在一小时内每台机床约有 70% 的时间是工作的.假定各机床工作是相互独立的,工作时每台机床需要消耗电能 1 kW.问至少需要多少电能,才可以有 95% 的可能性保证此车间正常生产.

　　解:设 X 表示该车间同时工作的机床数量,则 $X\sim B(200,0.7)$,$EX=140$,$DX=42$.设所需电能为 $x(\mathrm{kW})$,则正常生产需满足 $P(X\leqslant x)\geqslant0.95$.由中心极限定理 5.3.2 和式(5.3.6)知
$$P(X\leqslant x)=P(X\leqslant x+0.5)\approx\Phi\Big(\frac{x+0.5-140}{\sqrt{42}}\Big)\geqslant0.95,$$
查表可得
$$\frac{x+0.5-140}{\sqrt{42}}\geqslant1.645,$$

解得 $x \geqslant 150.16$，即该车间在一小时内至少需要 151 kW 电能才有 95% 的把握保证正常生产.

例 5.3.6 某调查公司受委托调查某品牌方便面在某地区的市场占有率 p，调查公司将调查该地区的各类商店，并以销售该品牌方便面的商店占这些商店的比例作为 p 的估计 $\hat{p}$. 现在要保证有 90% 的把握，使得调查所得的市场占有率 $\hat{p}$ 与真实占有率 p 之间的差异不大于 5%. 问至少需要调查多少家商店.

解：设至少需要调查 n 家商店，其中销售该品牌方便面的商店数为 X，则 $X \sim B(n, p)$. 根据题意，n 需满足

$$P\left(\left|\frac{X}{n} - p\right| \leqslant 0.05\right) \geqslant 0.90.$$

由中心极限定理 5.3.2 知

$$P\left(\left|\frac{X}{n} - P\right| \leqslant 0.05\right) = P\left(\frac{|X - np|}{\sqrt{np(1-p)}} \leqslant \frac{0.05n}{\sqrt{np(1-p)}}\right) \approx 2\Phi\left(\frac{0.05n}{\sqrt{np(1-p)}}\right) - 1.$$

所以有

$$\Phi\left(\frac{0.05n}{\sqrt{np(1-p)}}\right) \geqslant 0.95,$$

$$\frac{0.05}{\sqrt{np(1-p)}} \geqslant 1.645.$$

解得 $n \geqslant 1082.41 p(1-p)$. 注意到 $p(1-p) \leqslant 0.25$，所以 $n \geqslant 270.6$，即至少需要调查 271 家商店.

例 5.3.7 设有一批种子，其中良种占 $1/6$. 试估计在任选的 6000 粒种子中，良种比例与 $1/6$ 比较上下不超过 1% 的概率.

解：设 X 表示 6000 粒种子中的良种数，则 $X \sim B(6000, 1/6)$，$EX = 1000$，$DX = 5000/6$. 题中所求概率为

$$P\left(\left|\frac{X}{6000} - \frac{1}{6}\right| < 0.01\right) = p(|X - 1000| < 60).$$

直接利用二项分布计算所得的上述概率为 0.9590，利用 Poisson 定理近似计算所得的上述概率为 0.9379. 由定理 5.3.2 中的式(5.3.5)计算所得的概率为

$$P\left(\left|X - 1000\right| < 60\right) \approx 2\Phi\left(\frac{60}{\sqrt{5000/6}}\right) - 1 \approx 0.9622.$$

如果利用式(5.3.6)进行修正(注意此处是小于，所以减去 0.5)：

$$P\left(\left|X - 1000\right| < 60 - 0.5\right) \approx 2\Phi\left(\frac{59.5}{\sqrt{5000/6}}\right) - 1 \approx 0.9606.$$

从上述结果可以看出，在 n 较大时，正态近似的精度是高于泊松近似的精度的，而修正后的正态近似结果又是优于未修正的结果的.

5.3.2 独立不同分布情形的中心极限定理

Linderberg-Levy 中心极限定理表明：在独立同分布的情形下，随机变量和的极限分布是标准正态分布. 实际应用中，$\{X_i\}$ 之间的独立性是常见的，但"同分布"很难满

足. 此时, 为使极限分布仍然为正态分布, 必须对 $S_n = \sum\limits_{i=1}^{n} X_i$ 的各项有一定的要求. 譬如, 若允许从第二项起都等于 0, 则极限分布完全由 X_1 的分布确定, 这时就很难得到有意义的结果. 由此得到启发: 要使中心极限定理成立, 在部分和的各项中不应有起突出作用的项, 即要求各项在概率意义下"均匀地小". 这正是前文所提到的"每个随机因素的影响都是微小的"之意义, 下面分析如何从数学表达上明确"各项均匀地小".

设 $\{X_n\}$ 是相互独立的随机变量序列, 均具有有限的期望和方差: $EX_i = \mu_i$, $DX_i = \sigma_i^2$, $i = 1, 2, \cdots$. 部分和还是记为 $S_n = \sum\limits_{i=1}^{n} X_i$, 方差记为

$$B_n^2 = \sigma_1^2 + \sigma_2^2 + \cdots + \sigma_n^2,$$

且假定 $B_n^2 > 0$, 则 S_n 标准化变量为

$$Y_n = \frac{S_n - (\mu_1 + \mu_2 + \cdots + \mu_n)}{B_n} = \sum_{i=1}^{n} \frac{X_i - \mu_i}{B_n}.$$

如果要求 Y_n 中各项 $\dfrac{X_i - \mu_i}{B_n}$ "均匀地小", 即对任意的 $\tau > 0$, 要求事件

$$A_{ni} = \left\{ \frac{|X_i - \mu_i|}{B_n} > \tau \right\} = \{ |X_i - \mu_i| > \tau B_n \}$$

发生的概率趋于 0. 为达到这个目的, 只需要下式成立即可

$$\lim_{n \to +\infty} P(\max_{1 \le i \le n} |X_i - \mu_i| > \tau B_n) = 0.$$

设 X_i 的分布函数为 $F_i(x)$. 因为

$$P(\max_{1 \le i \le n} |X_i - \mu_i| > \tau B_n) \le P(\bigcup_{i=1}^{n} |X_i - \mu_i| > \tau B_n)$$

$$\le \sum_{i=1}^{n} P(|X_i - \mu_i| > \tau B_n) = \sum_{i=1}^{n} \int_{|x_i - \mu_i| > \tau B_n} \mathrm{d}F_i(x)$$

$$\le \frac{1}{\tau^2 B_n^2} \sum_{i=1}^{n} \int_{|x_i - \mu_i| > \tau B_n} (x_i - \mu_i)^2 \mathrm{d}F_i(x),$$

所以, 只要对任意的 $\tau > 0$, 有

$$\lim_{n \to +\infty} \frac{1}{B_n^2} \sum_{i=1}^{n} \int_{|x_i - \mu_i| > \tau B_n} (x_1 - \mu_i)^2 \mathrm{d}F_i(x) = 0, \tag{5.3.7}$$

就可保证 Y_n 中各项"均匀地小".

式 (5.3.7) 称为 **Linderberg 条件**. Linderberg 证明了: 满足该条件的随机变量序列 $\{X_n\}$, 其部分和 S_n 的标准化变量 Y_n 的极限分布是标准正态分布. 这就是独立但可以不同分布情形下的中心极限定理, 由于证明需要更多的数学工具, 下面仅给出其结果.

定理 5.3.3　Linderberg CLT

设 $\{X_n\}$ 是相互独立的随机变量序列, 并且满足 Linderberg 条件, 则对任意的 $x \in \mathbf{R}$, 有

$$\lim_{n \to +\infty} P\left(\frac{1}{B_n} \sum_{i=1}^{n} (X_i - \mu_i) \le x \right) = \frac{1}{\sqrt{2\pi}} \int_{-\infty}^{x} \mathrm{e}^{-\frac{x^2}{2}} \mathrm{d}x.$$

说明:假如随机变量序列$\{X_n\}$独立同分布且方差有限,则必定满足 Linderberg 条件.因此,定理 5.3.1 可以看成是定理 5.3.3 的一种特殊情况.验证如下:设 $X_i \sim F(x)$,$EX_i = \mu, DX_i = \sigma^2$,则有 $B_n^2 = n\sigma^2$.由此得

$$\frac{1}{B_n^2} \sum_{i=1}^n \int_{|x-\mu|>\tau B_n} (x-\mu)^2 \, \mathrm{d}F(x) = \frac{1}{\sigma^2} \int_{|x-\mu|>\tau\sigma\sqrt{n}} (x-\mu)^2 \, \mathrm{d}F(x).$$

所以其尾部积分一定有

$$\lim_{n\to+\infty} \int_{|x-\mu|>\tau\sigma\sqrt{n}} (x-\mu)^2 \, \mathrm{d}F(x) = 0,$$

满足 Linderberg 条件.

Linderberg 条件虽然能够保证独立的随机变量序列$\{X_n\}$依分布收敛到标准正态分布,但验证起来较困难.下面的 Lyapunov 条件则比较容易验证,因为它只对矩提出要求,因而便于应用.

> **定理 5.3.4 Lyapunov CLT**
>
> 设$\{X_n\}$是相互独立的随机变量序列,如果存在 $\delta > 0$,满足
> $$\lim_{n\to\infty} \frac{1}{B_n^{2+\delta}} \sum_{i=1}^n E(|X_i - \mu_i|^{2+\delta}) = 0, \tag{5.3.8}$$
> 则对任意的 $x \in \mathbf{R}$,有
> $$\lim_{n\to+\infty} P\left(\frac{1}{B_n} \sum_{i=1}^n (X_i - \mu_i) \leqslant x\right) = \frac{1}{\sqrt{2\pi}} \int_{-\infty}^x \mathrm{e}^{-\frac{x^2}{2}} \, \mathrm{d}x.$$

证明:借用前面的记号,因为在集合$\{|x_i - \mu_i| > \tau B_n\}$上,$\frac{|x_i - \mu_i|^\delta}{(\tau B_n)^\delta} > 1$,故

$$\frac{1}{B_n^2} \int_{|x_i-\mu_i|>\tau B_n} (x_i - \mu_i)^2 \, \mathrm{d}F_i(x) \leqslant \frac{1}{\tau^\delta B_n^{2+\delta}} \int_{|x_i-\mu_i|>\tau B_n} |x_i - \mu_i|^{2+\delta} \, \mathrm{d}F_i(x)$$

$$\leqslant \frac{1}{\tau^\delta} \cdot \frac{1}{B_n^{2+\delta}} E|X_i - \mu_i|^{2+\delta}.$$

由此可知,如果式(5.3.8)成立,则必有式(5.3.7)成立.即由 Lyapunov 条件必能推出 Linderberg 条件,由此中心极限定理成立.

例 5.3.8 一种闯关游戏由 99 个题目组成,并按由易到难的顺序编排.一般而言,参与者能够正确回答第 i 题的概率为 $1 - \frac{i}{100}$,$i = 1, 2, \cdots, 99$.要求参与者至少能够正确回答其中的 60 个题目,才算闯关成功.试计算某参与者闯关成功的概率.

解:设

$$X_i = \begin{cases} 1, & \text{正确回答第 } i \text{ 题;} \\ 0, & \text{错误回答第 } i \text{ 题.} \end{cases}$$

根据题意,$\{X_i\}$,$i = 1, 2, \cdots, 99$ 相互独立,且服从不同的两点分布:

$$P(X_i = 1) = p_i = 1 - \frac{i}{100}, \quad P(X_i = 0) = 1 - p_i = \frac{i}{100}.$$

我们关注的是 $P\left(\sum_{i=1}^{99} X_i \geqslant 60\right)$ 的值为多少.

为了使用中心极限定理,令 X_i 与 X_{99} 同分布,且相互独立,其中 $i=100,101,\cdots$. 取 $\delta=1$,现在验证 $\{X_n\}$ 满足 Lyapunov 条件(5.3.8). 由于

$$B_n = \sqrt{\sum_{i=1}^n DX_i} = \sqrt{\sum_{i=1}^n p_i(1-p_i)},$$

$$E(|X_i - p_i|^3) = (1-p_i)^3 p_i + p_i^3 (1-p_i) \leqslant p_i(1-p_i).$$

于是

$$\frac{1}{B_n^3} \sum_{i=1}^n E(|X_i - p_i|^3) \leqslant \frac{1}{\left[\sum_{i=1}^n p_i(1-p_i)\right]^{1/2}} \to 0 \quad (n \to +\infty),$$

即 $\{X_n\}$ 满足 Lyapunov 条件(5.3.8),所以可以使用中心极限定理.

因为

$$E\left(\sum_{i=1}^{99} X_i\right) = \sum_{i=1}^{99} p_i = \sum_{i=1}^{99} \left(1 - \frac{i}{100}\right) = 49.5,$$

$$B_{99}^2 = \sum_{i=1}^{99} DX_i = \sum_{i=1}^{99} \left(1 - \frac{i}{100}\right)\frac{i}{100} = 16.665.$$

所以

$$P\left(\sum_{i=1}^{99} \geqslant 60\right) = P\left(\frac{\sum_{i=1}^{99} X_i - 49.5}{\sqrt{16.665}} \geqslant \frac{60 - 49.5}{\sqrt{16.665}}\right)$$

$$\approx 1 - \Phi(2.5735) = 0.005.$$

即一般情况下,参与者过关的成功率大约为千分之五.

下面再介绍一个易于验证的条件,该条件可用于判断有界的独立随机变量序列是否服从中心极限定理.

定理 5.3.5

设 $\{X_n\}$ 是相互独立的随机变量序列,如果存在正的常数数列 $\{L_n\}$,满足

$$\max_{1 \leqslant i \leqslant n} |X_i| \leqslant L_n, \qquad \lim_{n \to +\infty} \frac{L_n}{B_n} = 0. \tag{5.3.9}$$

则对任意的 $x \in \mathbf{R}$,有

$$\lim_{n \to +\infty} P\left(\frac{1}{B_n} \sum_{i=1}^n (X_i - \mu_i) \leqslant x\right) = \frac{1}{\sqrt{2\pi}} \int_{-\infty}^x e^{-\frac{x^2}{2}} dx.$$

证明:由于 $\max_{1 \leqslant i \leqslant n} X_i \leqslant L_n$,所以

$$\max_{1 \leqslant i \leqslant n} |EX_i| \leqslant \max_{1 \leqslant i \leqslant n} E|X_i| \leqslant L_n.$$

进而可得 $\max_{1 \leqslant i \leqslant n} |X_i - \mu_i| \leqslant 2L_n$. 因为 $\lim_{n \to +\infty} \frac{L}{B_n} = 0$,即任给 $\tau > 0$,必存在 $N > 0$,使得当 $n > N$ 时,皆有 $\frac{L_n}{B_n} \leqslant \frac{\tau}{2}$. 所以,当 $n > N$ 时,

$$\left\{\omega : \max_{1 \leqslant i \leqslant n} |X_i - \mu_i| \leqslant \tau B_n\right\} = \Omega.$$

于是,对于任意的 $1 \leqslant i \leqslant n$, $P(|X_i - \mu_i| \leqslant \tau B_n) = 0$. 由此易知 Linderberg 条件成立,故中心极限定理成立.

例 5.3.9 在例 5.3.8 的求解过程中,也可以使用定理 5.3.5 来说明序列 $\{X_n\}$ 是服从中心极限定理的.

当 $n \geqslant 100$ 时,易知

$$B_n^2 = \sum_{i=1}^{n} DX_i \geqslant \sum_{i=100}^{n} DX_i = \sum_{i=100}^{n} \left(1 - \frac{99}{100}\right) \cdot \frac{99}{100} = \frac{99}{100^2}(n - 99).$$

显然,当 $n \to +\infty$ 时,$B_n^2 \to +\infty$. 因所有 $|X_i| \leqslant 1$,故取 $L_n = 1$. 容易判断条件式(5.3.9)成立,从而序列 $\{X_n\}$ 服从中心极限定理.

说明:从定理 5.3.4 和定理 5.3.5 的证明可知:Linderberg 条件是弱于 Lyapunov 条件和式(5.3.9)的. 值得注意的是,Linderberg 条件也仅仅是中心极限定理成立的充分条件.

定理 5.3.6　Linderberg 定理

设 $\{X_n\}$ 是相互独立的随机变量序列,则 Linderberg 条件成立等价于下面两个条件同时成立:

(1) 序列 $\{X_n\}$ 服从中心极限定理;

(2) Feller 条件

$$\lim_{n \to +\infty} \max_{1 \leqslant k \leqslant n} \frac{\sigma_k}{B_n} = 0. \tag{5.3.10}$$

定理 5.3.6 的证明可参阅本书参考文献[2],此处从略. 该定理说明:如果序列 $\{X_n\}$ 满足 Linderberg 条件,则一定也满足 Feller 条件. 反之,如果 Feller 条件不成立,则 Linderberg 条件也一定不成立. 其次,在 Feller 条件成立的统计下,Linderberg 条件才能成为序列 $\{X_n\}$ 服从中心极限定理的必要条件.

Feller 条件的验证较困难,下面不加证明地给出其等价命题.

命题 5.3.1

Feller 条件等价于下列条件:

$$\lim_{n \to +\infty} B_n = \infty, \qquad \lim_{n \to +\infty} \frac{\sigma_n}{B_n} = 0. \tag{5.3.11}$$

例 5.3.10 设 $\{X_n\}$ 是相互独立的随机变量序列,其中 $X_n \sim N\left(0, \frac{1}{2^n}\right)$. 证明:序列 $\{X_n\}$ 服从中心极限定理,但不满足 Linderberg 条件.

证明:易知 $ES_n = 0$, $B_n^2 = \sum_{k=1}^{n} \frac{1}{2^k}$. 由于每个 X_k 的特征函数为 $\mathrm{e}^{-\frac{t^2}{2} \frac{1}{2^k}}$,所以 $Y_n = \frac{S_n}{B_n}$ 的特征函数为

$$\varphi_n(t) = \prod_{k=1}^{n} \exp\left\{-\frac{t^2}{2} \frac{\frac{1}{2^k}}{\sum\limits_{k=1}^{n} \frac{1}{2^k}}\right\} = \exp\left\{-\frac{t^2}{2}\right\}.$$

显然有 $\lim\limits_{n\to\infty}\varphi_n(t) = e^{-\frac{t^2}{2}}$，即序列 $\{X_n\}$ 服从中心极限定理.

但是

$$\max_{1\leqslant k\leqslant n}\frac{\sigma_k^2}{B_n^2} = \frac{\sigma_1^2}{B_n^2} = \frac{\frac{1}{2}}{\sum\limits_{k=1}^{n}\frac{1}{2^k}} \to \frac{1}{2} \quad (n\to +\infty).$$

因而 Feller 条件不成立，从而 Linderberg 条件也不成立.

例 5.3.10 说明 Linderberg 条件是独立序列 $\{X_n\}$ 服从中心极限定理的充分而不必要条件.

习　题　5.3

5.3.1　据以往经验，某种电器元件的寿命服从均值为 100 小时的指数分布.现随机地取 16 只，设它们的寿命是相互独立的.求这 16 只元件的寿命的总和大于 1920 小时的概率.

5.3.2　一产品包括 10 部分，每部分的长度是一个随机变量，它们相互独立，且服从同一分布，其数学期望为 2 mm，标准差为 0.05 mm.规定总长度为 (20 ± 0.1)mm 时产品合格，试求产品合格的概率.

5.3.3　利用计算器进行加法计算时，将每个加数舍入最靠近它的整数.设所有舍入误差是独立的，且在 $(-0.5, 0.5)$ 上服从均匀分布.

(1) 若将 1500 个数相加，问误差总和的绝对值超过 15 的概率是多少？

(2) 最多可有几个数相加使得误差总和的绝对值小于 10 的概率不小于 0.90？

5.3.4　设各零件的重量都是随机变量，它们相互独立，且服从相同的分布，其数学期望为 0.5 kg，标准差为 0.1 kg，问 5000 只零件的总重量超过 2510 kg 的概率是多少？

5.3.5　有一批建筑房屋用的木柱，其中 80% 的长度不小于 3m.现从这批木柱中随机地取出 100 根，问其中至少有 30 根短于 3 m 的概率是多少.

5.3.6　一食品店有三种蛋糕出售，由于售出哪一种蛋糕是随机的，因而售出一只蛋糕的价格是一个随机变量，它取 1 元、1.2 元、1.5 元的概率分别为 0.3，0.2，0.5.若售出 300 只蛋糕，求：

(1) 至少收入 400 元的概率；

(2) 售出价格为 1.2 元的蛋糕多于 60 只的概率.

5.3.7　(1) 一个复杂的系统由 n 个相互独立起作用的部件所组成.在整个运行期间每个部件损坏的概率为 0.10，为了使整个系统起作用，至少必须有 85 个部件正常工作,求整个系统起作用的概率.

(2) 一个复杂的系统由 n 个相互独立起作用的部件所组成.每个部件的可靠性为 0.90,且必须至少 80% 的部件工作才能使整个系统正常工作,问 n 至少为多大才能使系统的可靠性不低于 0.95?

5.3.8 随机地选取两组学生,每组 80 人,分别在两个实验室里测量某种化合物的 pH 值.各人测量的结果是随机变量,它们相互独立,且服从同一分布,其数学期望为 5,方差为 0.3,以 $\overline{X},\overline{Y}$ 分别表示第一组和第二组所得结果的算术平均.

求:(1) $P(4.9<\overline{X}<5.1)$;(2) $P(-0.1<\overline{X}-\overline{Y}<0.1)$.

5.3.9 某种电子器件的寿命(小时)具有数学期望 μ(未知),方差 $\sigma^2=400$.为了估计 μ,随机地取 n 只这种器件,在时刻 $t=0$ 投入测试(设测试是相互独立的)直到失效,测得其寿命为 $X_1,X_2,\cdots,X_n$,以 $\overline{X}=\dfrac{1}{n}\sum\limits_{k=1}^{n}X_k$ 作为 μ 的估计.为了使 $P(|\overline{X}-\mu|<1)\geqslant 0.95$,问 n 至少为多少?

5.3.10 若乘客购票后按期乘机的概率为 p,各乘客的行动假定是独立的.当 p 的值分别为 0.98 和 0.95 时,试问一架 200 座的客机售出 202 张机票而不发生超座的概率各是多少?

5.3.11 设 $\{X_n\}$ 是独立同分布的随机变量序列,皆服从区间 $(-a,a)$ 上的均匀分布.试用特征函数方法证明序列 $\{X_n\}$ 服从中心极限定理.

5.3.12 设 $\{X_n\}$ 服从参数 $\lambda=n(n=1,2,\cdots)$ 的泊松分布.

(1) 用特征函数方法证明:当 $n\to+\infty$ 时,$\dfrac{X_n-n}{\sqrt{n}}$ 的分布收敛于标准正态分布.

(2) 求 $\lim\limits_{n\to+\infty}\mathrm{e}^{-n}\sum\limits_{k=1}^{n}\dfrac{n^k}{k!}$.

5.3.13 设 $\{X_n\}$ 是独立随机变量序列,其分布律有如下两种情况:

(1) X_n 服从区间 $(-n,n)$ 上的均匀分布,$n=2,3,\cdots$;

(2) $P(X_n=\pm 2^n)=2^{-(2n+1)}$,$P(X_n=0)=1-2^{-2n}$,$n=1,2,\cdots$.

试分别判断此时序列是否服从中心极限定理.

5.3.14 设 $\{X_n\}$ 是独立随机变量序列,其分布律为

$$\begin{pmatrix} -n & 0 & n \\ \dfrac{1}{2\sqrt{n}} & 1-\dfrac{1}{\sqrt{n}} & \dfrac{1}{2\sqrt{n}} \end{pmatrix},\ n=1,2,\cdots.$$

证明序列 $\{X_n\}$ 服从中心极限定理.

5.3.15 将一枚骰子独立地重复掷 n 次,以 S_n 表示各次掷出的点数之和.

(1) 证明:当 $n\to+\infty$ 时,随机变量 $X_n=\dfrac{6S_n-21n}{\sqrt{105n}}$ 的极限分布是标准正态分布.

(2) 欲使 $P\left(\left|\dfrac{S_n}{n}-3.5\right|<0.10\right)\geqslant 0.90$,问至少需要将骰子重复掷多少次?

附录 I 常用分布表

I.1 常用概率分布表

分布名称	记号	参数	分布律或密度函数	数学期望	方差	特征函数
0—1 分布	$B(1,p)$	$0<p<1$	$P(X=k)=p^k(1-p)^{1-k}$, $k=0,1$	p	$p(1-p)$	$q+pe^{it}$
二项分布	$B(n,p)$	$n\geqslant1$, $0<p<1$	$P(X=k)=C_n^k p^k(1-p)^{1-k}$, $k=0,1,\cdots,n$	np	$np(1-p)$	$(q+pe^{it})^n$
泊松分布	$Pos(\lambda)$	$\lambda>0$	$P(X=k)=\dfrac{\lambda^k}{k!}e^{-\lambda}$, $k=0,1,\cdots$	λ	λ	$e^{\lambda(e^{it}-1)}$
几何分布	$Ge(p)$	$0<p<1$	$P(X=k)=p(1-p)^{k-1}$, $k=1,2,\cdots$	$\dfrac{1}{p}$	$\dfrac{1-p}{p^2}$	$\dfrac{pe^{it}}{1-qe^{it}}$
负二项分布	$NB(r,p)$	$r\geqslant1$, $0<p<1$	$P(X=k)=C_{k-1}^{r-1}p^r(1-p)^{k-r}$, $k=r,r+1,\cdots$	$\dfrac{r}{p}$	$\dfrac{r(1-p)}{p^2}$	$\left(\dfrac{pe^{it}}{1-qe^{it}}\right)^r$
超几何分布	—	N,M,n $(n\leqslant M)$	$P(X=k)=\dfrac{C_M^k C_{N-M}^{n-k}}{C_N^n}$, $k=0,1,\cdots,n$	$\dfrac{nM}{N}$	$\dfrac{nM}{N}\left(1-\dfrac{M}{N}\right)\dfrac{N-n}{N-1}$	—

续表

分布名称	记号	参数	分布律或密度函数	数学期望	方差	特征函数
均匀分布	$U(a,b)$	$a,b\in\mathbf{R},$ $a<b$	$f(x)=\begin{cases}\dfrac{1}{b-a},\ a\leqslant x\leqslant b;\\ 0,\quad 其他.\end{cases}$	$\dfrac{a+b}{2}$	$\dfrac{(b-a)^2}{12}$	$\dfrac{\mathrm{e}^{ibt}-\mathrm{e}^{iat}}{it(b-a)}$
正态分布	$N(\mu,\sigma^2)$	$\mu\in\mathbf{R},$ $\sigma>0$	$f(x)=\dfrac{1}{\sqrt{2\pi}\sigma}\exp\left\{-\dfrac{(x-\mu)^2}{2\sigma^2}\right\},$ $x\in\mathbf{R}$	μ	σ^2	$\mathrm{e}^{i\mu t-\frac{1}{2}\sigma^2 t^2}$
指数分布	$Exp(\lambda)$	$\lambda>0$	$f(x)=\begin{cases}\lambda\mathrm{e}^{-\lambda x},\ x\geqslant 0;\\ 0,\quad 其他\end{cases}$	$\dfrac{1}{\lambda}$	$\dfrac{1}{\lambda^2}$	$\left(1-\dfrac{it}{\lambda}\right)^{-1}$
伽马分布	$Ga(\alpha,\lambda)$	$\alpha>0,$ $\lambda>0$	$f(x)=\begin{cases}\dfrac{\lambda^\alpha}{\Gamma(\alpha)}x^{\alpha-1}\mathrm{e}^{-\lambda x},\ x\geqslant 0;\\ 0,\quad 其他\end{cases}$	$\dfrac{\alpha}{\lambda}$	$\dfrac{\alpha}{\lambda^2}$	$\left(1-\dfrac{it}{\lambda}\right)^{-\alpha}$
贝塔分布	$Be(a,b)$	$a>0,$ $b>0$	$f(x)=\begin{cases}\dfrac{\Gamma(a+b)}{\Gamma(a)\Gamma(b)}x^{a-1}(1-x)^{b-1},\ 0\leqslant x\leqslant 1;\\ 0,\quad 其他\end{cases}$	$\dfrac{a}{a+b}$	$\dfrac{ab}{(a+b)^2(a+b+1)}$	—
χ^2分布	$\chi^2(n)$	$n\in\mathbf{Z}^+$	$f(x)=\begin{cases}\dfrac{2^{-\frac{n}{2}}}{\Gamma\left(\frac{n}{2}\right)}x^{\frac{n}{2}-1}\mathrm{e}^{-\frac{x}{2}},\ x\geqslant 0;\\ 0,\quad 其他\end{cases}$	n	$2n$	$(1-2it)^{-\frac{n}{2}}$
t分布	$t(n)$	$n\in\mathbf{Z}^+$	$f(x)=\dfrac{\Gamma\left(\frac{n+1}{2}\right)}{\sqrt{n\pi}\,\Gamma\left(\frac{n}{2}\right)}\left(1+\dfrac{x^2}{n}\right)^{-\frac{n+1}{2}},$ $x\in\mathbf{R}$	0	$\dfrac{n}{n-2}\ (n>2)$	—
F分布	$F(m,n)$	$m\in\mathbf{Z}^+,$ $n\in\mathbf{Z}^+$	$f(x)=\begin{cases}\dfrac{\Gamma\left(\frac{m+n}{2}\right)}{\Gamma\left(\frac{m}{2}\right)\Gamma\left(\frac{n}{2}\right)}\left(\dfrac{m}{n}\right)\left(\dfrac{m}{n}x\right)^{\frac{m}{2}-1}\cdot\\ \left(1+\dfrac{m}{n}x\right)^{-\frac{m+n}{2}},\ x\geqslant 0;\\ 0,\quad 其他\end{cases}$	$\dfrac{n}{n-2}$ $(n>2)$	$\dfrac{2n^2(m+n-2)}{m(n-2)^2(n-4)}$ $(n>4)$	—

续表

分布名称	记号	参数	分布律或密度函数	数学期望	方差	特征函数
对数正态分布	$\ln N(\mu,\sigma^2)$	$\mu\in\mathbf{R},$ $\sigma>0$	$f(x)=\begin{cases}\dfrac{1}{\sqrt{2\pi}\sigma x}\exp\left\{-\dfrac{(\ln x-\mu)^2}{2\sigma^2}\right\}, & x>0;\\ 0, & \text{其他}\end{cases}$	$e^{\mu+\frac{\sigma^2}{2}}$	$e^{2\mu+\sigma^2}(e^{\sigma^2}-1)$	—
柯西分布	$C(\mu,\lambda)$	$\mu\in\mathbf{R},$ $\lambda>0$	$f(x)=\dfrac{1}{\pi}\cdot\dfrac{1}{\lambda^2+(x-\mu)^2}, x\in\mathbf{R}$	不存在	不存在	$e^{j\mu t-\lambda|t|}$
瑞利分布	$R(\sigma)$	$\sigma>0$	$f(x)=\begin{cases}\dfrac{x}{\sigma^2}\exp\left\{-\dfrac{x^2}{2\sigma^2}\right\}, & x\geq0;\\ 0, & \text{其他}\end{cases}$	$\sqrt{\dfrac{\pi}{2}}\sigma$	$\dfrac{4-\pi}{2}\sigma^2$	—
威布尔分布	$W(a,\lambda)$	$a>0,$ $\lambda>0$	$f(x)=\begin{cases}\dfrac{a}{\lambda}\left(\dfrac{x}{\lambda}\right)^{a-1}\mathrm{e}^{-\left(\frac{x}{\lambda}\right)^a}, & x\geq0;\\ 0, & \text{其他}\end{cases}$	$\lambda\Gamma\left(1+\dfrac{1}{a}\right)$	$\lambda^2\left[\Gamma\left(1+\dfrac{2}{a}\right)-\Gamma^2\left(1+\dfrac{1}{a}\right)\right]$	—

I.2 泊松分布函数表

$$P(X \leq k) = \sum_{i=0}^{k} \frac{\lambda^i}{i!} e^{-\lambda}$$

λ	0	1	2	3	4	5	6	7	8	9	10	11	12
2.1	0.122	0.380	0.650	0.839	0.938	0.980	0.994	0.999	1.000				
2.2	0.111	0.355	0.623	0.819	0.928	0.975	0.993	0.998	1.000				
2.3	0.100	0.331	0.596	0.799	0.916	0.970	0.991	0.997	0.999	1.000			
2.4	0.091	0.308	0.570	0.779	0.904	0.964	0.988	0.997	0.999	1.000			
2.5	0.082	0.287	0.544	0.758	0.891	0.958	0.986	0.996	0.999	1.000			
2.6	0.074	0.267	0.518	0.736	0.877	0.951	0.983	0.995	0.999	1.000			
2.7	0.067	0.249	0.494	0.714	0.863	0.943	0.979	0.993	0.999	0.999	1.000		
2.8	0.061	0.231	0.469	0.692	0.848	0.935	0.976	0.992	0.998	0.999	1.000		
2.9	0.055	0.215	0.446	0.670	0.832	0.926	0.971	0.990	0.997	0.999	1.000		
3.0	0.050	0.199	0.423	0.647	0.815	0.916	0.966	0.988	0.996	0.999	1.000		
3.1	0.045	0.185	0.401	0.625	0.798	0.906	0.961	0.986	0.995	0.999	1.000		
3.2	0.041	0.17	0.380	0.603	0.781	0.895	0.955	0.983	0.994	0.998	1.000		
3.3	0.037	0.159	0.359	0.580	0.763	0.883	0.949	0.980	0.993	0.998	0.999	1.000	
3.4	0.033	0.147	0.340	0.558	0.744	0.871	0.942	0.977	0.992	0.997	0.999	1.000	
3.5	0.030	0.136	0.321	0.537	0.725	0.858	0.935	0.973	0.990	0.997	0.999	1.000	
3.6	0.027	0.126	0.303	0.515	0.706	0.844	0.927	0.969	0.988	0.996	0.999	1.000	
3.7	0.025	0.116	0.285	0.494	0.687	0.830	0.918	0.965	0.986	0.995	0.998	1.000	
3.8	0.022	0.107	0.269	0.473	0.668	0.816	0.909	0.960	0.984	0.994	0.998	0.999	1.000
3.9	0.020	0.099	0.253	0.453	0.648	0.801	0.899	0.955	0.981	0.993	0.998	0.999	1.000
4.0	0.018	0.092	0.238	0.433	0.629	0.785	0.889	0.949	0.979	0.992	0.997	0.999	1.000

λ	0	1	2	3	4	5	6	7	8
0.1	0.905	0.995	1.000						
0.2	0.819	0.982	0.999	1.000					
0.3	0.741	0.963	0.996	1.000					
0.4	0.670	0.938	0.992	0.999	1.000				
0.5	0.607	0.910	0.986	0.998	1.000				
0.6	0.549	0.878	0.977	0.997	1.000				
0.7	0.497	0.844	0.966	0.994	0.999	1.000			
0.8	0.449	0.809	0.953	0.991	0.999	1.000			
0.9	0.407	0.772	0.937	0.987	0.998	1.000			
1.0	0.368	0.736	0.920	0.981	0.996	0.999	1.000		
1.1	0.333	0.699	0.900	0.974	0.995	0.999	1.000		
1.2	0.301	0.663	0.879	0.966	0.992	0.998	1.000		
1.3	0.273	0.627	0.857	0.957	0.989	0.998	1.000		
1.4	0.247	0.592	0.833	0.946	0.986	0.997	0.999	1.000	
1.5	0.223	0.558	0.809	0.934	0.981	0.996	0.999	1.000	
1.6	0.202	0.525	0.783	0.921	0.976	0.994	0.999	1.000	
1.7	0.183	0.493	0.757	0.907	0.970	0.992	0.998	1.000	
1.8	0.165	0.463	0.731	0.891	0.964	0.990	0.997	0.999	1.000
1.9	0.150	0.434	0.704	0.875	0.956	0.987	0.997	0.999	1.000
2.0	0.135	0.406	0.677	0.857	0.947	0.983	0.995	0.999	1.000

续表

λ	\	k													
	0	1	2	3	4	5	6	7	8	9	10	11	12	13	14
5	0.007	0.040	0.125	0.265	0.440	0.616	0.762	0.867	0.932	0.968	0.986	0.995	0.998	0.999	1.000
6	0.002	0.017	0.062	0.151	0.285	0.446	0.606	0.744	0.847	0.916	0.957	0.980	0.991	0.996	0.999
7	0.001	0.007	0.030	0.082	0.173	0.301	0.450	0.599	0.729	0.830	0.901	0.947	0.973	0.987	0.994
8	0.000	0.003	0.014	0.042	0.100	0.191	0.313	0.453	0.593	0.717	0.816	0.888	0.936	0.966	0.983
9	0.000	0.001	0.006	0.021	0.055	0.116	0.207	0.324	0.456	0.587	0.706	0.803	0.876	0.926	0.959
10	0.000	0.000	0.003	0.010	0.029	0.067	0.130	0.220	0.333	0.458	0.583	0.697	0.792	0.864	0.917
11		0.000	0.001	0.005	0.015	0.038	0.079	0.143	0.232	0.341	0.460	0.579	0.689	0.781	0.854
12		0.000	0.001	0.002	0.008	0.020	0.046	0.090	0.155	0.242	0.347	0.462	0.576	0.682	0.772
13			0.000	0.001	0.004	0.011	0.026	0.054	0.100	0.166	0.252	0.353	0.463	0.573	0.675
14				0.000	0.002	0.006	0.014	0.032	0.062	0.109	0.176	0.260	0.358	0.464	0.570
15				0.000	0.001	0.003	0.008	0.018	0.037	0.070	0.118	0.185	0.268	0.363	0.466

λ	k														
	15	16	17	18	19	20	21	22	23	24	25	26	27	28	29
6	1.000														
7	0.998	0.999	1.000												
8	0.992	0.996	0.998	0.999	1.000										
9	0.978	0.989	0.995	0.998	0.999	1.000									
10	0.951	0.973	0.986	0.993	0.997	0.998	0.999	1.000							
11	0.907	0.944	0.968	0.982	0.991	0.995	0.998	0.999	1.000						
12	0.844	0.899	0.937	0.963	0.979	0.988	0.994	0.997	0.999	0.999	1.000				
13	0.764	0.835	0.890	0.930	0.957	0.975	0.986	0.992	0.996	0.996	0.999	1.000			
14	0.669	0.756	0.827	0.883	0.923	0.952	0.971	0.983	0.991	0.995	0.997	0.999	0.999	1.000	
15	0.568	0.664	0.749	0.819	0.875	0.917	0.947	0.967	0.981	0.989	0.994	0.997	0.998	0.999	1.000

I.3　标准正态分布函数表

$$10^4 \cdot \Phi(x) = 10^4 \cdot \frac{1}{\sqrt{2\pi}} \int_{-\infty}^{x} e^{-t^2/2}\, dt$$

x	0.00	0.01	0.02	0.03	0.04	0.05	0.06	0.07	0.08	0.09
0.0	5000	5040	5080	5120	5160	5199	5239	5279	5319	5359
0.1	5398	5438	5478	5517	5557	5596	5636	5675	5714	5753
0.2	5793	5832	5871	5910	5948	5987	6026	6064	6103	6141
0.3	6179	6217	6255	6293	6331	6368	6406	6443	6480	6517
0.4	6554	6591	6628	6664	6700	6736	6772	6808	6844	6879
0.5	6915	6950	6985	7019	7054	7088	7123	7157	7190	7224
0.6	7257	7291	7324	7357	7389	7422	7454	7486	7517	7549
0.7	7580	7611	7642	7673	7704	7734	7763	7794	7823	7852
0.8	7881	7910	7939	7967	7995	8023	8051	8078	8106	8133
0.9	8159	8186	8212	8238	8264	8289	8315	8340	8365	8389
1.0	8413	8438	8461	8485	8508	8531	8554	8577	8599	8621
1.1	8643	8665	8686	8708	8729	8749	8770	8790	8810	8830
1.2	8849	8869	8888	8907	8925	8944	8962	8980	8997	9015
1.3	9032	9049	9066	9082	9099	9115	9131	9147	9162	9177
1.4	9192	9207	9222	9236	9251	9265	9279	9292	9306	9319
1.5	9332	9345	9357	9370	9382	9394	9406	9418	9429	9441
1.6	9452	9463	9474	9484	9495	9505	9515	9525	9535	9545
1.7	9554	9564	9573	9582	9591	9599	9608	9616	9625	9633
1.8	9641	9649	9656	9664	9671	9678	9686	9693	9699	9706
1.9	9713	9719	9726	9732	9738	9744	9750	9756	9761	9767
2.0	9772	9778	9783	9788	9793	9798	9803	9808	9812	9817
2.1	9821	9826	9830	9834	9838	9842	9846	9850	9854	9857
2.2	9861	9864	9868	9871	9875	9878	9881	9884	9887	9890
2.3	9893	9896	9898	9901	9904	9906	9909	9911	9913	9916
2.4	9918	9920	9922	9925	9927	9929	9931	9932	9934	9936
2.5	9938	9940	9941	9943	9945	9946	9948	9949	9951	9952
2.6	9953	9955	9956	9957	9959	9960	9961	9962	9963	9964
2.7	9965	9966	9967	9968	9969	9970	9971	9972	9973	9974
2.8	9974	9975	9976	9977	9977	9978	9979	9979	9980	9981
2.9	9981	9982	9982	9983	9984	9984	9985	9985	9986	9986

x	0.0	0.1	0.2	0.3	0.4	0.5	0.6	0.7	0.8	0.9
3	$9^2$8650	$9^3$0324	$9^3$3129	$9^3$5166	$9^3$6631	$9^3$7674	$9^3$8409	$9^3$8922	$9^4$2765	$9^4$5190
4	$9^4$6833	$9^4$7934	$9^4$8665	$9^5$1460	$9^5$4587	$9^5$6602	$9^5$7888	$9^5$8699	$9^6$2027	$9^6$5208
5	$9^6$7133	$9^6$8302	$9^7$0036	$9^7$4210	$9^7$6668	$9^7$8101	$9^7$8928	$9^8$4010	$9^8$6684	$9^8$8182

附录Ⅱ　排列组合知识

Ⅱ.1　计数原理

加法原理和乘法原理是推导所有排列与组合公式的基础.

(1) **加法原理**:完成一件事情的方法可以分成 k **类**,每类中又有 n_i 种不同的方法,$i=1,2,\cdots,k$,则完成该事情共有 $n=n_1+n_2+\cdots+n_k$ 种不同的方法.

加法原理又称为分类计数法,分类的要求:每一类中的每一种方法都可以独立地完成此任务;不同类中的具体方法互不相同(即分类不重),完成此任务的任何一种方法都属于某一类(即分类不漏).

(2) **乘法原理**:一件事情需要分成 k **步**才能完成,每步中有 n_i 种不同的方法,$i=1,2,\cdots,k$,则完成该事情共有 $n=n_1 \cdot n_2 \cdots \cdot n_k$ 种不同的方法.

乘法原理又称分步计数法,分步的要求:任何一步的某种方法都不能完成此任务,必须且只须连续完成这 k 步才能完成此任务;各步计数相互独立,只要有一步中所采取的方法不同,则对应的完成此事的方法也不同.

Ⅱ.2　排列与组合

(1) 排列数:从 n 个不同的元素中取出 m 个并按顺序进行排列,其总数为
$$\mathrm{A}_n^m=n(n-1)\cdots(n-m+1),$$
这种排列称为选排列.当 $m=n$ 时,称为全排列,记为 $\mathrm{A}_n^n=n!$.

(2) 重复排列数:从 n 个不同的元素中有放回地取出 m 个进行排列,其总数为
$$\mathrm{U}_n^m=n^m.$$

换个角度理解:有 n 个不同(编号)的球,每次有放回地从中取出一个;有 m 个抽屉,第 i 个抽屉登记第 i 次取出的球的号码,$i=1,2,\cdots,m$,则不同的登记结果共有 n^m 个.

(3) 组合数:从 n 个不同的元素中取出 m 个(不排列),其总数为
$$\mathrm{C}_n^m=\frac{\mathrm{A}_n^m}{m!}=\frac{n!}{m!\ (n-m)!}$$

组合数 C_n^m 还可以理解为:两类元素全排列的个数.即 m 个 0 与 $n-m$ 个 1 进行全排列,由于 0 与 1 是没区别的,因此其排列数为 C_n^m.

规定:$m > n$ 时,$C_n^m = 0$.

(4) 分组组合数:把 n 个不同的元素分成 k 个部分,其中第 i 个部分有 n_i 个元素,$i = 1, 2, \cdots, k$,则不同的分法有

$$C_n^{n_1} C_{n-n_1}^{n_2} C_{n-n_1-n_2}^{n_3} \cdots C_{n_{k-1}+n_k}^{n_{k-1}} C_k^{n_k} = \frac{n!}{n_1! \; n_2! \; \cdots n_k!}. \qquad (\text{II}.2.1)$$

其中 $n = n_1 + n_2 + \cdots + n_k$. 当 $k = 2$ 时,即为组合数 C_n^m.

(5) 不同球占位:有 n 个不同的球,m 个抽屉. 将球放入抽屉中,每个抽屉的容球数不限. 其结果是 n 个球在各个抽屉中的一个分布,称为**占位**,则不同的占位数为 m^n.

注意不同球的占位数与重复排列数的区别.

(6) 相同球占位:n 个相同的球,m 个抽屉. 将球放入抽屉中,每个抽屉的容球数不限,则不同的占位数为

$$H_n^m = C_{n+m-1}^{m-1}.$$

说明:n 个相同球看成 n 个 0,m 个抽屉之间有 $m-1$ 个隔板,看成是 $m-1$ 个 1. 这样,相同球占位与 n 个 0 和 $m-1$ 个 1 的全排列一一对应,而这两类元素的全排列记为组合数 C_{n+m-1}^{m-1}.

相同球占位数即为**重复组合数**:从 n 个不同的元素中有放回地取出 m 个(不计顺序),则不同的取法为 C_{n+m-1}^m.

(7) 相同球非空占位:n 个相同的球,m 个抽屉,$n \geq m$. 将球放入抽屉中,但不允许有抽屉为空,则不同的占位数为 C_{n-1}^{m-1}.

说明:n 个 0 之间有 $n-1$ 个空隙,选出 $m-1$ 个空隙设置隔板,就得到每个抽屉皆不空的占位. 故这种占位数为 C_{n-1}^{m-1}.

关于重复组合数的证明:

n 个不同的元素不妨设为 $1, 2, \cdots, n$,从中有放回地取出 m 个,记为 $x_1, x_2, \cdots, x_m$. 由于不计顺序,不妨假定

$$x_1 \leq x_2 \leq \cdots \leq x_m,$$

其中等号是因为放回使得取出的球可能重复. 现构造一个组合 $y_1, y_2, \cdots, y_m$,其中

$$y_1 = x_1, y_2 = x_2 + (n+1), y_3 = x_3 + (n+2), \cdots, y_m = x_m + (n+m-1).$$

显然,组合 $\{y_i\}$ 与组合 $\{x_i\}$ 一一对应,且 $\{y_i\}$ 中的元素不相同. 于是,$\{y_i\}$ 就是一个没有重复元素的组合数,且可看成是从原来的 n 个元素和"新"的 $m-1$ 个元素合在一起后取出 m 个元素对应的组合. 因此,其组合数为 C_{n+m-1}^m.

例如,从 $1, 2, \cdots, 9$ 中有放回地取出 5 个,假设 $\{x_i\} = \{2, 2, 5, 7, 7\}$,则对应的 $\{y_2\} = \{2, 12, 16, 19, 20\}$. 于是对应的组合就相当于是从 $1, 2, \cdots, 9, 12, 16, 19, 20$ 这 13 个元素中取出的组合,所以不同的组合为 $C_{n+m-1}^m = C_{9+5-1}^5 = C_{13}^5$.

当然,在取出的这个组合中,元素 12 相当于重复的元素 2,元素 20 相当于重复的元素 7,……. 具体加入的元素是哪些、对应的又是哪一个元素并不是我们关心的.

例 求 $(a+b+c+d)^n$ 的展开式的项数.

解:由于展开式中的每一项都是 n 次的,因此,每一项都是从 a, b, c, d 四个元素中允许重复地取出 n 个元素. 故其不同的组合数为

$$H_4^n = C_{4+n-1}^n = C_{n+3}^3 = \frac{(n+3)(n+2)(n+1)}{6}.$$

Ⅱ.3 基本的组合公式

(1) 组合数的对称性,也是使用频率最高的一个公式:

$$C_n^k = C_n^{n-k}, \quad n \geqslant k \geqslant 0. \tag{Ⅱ.3.1}$$

(2) 共有 $a+b$ 个元素,从中取出 k 个:先将元素分为两部分,一部分 a 个元素,另一部分 b 个元素.在第一部分取 0 个加上在第二部分取 k 个,共 k 个;或者在第一部分取 1 个加上在第二部分取 $k-1$ 个,共 k 个;……;或者在第一部分取 k 个加上在第二部分取 0 个,共 k 个.所以由加法原理和乘法原理可得

$$C_{a+b}^k = C_a^0 C_b^k + C_a^1 C_b^{k-1} + \cdots + C_a^k C_b^0. \tag{Ⅱ.3.2}$$

当 $a=1, b=n-1$ 时,上式就退化为

$$C_n^k = C_{n-1}^k + C_{n-1}^{k-1}, \quad n > k > 0.$$

特别地,当 $a=b=n$ 时,由式(Ⅱ.3.2)可得

$$C_{2n}^n = (C_n^0)^2 + (C_n^1)^2 + \cdots + (C_n^n)^2 = \sum_{k=0}^n (C_n^k)^2. \tag{Ⅱ.3.3}$$

(3) 有 n 个元素,从中取出 m 个,再从取出的这 m 个元素中取出 k 个.这样就把 n 个元素分成三部分,分别为 k 个、$m-k$ 个和 $n-m$ 个.等价地,可以先从 n 个元素中取出 k 个,再从剩下的 $n-k$ 个元素中取 $m-k$ 个.这样也把 n 个元素分成三部分,且各部分数量与之前是一样的.于是有

$$C_n^m C_m^k = C_n^k C_{n-k}^{m-k}, \quad n \geqslant m \geqslant k. \tag{Ⅱ.3.4}$$

(4) 多项式定理:设 n 为正整数,$x_1, x_2, \cdots, x_k$ 为任意实数,则有

$$(x_1 + x_2 + \cdots + x_k)^n = \sum \frac{n!}{n_1! n_2! \cdots n_k!} x_1^{n_1} x_2^{n_2} \cdots x_k^{n_k}. \tag{Ⅱ.3.5}$$

其中 $n_1, n_2, \cdots, n_k$ 为非负整数,且 $n_1 + n_2 + \cdots + n_k = n$.而多项式系数 $\dfrac{n!}{n_1! \ n_2! \ \cdots n_k!}$ 恰好是分组组合数.

式(Ⅱ.3.5)中当 $k=2$ 时,就是二项式定理:

$$(x + y)^n = \sum_{m=0}^n C_n^m x^m y^{n-m}. \tag{Ⅱ.3.6}$$

其中,二项式系数 C_n^m 恰好就是常用的组合数.在式(Ⅱ.3.6)中令 $y=1$,即得

$$(1 + x)^n = \sum_{m=0}^n C_n^m x^m.$$

再令 $x=-1$,于是有 $\sum_{m=1}^n (-1)^m C_n^m = 0$.

(5) 把排列数 A_n^k 中的 n 推广到任意实数 x 的情形:

$$A_x^k = x(x-1)(x-2) \cdots (x-k+1).$$

那么,相应的组合数为

$$C_x^k = \frac{A_x^k}{k!} = \frac{x(x-1)(x-2)\cdots(x-k+1)}{k!}.$$

这时,对任意实数 α,有牛顿二项式:

$$(1+x)^a = \sum_{k=0}^{\infty} C_a^k x^k. \qquad (\text{II}.3.7)$$

(6)在推广的组合数中取 $x = -n$,则有

$$C_{-n}^k = (-1)^k \cdot C_{n+k-1}^k. \qquad (\text{II}.3.8)$$

证明:推导过程如下:

$$C_{-n}^k = \frac{-n(-n-1)(-n-2)\cdots(-n-k+1)}{k!}$$

$$= (-1)^k \frac{n(n+1)(n+2)\cdots(n+k-1)}{k!}$$

$$= (-1)^k \frac{(n+k-1)!}{k!\,(n-1)!} = (-1)^k C_{n+k-1}^k.$$

参考文献

[1] 茆诗松,程依明,濮晓龙.概率论与数理统计教程[M].高等教育出版社,2004.

[2] 李少甫,阎国军,戴宁,等.概率论[M].北京:科学出版社,2011.

[3] 李贤平.概率论基础[M].3版.北京:高等教育出版社,2010.

[4] 盛骤,谢式千,潘承毅.概率论与数理统计[M].4版.北京:高等教育出版社,2008.

[5] 严士健,王隽骧,刘秀芳.概率论基础[M].2版.北京:科学出版社,2009.

[6] R.M.Dudley.实分析和概率论[M].原书2版.赵选民,孙浩译.北京:机械工业出版社,2008.

[7] Sheldon Ross.概率论基础教程[M].原书6版.北京:机械工业出版社,2007.

[8] A.H.施利亚耶夫.概率(第一卷)[M].周概容译.北京:高等教育出版社,2007.

[9] 刘玉琏,傅沛仁,林玎,等.数学分析讲义[M].5版.北京:高等教育出版社,2008.